蓉科设计　编著

Office 2010
高效办公
从入门到精通

Office 2010
GAOXIAO BANGONG
CONG RUMEN DAO JINGTONG

化学工业出版社

·北京·

本书从办公人员和 Office 初学者的需求出发，通过图文结合的方法介绍了日常工作中常用的 Office 三大组件——Word、Excel、PowerPoint 的基本操作和使用技巧，让读者不仅能够掌握这三个组件的基本操作，而且还能使用它们来解决实际工作中遇到的一些问题。

　　本书共 20 章，第 1 章～第 11 章主要介绍了 Office 2010 的优势、安装以及常用三大组件的工作界面和相似操作、Word/Excel/PowerPoint 的基本操作等知识，让用户掌握 Word/Excel/PowerPoint 的基础操作，为解决日常工作中的问题打下坚实的基础；第 12 章～第 19 章主要介绍了利用 Word/Excel/PowerPoint 编辑常用公文和企划书、制作登记簿、安排表以及创建宣传演示文稿等，让用户能够轻松解决日常工作中遇到的一些问题；第 20 章主要介绍了 Office 三大组件之间的相互协作，同时还介绍了 Word 与 Outlook、Excel 与 Access 之间的协作等知识。

　　本书内容全面、讲解清晰，采用了图义结合的形式，使读者通过本书的学习，掌握 Word、Excel 和 PowerPoint 的用法以及编辑日常工作中常用文件的技巧。附赠的多媒体光盘中包含了实例文件以及教学视频，读者可以在学习过程中随时调用，提高学习效率。

　　本书适合办公初级人员和 Office 初学者阅读，具有一定办公经验的人员也可以将其作为自学参考书。

图书在版编目(CIP)数据

Office 2010 高效办公从入门到精通 / 蓉科设计编著.
北京：化学工业出版社，2011.11
　ISBN 978-7-122-12368-8
　ISBN 978-7-89472-523-3（光盘）

　Ⅰ.O… Ⅱ.蓉… Ⅲ. 办公自动化—应用软件，Office 2010
Ⅳ.TP317.1

　中国版本图书馆 CIP 数据核字 (2011) 第 195429 号

责任编辑：孙　炜　　　　　　　　　　　　　　　装帧设计：王晓宇

出版发行：化学工业出版社(北京市东城区青年湖南街 13 号　邮政编码 100011)
印　　装：三河市延风印装厂
787mm×1092mm　1/16　印张 20$\frac{3}{4}$　字数 520 千字　2012 年 1 月北京第 1 版第 1 次印刷

购书咨询：010-64518888(传真：010-64519686)　售后服务：010-64518899
网　　址：http://www.cip.com.cn
凡购买本书，如有缺损质量问题，本社销售中心负责调换。

定　　价：49.80 元（含 1CD-ROM）

前言

随着社会的发展和科技的进步，计算机已经融入到了各个行业，尤其是在办公领域，办公自动化已经越来越普遍。办公自动化的产生和发展是适应社会信息化、管理科学化和决策现代化需求的必然结果。

微软公司推出的 Office 办公软件以其功能强大、操作方便、安全稳定及协同办公方便等特点深受广大普通用户和办公人员的喜爱，目前已经在办公自动化软件领域占据了无法撼动的主导地位。

Office 2010 是目前微软公司推出的最新版 Office 软件，它集成了 Word 2010、Excel 2010、PowerPoint 2010 等 10 多个组件。作为一款常用的集成办公软件，它具有操作简单和极易上手等特点，然而要想真正地熟练运用它来解决日常工作中遇到的各种问题却并非易事。为了帮助用户掌握 Office 2010 的基本操作以及使用它来解决日常工作中的繁杂问题，特此编写了这本《Office 2010 高效办公从入门到精通》，通过介绍三大常用组件——Word/Excel/PowerPoint 的基本操作和实际应用，让读者"蜕变"为办公达人。

本书共 20 章，第 1~11 章主要介绍了 Office 2010 的新增功能、安装方法和常用三大组件的工作界面，以及 Word/Excel/PowerPoint 的基本操作等知识，让用户掌握 Word/Excel/PowerPoint 的基础操作，为解决日常工作中的问题打下坚实的基础；第 12~19 章主要介绍了利用 Word/Excel/PowerPoint 解决日常工作中遇到的问题，包括利用 Word 编辑通知单、总结报告、会议纪要等常用公文，利用 Excel 制作来访记录登记簿、会议室安排登记表和办公用品领用单等常用表格，利用 PowerPoint 制作产品宣传演示文稿、工作报告、会议报告等材料，让用户能够轻松解决日常工作中遇到的问题，第 20 章主要介绍了 Office 三大组件之间的相互协作，同时还介绍了 Word 与 Outlook、Excel 与 Access 之间的协作等知识。

本书内容全面，讲解透彻，让读者不仅能够掌握 Word/Excel/PowerPoint 的基础操作，而且能使用它们制作常见的公文、登记簿和宣传文稿。本书有 TIP 和"高效实用技巧"两种经验总结，其中，TIP 主要用于提示与 Word/Excel/PowerPoint 中的一些操作有关的快捷技巧，例如使用快捷键完成某个操作，而"高效实用技巧"则介绍了利用 Word/Excel/PowerPoint 解决日常办公和工作问题的多种方法，并且还配备了图片，让读者一看就会。

希望本书能够对广大读者提高学习和工作的效率有所帮助，由于时间仓促，本书难免存在疏漏与不足之处，敬请广大读者批评指正。

编　者
2011 年 5 月

Chapter 01 初识 Office 2010

Chapter 02 使用 Word 快速制作纯文档

Chapter 03 巧用图片、图形等对象丰富文档

Chapter 04 文档的高效处理

Chapter 05 文档的页面设置及打印

Chapter 06 巧用 Excel 整理数据

Chapter 07 数据的运算与查询

Chapter 08 数据的形象分析

Chapter 09 使用 PowerPoint 快速 建立演示文稿

Chapter 10 增加演示文稿的活力

Chapter 11 演示文稿的放映与分享

Chapter 12 常用公文的编辑

Chapter 13 产品广告、海报和说明书的制作

Chapter 14 高质量企划书的撰写

Chapter 15 办公室日常工作的安排

Chapter 16 人事信息的管理

Chapter 17 商品进销存的记录

Chapter 18 产品宣传演示文稿的制作

Chapter 19 公司报告的演示

Chapter 20 Office 组件间的协同工作

Chapter

01

初识 Office 2010

本章知识点

★ Office 2010 的优势

★ Office 2010 的安装

★ Office 2010 常用三组件的介绍

★ 个性化工作界面的设置

★ Word、Excel 和 PowerPoint 使用中最相似的操作

Office 2010 是微软公司在 Office 2007 的基础上新增部分功能以适应用户更广泛的需求，方便用户使用的最新版本办公软件。为了使用户快速认识 Office 2010，本章主要从 Office 2010 的优势、Office 2010 的安装及设置、Office 2010 常用三组件使用中的操作来进行介绍。

1.1 Office 2010 的十大优势

Office 软件应用广泛及使用率高的原因在于，其界面友好、简单易懂、功能强大，Office 2010 的新功能也是基于这三点而增添的。Office 2010 在功能及表现形式上比之前的版本提供了更广泛、丰富的内容，相比之下也更具优势。

知识要点：

★ 自定义功能区　　★ "导航"窗格　　★ 更多 SmartArt 图形
★ 屏幕截图　　　　★ 删除图片背景　★ 迷你图
★ 切片器　　　　　★ 更多 PowerPoint 主题
★ 广播幻灯片　　　★ 触手可及的动画效果

1. 新增自定义功能区功能

在 Office 2010 中，新增了自定义功能区的功能，用户可以根据需要和习惯设置功能区显示的选项卡和组。例如，将编辑时常用的功能分组放置到一个新建的选项卡下，可以节省编辑过程中不停切换选项卡寻找功能按钮的时间。

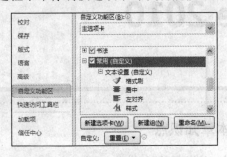 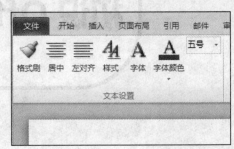

2. 新增"导航"窗格

"导航"窗格与 Word 2003 版本中的"文档结构图"窗格的功能相似，其位于文档左侧。"导航"窗格中包括"浏览您的文档中的标题"、"浏览您的文档中的页面"、"浏览您当前搜索的结果"三个选项卡标签。在这三个选项卡下分别可以使用文档中应用了样式的标题进行定位，通过浏览文档缩略图进行定位，以及通过输入关键字进行搜索定位。

3. 更多的 SmartArt 图形类型

Office 2010 中增加了 SmartArt 图形的类型，如新增了图片类型的 SmartArt 图形。在文档中插入这一类 SmartArt 图形后，可以在图形中添加任意图片，使用户能更好地利用 SmartArt 图形展示一些内容及关系。

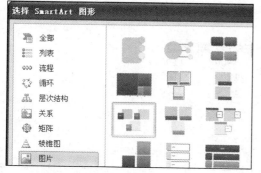 

4. 新增了屏幕截图功能

新增的屏幕截图功能是实用性很强的一个功能，用户可以利用这一功能随心所欲地捕捉屏幕图片，还能自动缓存当前打开窗口的截图，点击一下鼠标就能将其插入到文档中，而不用再借助其他的截图工具进行操作，为用户带来了极大的方便。

5. 新增了删除图片背景功能

在之前的 Office 版本中只能对插入图片进行一些简单的调整，包括调整亮度、对比度和图片大小等，如要删除图片背景，则需借助其他图片处理软件，操作极为不便。Office 2010 新增的删除图片背景功能为用户解决了这一问题，用户可直接在 Office 中删除图片背景。

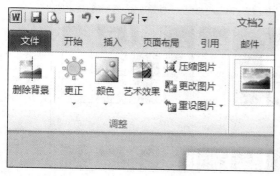 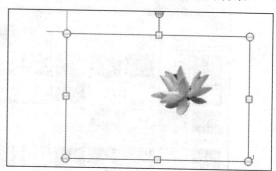

6. 新增了"迷你图"功能

"迷你图"是 Excel 2010 中的新增功能，是指可以在单个单元格中插入的一个微型图表，只需占用少量的空间就能直观地显示相邻数据的趋势，便于用户快速查看迷你图与其基本数据间的关系。且当数据发生变化时，迷你图会进行相应的更改。

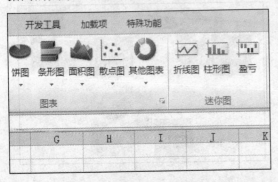 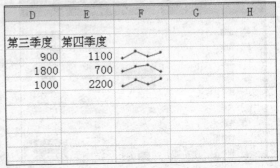

7. 更智能的数据筛选工具——切片器

Excel 2010 中的切片器是一种简单方便的筛选组件，可以使用户快速筛选数据透视表中的数据，而无须打开下拉列表查找要筛选的项目。除了快速筛选外，切片器还会指示当前的筛选状态，帮助用户可以轻松、准确地了解已筛选的数据透视表中显示了哪些数据。

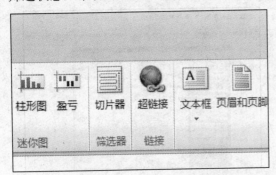 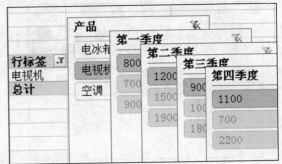

8. 更多的 PowerPoint 主题样式

PowerPoint 2010 的主题库为用户提供了更丰富的主题样式，用户可以根据要编辑的演示文稿内容选择更合适的主题设计。

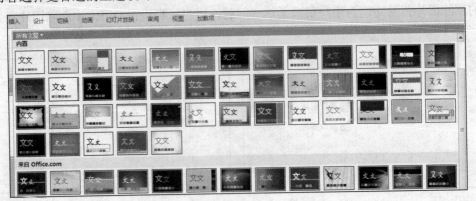

9. 新增广播幻灯片功能

PowerPoint 2010 提供了更多的演示文稿分享方法，新增的广播幻灯片功能可以通过 Web 浏览器快速分享演示文稿，而不需要执行其他任何设置。向需要访问的用户发送链接（URL）后，每一个受到邀请的用户都可以在他们的浏览器中观看幻灯片放映的同步视图。另外，在广播期间可随时中断幻灯片放映，向访问用户重新发送链接。

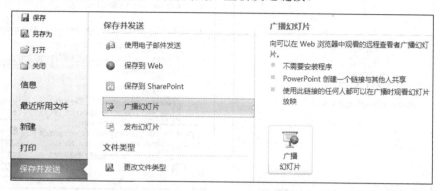

10. 触手可及的动画效果设置

在之前版本的 PowerPoint 中，用户需要通过"自定义动画"窗格来设置动画效果。而 PowerPoint 2010 直接将各种动画效果放置在功能区，以便用户可以更方便、快捷地为幻灯片添加各种动画效果。

1.2 Office 2010 的安装

要使用 Office 2010 软件，首先需要将其安装到计算机中。在安装 Office 2010 的过程中，用户可以根据自己的需要设置安装选项，例如可以保留或者删除早期版本等。

知识要点：

★ 进入安装向导　★ 选择自定义安装

Office 2010 高效办公从入门到精通

01 进入安装向导
Step

启动 Office 2010 安装程序，弹出安装向导对话框，此时稍等片刻。

02 接收协议条款
Step

在"阅读 Microsoft 软件许可证条款"界面中勾选"我接受此协议的条款"复选框，然后单击"继续"按钮。

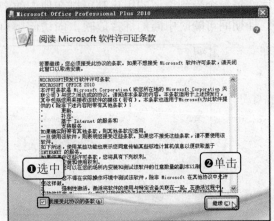

03 选择自定义安装
Step

进入"选择所需的安装"界面，单击"自定义"按钮，进行自定义安装。

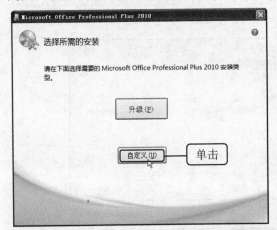

04 选择保留早期版本
Step

在"升级"选项卡下单击选中"保留所有早期版本"单选按钮。

05 单击"浏览"按钮
Step

切换至"文件位置"选项卡下，单击"浏览"按钮。

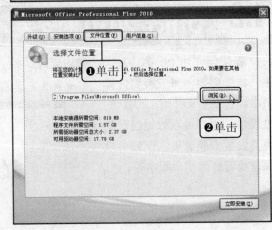

06 **Step** 选择安装的位置

在弹出的"浏览文件夹"对话框中选择程序安装的文件位置，然后单击"确定"按钮。

07 **Step** 设置用户信息

切换至"用户信息"选项卡下，在文本框中输入用户信息，再单击"立即安装"按钮。

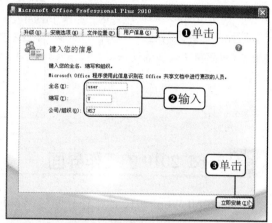

08 **Step** 显示安装进度

此时可以看见显示出了正在安装的进度，请耐心等候。

09 **Step** 单击"关闭"按钮

安装完成后可以看见已安装完成提示，单击"关闭"按钮关闭对话框，再重启计算机即可。

1.3 与 Office 2010 常用三组件面对面

Word 2010、Excel 2010、PowerPoint 2010 是 Office 2010 中常用的三个组件，在使用前，用户需要先对这三个组件的工作界面有个全面的认识。

知识要点：

★ Word 2010 的工作界面　　★ Excel 2010 的工作界面

★ PowerPoint 2010 的工作界面

1.3.1 Word 2010 的工作界面

Microsoft Word 2010 的工作界面与 Word 2007 大体上一致，包括快速访问工具栏、标题栏、"文件"按钮、功能区、工作编辑区，以及状态栏、视图按钮等部分，依然将各类功能按使用类别进行了归类，以组的形式显示在功能区中。但 Word 2010 界面中新增了"文件"按钮，取消了"Microsoft Office"按钮。

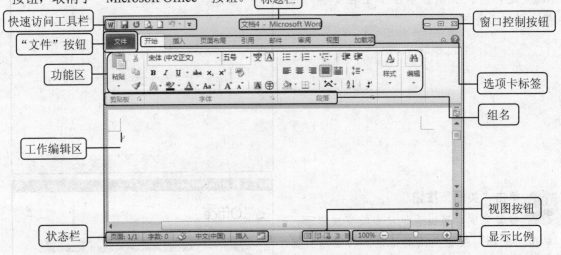

在 Word 2010 工作界面中，各种功能一目了然，使用起来十分方便，表 1-1 详细列出了构成 Word 2010 工作界面的各个要素的名称及功能。

表 1-1　Word 2010 工作界面组成及功能

名　称	功　能
快速访问工具栏	在该工具栏中集成了多个常用的按钮，例如"撤销"、"打印"按钮等，在默认状态下集成了"保存"、"撤销"、"恢复"和"打印"按钮
标题栏	显示 Word 文档标题，并可以查看当前处于活动状态的文件名
窗口控制按钮	使窗口最大化、最小化的控制按钮
"文件"按钮	可以展开菜单，执行相应的命令
选项卡标签	在标签中集成了 Word 功能区

续表

名　称	功　能
功能区	在功能区中包括了很多组，并集成了 Word 的很多功能按钮
组名	在功能区中区分各功能类别
工作编辑区	在工作编辑区中可输入需要的文本
状态栏	用于显示当前文档的页码和字数统计信息、系统语言、插入或改写状态等状态信息
视图按钮	单击其中某一按钮即可切换至所需的视图页面下
显示比例	通过拖动中间的缩放滑块来选择工作区的显示比例

1.3.2 Excel 2010 的工作界面

　　Excel 2010 的工作界面与 Word 2010 相似，结构清晰，且各功能按钮触手可及。左上角依然有快速访问工具栏，可以快速启动一些功能，功能区中的内容也是按功能的使用类别分组集合在各选项卡下。由于 Excel 主要进行数据编辑与处理，因此在工作编辑区中明显有其独特的构成元素。

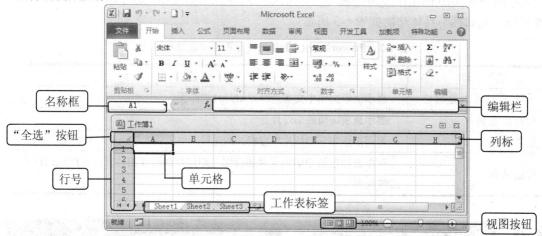

　　Excel 2010 工作界面中与 Word 2010 不同的构成要素包括单元格、行号、列标、名称框、编辑栏、工作表标签等，表 1-2 列出了 Excel 2010 操作界面中独有的各个要素的名称及功能。

表1-2　Excel 2010 工作界面组成及功能

名　称	功　能
名称框	显示当前正在操作的单元格或单元格区域的名称（或对其的引用）
编辑栏	显示正在编辑的单元格数据，也可以在编辑栏中直接输入数据
"全选"按钮	用来选中当前工作表中的所有单元格
行号	显示单元格对应的行
列标	显示单元格对应的列
单元格	Excel 工作表中最基本的单位
工作表标签	用来识别工作表名称，当前正在活动的工作表标签显示为背景色
视图按钮	包含普通视图按钮、页面布局按钮和分页预览按钮，单击即可切换至相应视图下

1.3.3 PowerPoint 2010 的工作界面

PowerPoint 2010 的工作界面在外观上没有太大的变化，依然拥有快速访问工具栏、"文件"按钮、功能区、选项卡标签等，功能区较之前的版本更丰富。

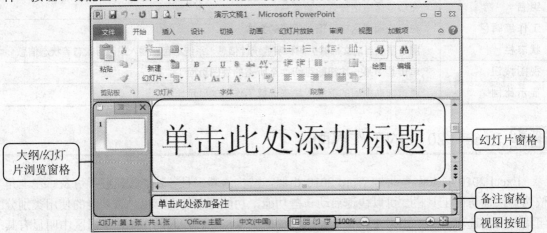

PowerPoint 2010 的工作编辑区独特地分为大纲/幻灯片浏览窗格、幻灯片窗格、备注窗格几个区域，其名称与具体功能如表 1-3 所示。

表 1-3　PowerPoint 2010 工作界面组成及功能

名　　称	功　　能
大纲/幻灯片浏览窗格	显示演示文稿中文本大纲或幻灯片缩略图
幻灯片窗格	显示当前编辑的幻灯片
备注窗格	可用来添加与幻灯片内容相关的注释，供演讲者演示文稿时参考
视图按钮	可单击相应按钮切换至普通视图、幻灯片浏览视图、阅读视图或幻灯片放映视图

1.4　个性化工作界面的设置

Office 2010 在功能与界面上都比早期版本更加完善，用户可根据自己的习惯、喜好设置有个性的工作界面。本节将介绍如何设置个性化的工作界面。

知识要点：

★自定义功能区　　★自定义一键功能

1.4.1 自定义功能区

自定义功能区是 Office 2010 的新增功能，它指创建自定义选项卡和自定义组来包含常用的命令，而这些操作都是在 Office 的选项对话框中进行的，下面介绍自定义功能区的操作。

01 Step 单击"选项"按钮

打开任一 Office 2010 组件的主界面，如打开 Word 主界面，单击"文件"按钮，在弹出的菜单中单击"选项"按钮。

02 Step 新增选项卡

在弹出"Word 选项"对话框后，切换至"自定义功能区"选项面板，在"自定义功能区"下方单击"新建选项卡"按钮，勾选列表框中"新建选项卡（自定义）"复选框，再单击"重命名"按钮。

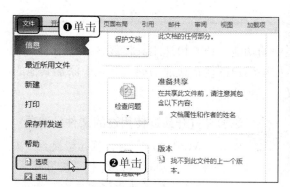

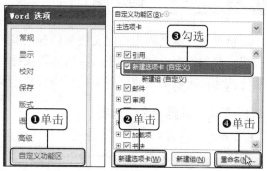

03 Step 重命名新建选项卡

弹出"重命名"对话框，在"显示名称"文本框中输入"常用"，再单击"确定"按钮。

04 Step 显示重命名效果

此时可以看见，新建选项卡已重命名为"常用（自定义）"。

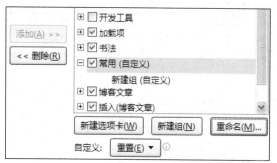

05 Step 添加功能

按同样的方法，将新建选项卡下的组重命名为"文本设置"，然后在左侧的"从下列位置选择命令"列表框中选中"格式刷"选项，再单击"添加"按钮。

06 Step 显示添加功能后的效果

此时可以看见，"自定义功能区"列表框中新建的"文本设置（自定义）"组下显示出"格式刷"选项。

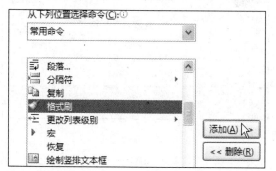

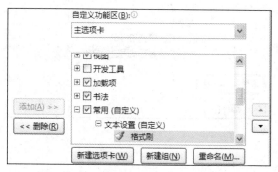

07 Step 显示自定义的功能区

按照 Step05 的方法在新增选项卡下添加其他的功能，然后单击"确定"按钮。此时可以看见，功能区中新增了"常用"选项卡，并在该选项卡下显示出设置的组及功能。

1.4.2 自定义一键功能

自定义一键功能指自定义快速访问工具栏中的功能按钮。快速工具栏包含了常用的功能按钮，例如保存、撤销、还原、新建等按钮。如果用户需要在快速访问工具栏中添加其他的功能按钮，可以对快速访问工具栏进行自定义。

01 Step 单击"其他命令"选项

单击快速访问工具栏右侧的按钮，在展开的下拉列表中单击"其他命令"选项。

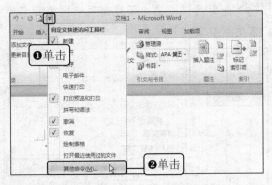

02 Step 添加"打开最近使用过的文件"选项

弹出"Word 选项"对话框，切换至"快速访问工具栏"选项面板，选中"常用命令"列表框中的"打开最近使用过的文件"选项，单击"添加"按钮。

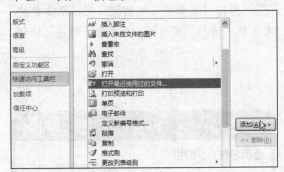

03 Step 显示添加效果

此时可以看见，在"自定义快速访问工具栏"列表框中显示出"打开最近使用过的文件"选项。

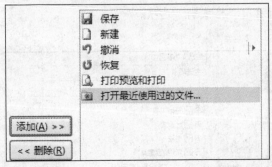

04 Step 查看自定义快速访问工具栏

单击"确定"按钮，在文档主界面中的"自定义快速访问工具栏"区域出现了"打开最近使用过的文件"按钮，单击即可调用。

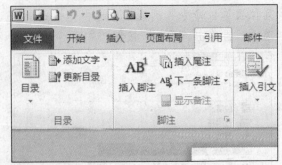

1.5 Word、Excel 和 PowerPoint 使用中最相似的操作

作为 Office 2010 中的三个组件，Word、Excel 及 PowerPoint 在操作中会有许多相似之处，例如新建文档、保存文档、打开文档、关闭文档、剪切、复制、粘贴、撤销、恢复、重复操作，以及插入并设置艺术字、图表等操作。

知识要点：

★ 插入自选图形、图片和 SmartArt 图形　★ 插入艺术字

Word、Excel 和 PowerPoint 三个组件中的相似操作大多通过界面中各相似的功能按钮或功能区来体现，如表 1-4 所示。

表 1-4　Word、Excel 和 PowerPoint 使用中最相似的操作

相似功能	文字解析	图　解
新建、保存、打开和关闭	在 Word、Excel 及 PowerPoint 中都可以通过单击"文件"按钮，在弹出的菜单中单击"新建"、"保存"、"打开"和"关闭"按钮来执行相应的命令	
剪切、复制和粘贴	在三个组件中，剪切、复制和粘贴所对应的操作按钮都位于"开始"选项卡下的"剪贴板"组中，同时这三个功能也都能通过快捷菜单或者快捷键实现	
撤销、恢复	撤销与恢复的操作都可以通过三个组件的"快速访问工具栏"中的同名功能按钮实现	
设置字符格式	在 Word、Excel 与 PowerPoint 中设置字符格式，可以通过选中目标文字，然后在"开始"选项卡下的"字体"组中进行相应的设置	
插入自选图形、图片和 SmartArt 图形	在 Word、Excel、PowerPoint 中插入自选图形、图片和 SmartArt 图形，可以在"插入"选项卡下的"插图"组中分别通过"形状"、"图片"、"SmartArt"三个按钮实现	
设置自选图形、图片和 SmartArt 图形	在三个组件中插入自选图形或图片后功能区都会自动跳转至"绘图工具-格式"或"图片工具-格式"选项卡下，在此功能区中可对插入的图形或图片进行格式设置，如果插入的是 SmartArt 图形，那么功能区会显示出"设计"和"格式"两个选项卡	

相似功能	文字解析	图　解
插入艺术字	在 Word、Excel 及 PowerPoint 中插入艺术字都是通过"插入"选项卡下的"文本"组中的"艺术字"按钮实现的	
设置艺术字	在三个组件中完成插入艺术字的操作后，功能区都会自动跳转至"绘图工具-格式"选项卡下，在此选项卡下能对插入的艺术字进行格式设置	
插入文本框	在三个组件中插入文本框，都需要通过单击"插入"选项卡下的"文本"组中的"文本框"按钮，选择绘制的文本框类型，再通过指针绘制完成	
插入图表	在三个组件中都可以通过选择图表样式插入图表，"图表"按钮都在"插入"选项卡下的"插图"选项组中	
设置图表	插入图表后，功能区都会出现三个选项卡："图表工具-设计"、"图表工具-布局"、"图表工具-格式"。在这三个选项卡下的功能区中都能对所选图表的布局、格式和组成元素进行设置	
使用批注	在 Word、Excel 及 PowerPoint 中都可通过"审阅"选项卡下的"批注"组中的相应按钮使用批注	

Chapter 02

使用 Word 快速制作纯文档

本章知识点

★ 创建文档   ★ 保存文档

★ 选取文本   ★ 查找与替换文本

★ 复制与移动文本   ★ 设置文本和段落格式

★ 文档的分页、分节、分栏   ★ 为文档设置密码

★ 设置格式编辑权限   ★ 限制访问

      这里所说的纯文档是指没有添加任何修饰图形、图片、符号，只由文本构成的文档。这类文档是日常工作和生活中最常用的文档，例如通知、会议纪要等。在制作纯文档时，用户可以通过更改文本的字体、字形，以及段落的对齐方式、缩进、间距等，让文档整洁、清晰。

2.1 快速制作文档

要制作文档，用户需建立一个存放文本的空间，即新建 Word 文档，然后将该文档保存到目标位置，存储所编写的文本。

知识要点：

★新建文档 ★保存文档

原始文件：无

最终文件：实例文件\第 2 章\最终文件\商业信函.docx

2.1.1 使用模板创建文档

模板能决定文档的风格与结构，使用模板创建文档后只需要在文档中输入需要的文本内容即可，这样不用再花费时间对文档版式进行设计就可以获得一个专业化的文档效果。Word 2010 在之前版本的基础上又增添了一些新的实用模板，相信其风格各异、涉及多个行业的丰富模板可以充分满足用户的需求。下面以创建一份基本合并格式的信函为例，来介绍其具体操作。

01 Step 新建文档

启动 Word 2010，单击"文件"按钮，在弹出的菜单中单击"新建"按钮，然后在"可用模板"列表框中单击"样本模板"图标。

02 Step 选择样本模板

进入"样本模板"列表中，选择需要的模板样式，如单击"基本合并信函"图标，单击选中"文档"单选按钮，然后单击"创建"按钮。

03 Step 新建的文档

此时根据选定的样本模板创建了新的文档。

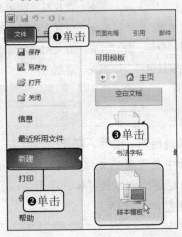 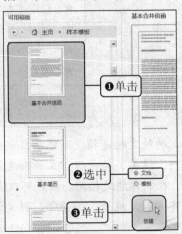 

2.1.2 保存文档

新建文档后，要在计算机中保留新建的文档，则需使用"保存"功能，将其保存到目标位置，具体操作如下。

Step 01 单击"保存"按钮

单击"文件"按钮，在弹出的菜单中单击"保存"按钮。

Step 02 设置保存路径及名称

弹出"另存为"对话框，在"保存位置"下拉列表中选择文件的保存路径，在"文件名"文本框中输入文件名，设置完成后单击"保存"按钮。

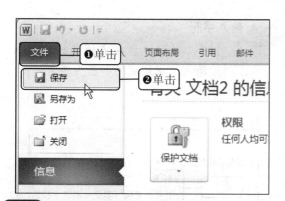

TIP 快速保存文档

在编辑文档过程中，可以按【Ctrl+S】组合键对当前文档进行保存。如果是首次保存文档，会弹出"另存为"对话框，要求用户设置保存路径及文档名称。如果需要将当前修改的文档备份，可按【F12】键，调出"另存为"对话框，设置文档的保存路径和名称。

2.2 编辑文档中的文本内容

建立文档后，用户可以根据实际需要在文档中输入文本、选择文本、复制文本、移动文本、查找文本、替换文本及删除文本，完善文档的内容。

知识要点：

★输入文本　★选择文本　★移动文本　★查找与替换文本

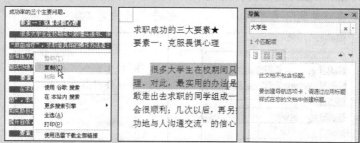

原始文件： 无

最终文件： 实例文件\第 2 章\最终文件\求职成功的三大要素.docx

2.2.1 输入文本

在 Word 文档中输入文本，首先要使用闪烁的竖形光标确认文本的插入位置，然后再通过键盘进行输入。此外，通过"复制"功能输入文本也不失为快速录入相同内容的好方法。

1. 通过键盘输入文本

通过键盘输入文本就是在确认文本插入点后，选择适当的输入法，逐字符地输入文本。在通过键盘输入字符时，每输入一个字符，光标插入点就会自动移至下一个位置。若需重起一段输入文本，只需按【Enter】键即可换行了。

01 Step 选择输入法
新建一个空白文档，将光标置于文档中，然后单击任务栏中的语言栏图标，在弹出的菜单中选择合适的输入法，例如选择"微软拼音-简捷 2010"输入法。

02 Step 输入字符
此时可以利用键盘在文档光标处输入文本，例如输入"求职成功的三大要素"。

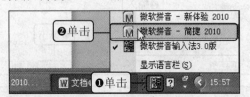

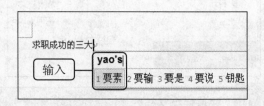

2. 通过复制功能输入文本

复制，也称拷贝，是指将文本复制一份完全一样的到指定位置，它不改变原文本内容。在 Word 中通过复制功能，可以将用户想要的文本从网页、现有文档中复制到当前位置。例如，如果用户需要用到网页中已找到的"求职成功的三大要素"的阐述内容，就可以应用该方法将其从网页中复制到当前文档中。

01 Step 复制文本
在网页中搜索到成功求职的三大要素，右击需要复制的文本，在弹出的快捷菜单中单击"复制"命令。

02 Step 粘贴文本
切换至 Word 窗口中，将光标插入点置于目标位置并右击，在弹出的快捷菜单中单击"只保留文本"命令。

03 Step 复制输入的文本
此时，在当前光标插入点位置输入了在网页中复制的文本。

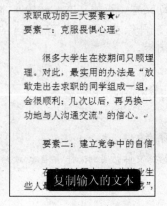

TIP **快速复制与粘贴文本**

在使用复制功能输入文本时，可以使用【Ctrl+C】组合键快速将选中文本复制到剪贴板中，然后按【CtrL+V】组合键，将剪贴板中的文本粘贴到当前光标处。

2.2.2 选择文本

在输入文本后，想编辑文本，首先得选择文本，才能对其进行编辑。常见的选择文本的情况有：自定义选择所需的内容，以及选择一个词、选择行文本、选择段落文本、选择全部文本、选择矩形块文本等。

- **选择需要的文本**：将光标移至需要选定文本的前面，按住鼠标左键并拖动，拖至目标位置后释放鼠标左键，即可选择需要的文本。
- **选择一个词**：将光标插入点置于要选择的词语之间，双击鼠标左键，即可选择该词语。
- **选择一行文本**：将光标移动要选择的行，待鼠标指针呈右向白箭头时，单击鼠标左键，即可选择当前指定的行文本。

- **选择段落文本**：将光标插入点置于要选择文本的段落中，连续三击鼠标左键即可选中当前光标所在的段落文本。
- **选择全部文本**：将鼠标指针置于文本中间，待指针呈右向白箭头时，连续三击鼠标左键，即可选择全部文本，也可以直接按【Ctrl+A】组合键选择全部文本。
- **选择块文本**：如果选择的文本呈矩形块状，可将鼠标指针置于要选择文本前面，按住【Alt】键，然后按住鼠标左键拖动选择文本矩形块。

2.2.3 移动文本

移动文本其实就是调整文本的位置，将选定的文本从一个位置移至另一个位置。它与复制文本相似，唯一不同的是复制文本将在原位置保留文本，而移动文本则清除原位置的文本，只在目标位置显示文本。移动文本的方法如下。

01 移动文本
Step

选择要移动的文本段落，然后按住鼠标左键，待指针呈 状时，将其拖至目标位置，如将"要素二"拖至"要素一"文本之前。

02 移动文本后效果
Step

拖至目标位置后，释放鼠标左键，即可将选择的目标文本"要素二"移至"要素一"文本之前，并且显示"粘贴选项"按钮。

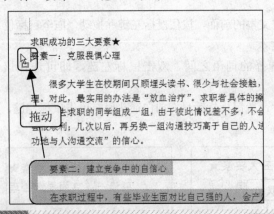

高效实用技巧

通过"剪切"命令移动文本

在移动文本时，如果移动文本的位置相隔太远，如相隔几页，或是在不同的文档中，采用鼠标拖动法移动文本则比较麻烦，且容易出现错误，此时可以采用"剪切"和"粘贴"命令来实现文本的移动。只需选择文本，单击"剪切"按钮，然后将光标插入点定位于目标位置，单击"粘贴"按钮即可移动文本。

2.2.4 查找与替换文本

查找与替换是文字处理软件中的一个高效编辑功能，使用查找功能可以在长篇文档中快速定位到要查找的字符位置。当用户需要将文档中大量的相同内容修改为另一内容时，可利用"替换"功能快速更改，不仅高效，还能有效避免遗漏错误。

1. 查找文本

查找文本就是通过 Word 自带的搜索功能快速定位到符合条件字符的位置。在查找文本时，不仅可以查找普通文本，还能快速定位到特定格式位置。在 Word 中查找文本的方法有两种，一种是通过"导航窗格"中的搜索功能进行查找，另一种是通过"查找"对话框来查找。

（1）方法1：通过"导航窗格"查找文本

在 Word 2010 中新添加了"导航窗格"功能，它不仅集合了"文档结构图"和"页面缩略图"功能，还新增了"搜索"功能。用户可以直接使用"搜索"功能将符合搜索关键字的文本突出显示出来，具体操作如下。

01 Step 启动导航窗格
切换至"视图"选项卡下，在"显示"组中勾选"导航窗格"复选框。

02 Step 输入搜索关键字
弹出导航窗格，在搜索文本框中输入关键字，如输入"大学生"，按【Enter】键。

03 Step 显示搜索结果
此时，在导航窗格中显示了搜索到的文本段落，并在文档中以底纹突出显示搜索到的关键字。

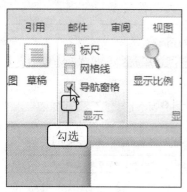

（2）方法2：通过"查找与替换"对话框查找文本

除了利用导航窗格搜索文本外，还可以使用"查找与替换"对话框来查找文本，具体操作如下。

01 Step 单击"高级查找"选项
切换至"开始"选项卡下，在"编辑"组中单击"查找"右侧的下三角按钮，从展开的下拉列表中单击"高级查找"选项。

02 Step 查找文本
弹出"查找和替换"对话框，在"查找"选项卡下的"查找内容"文本框中输入关键字，单击"查找下一处"按钮。

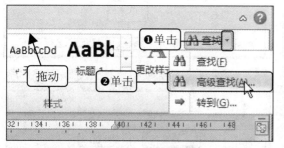

03 Step 显示查找结果
此时，文档将跳转到符合条件文本所在的页，并选中符合查找关键字的文本。

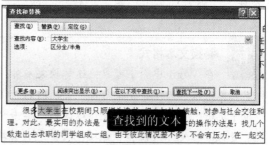

2. 替换文本

替换文本指将查找到的内容快速替换为指定的内容，该操作常用于快速更改大量相同的内容。使用文本替换功能不仅可以提高修改文档的速度，还能保证文档修改的彻底性，避免出现遗漏。

01 Step 单击"替换"按钮

切换至"开始"选项卡下，在"编辑"组中单击"替换"按钮。

02 Step 设置查找和替换内容

弹出"查找和替换"对话框，在"替换"选项卡下的"查找内容"文本框中输入"考官"，在"替换为"文本框中输入"主管"，单击"查找下一处"按钮。

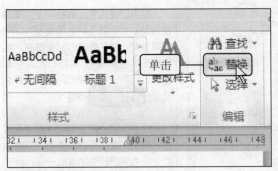

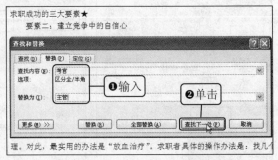

03 Step 替换文本

此时，在文档中查找到第一个符合条件的文本。若要替换为指定文本，单击"替换"按钮。

04 Step 单击"全部替换"按钮

此时，选中文本替换为目标文本，并跳转到下一个符合条件的文本处。若要一次性替换所有文本，单击"全部替换"按钮。

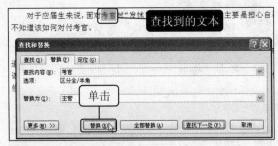

05 Step 提示替换文本数

弹出"Microsoft Word"对话框，提示"Word 已完成对 文档 的搜索并已完成 2 处替换"，确认后单击"确定"按钮，即可完成文本的快速替换。

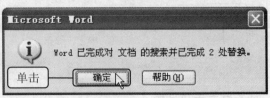

TIP 替换文本格式

在 Word 中除了可以快速替换文本外，还可以查找和替换文本格式。操作方法与替换文本相似，只需选择要查找内容和替换内容的格式即可。具体操作如下：在"查找和替换"对话框中单击"更多"按钮，展开对话框，单击"格式"按钮，设置查找和替换的格式，然后单击"查找下一处"按钮和"替换"按钮进行替换。

2.2.5 删除文本

删除文本即是将指定的文本从文档中清除出去。删除文本的方法很简单，可以使用【Backspace】键逐字删除，也可以使用【Delete】键逐字删除。

1. 使用【Backspace】键删除

使用【Backspace】键删除文本前需要先将光标定位于要删除文本的右侧，按一次【Backspace】键即可删掉一个文本字符。

01 Step 将光标置于需要删除的文本右侧

将光标定位到要删除文本的右侧。

02 Step 按下【Backspace】键删除

按一次【Backspace】键，即可看见删除掉光标左侧一个文本字符。

缺乏成就感"，李丰学表示，建立自信心的办法是：从信心和荣誉感，每次完成任务后都表扬和奖励自己，否，并随时找人分享成长的经验，获得肯定……如此循环和成熟度，直到敢于正视某些方面优于自己的对手。心理

校期间只顾埋头读书、很少与社会接触，对参与社会交的办法是"放血治疗"，其具体操作办法是，找几个与一组，由于彼此情况差不多，不会有压力，在一起交流另换一组沟通技巧高于自己的人进行交谈，逐渐培养出

缺乏成就感"，李丰学表示，建立自信心的办法是：从信心和荣誉感，每次完成任务后都表扬和奖励自己，否，并随时找人分享成长的经验，获得肯定……如此循环和成熟度，直到敢于正视某些方面优于自己的对手。心理

校期间只顾埋头读书、很少与社会接触，对参与社会交的办法是"放血治疗"其具体操作办法是，找几个与自组，由于彼此情况差不多，不会有压力，在一起交流沟通一组沟通技巧高于自己的人进行交谈，逐渐培养出"我

2. 使用【Delete】键删除

使用【Delete】键删除文本与使用【Backspace】键删除文本的不同之处在于，删除前需要先将光标定位于要删除文本的左侧，按一次【Delete】键可删掉光标右侧的一个文本字符。

01 Step 将光标置于需要删除的文本的左侧

将光标定位到要删除文本的左侧。

02 Step 按下【Delete】键删除

按一次【Delete】键，即可删除掉光标右侧一个文本字符。

缺乏成就感"，李丰学表示，建立自信心的办法是：从信心和荣誉感，每次完成任务后都表扬和奖励自己，否，并随时找人分享成长的经验，获得肯定……如此循环和成熟度，直到敢于正视某些方面优于自己的对手。心理

校期间只顾埋头读书、很少与社会接触，对参与社会交的办法是"放血治疗"其具体操作办法是，找几个与自组，由于彼此情况差不多，不会有压力，在一起交流沟通一组沟通技巧高于自己的人进行交谈，逐渐培养出"我

业生面对比自己强的人，会产生"未比先输"的自卑心理。"这感"，李丰学表示，建立自信心的办法是：从小任务和最基本的誉感，每次完成任务后都表扬和奖励自己，否则予以惩罚；然后找人分享成长的经验，获得肯定……如此循环，不断恢复和提升，直到敢于正视某些方面优于自己的对手。

顾埋头读书、很少与社会接触，对参与社会交往和竞争有惧怕心"放血治疗"具体操作办法是，找几个与自己一样不敢走出去来此情况差不多，不会有压力，在一起交流沟通时通常会很顺利，技巧高于自己的人进行交谈，逐渐培养出"我也能成功地与人沟

> **TIP** 利用"剪切"功能删除文本
> 除了使用键盘上的【Backspace】键与【Delete】键逐字删除文本外，还可以选中所有需要删除的文本，右击，在弹出的快捷菜单中单击"剪切"命令，一次性删除所选文本。

2.3 使用鼠标调整文本与段落格式

在编辑文档的过程中，为了使文档达到更美观规范的效果，用户常需要对文档的字体、段落格式进行一些合理的调整，例如设置字体、字号、颜色、边框和字符间距等。

知识要点：

★ 设置字体格式　　★ 设置段落格式　　★ 添加边框与底纹

原始文件：实例文件\第 2 章\原始文件\图书管理规定.docx、花茶坊.docx
最终文件：实例文件\第 2 章\最终文件\图书管理规定.docx、花茶坊.docx

2.3.1 设置字体格式

设置字体格式是指更改文档中文字的字体、字号、颜色等属性，设置后的文档将更具有可视性。

01 Step 单击"字体"命令
打开随书光盘\实例文件\第 2 章\原始文件\图书管理规定.docx，选中需设置字体的文本内容并右击，在弹出的快捷菜单中单击"字体"命令。

02 Step 设置字体、字形、字号与颜色
在弹出的"字体"对话框中的"字体"选项卡下，设置字体为"仿宋_GB2312"、字形为"加粗"、字号为"四号"，并将字体颜色设为"深蓝"。

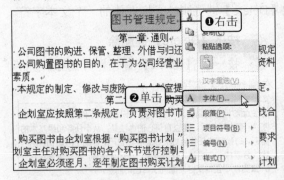

03 Step 设置字符间距
切换至"字体"对话框中的"高级"选项卡下，设置字符间距为"加宽"。

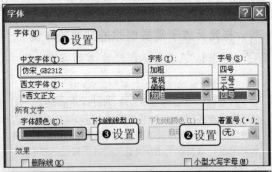

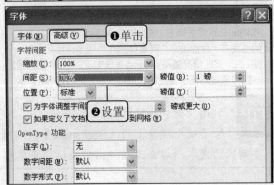

04 显示文字效果
Step 单击"确定"按钮后回到文档主界面，可以看到文档中的目标文本已显示出设置效果。

图书管理规定

第一章 通则
- 公司图书的购进、保管、整理、外借与归还等管理业务均按本规
- 公司购置图书的目的，在于为公司经营业务、科学研究提供资
  素质。
- 本规定的制定、修改与废除，由企划室提议、常务董事会决定

第二章 收集与购买
- 企划室应按照第二条规定，负责对图书市场的调查研究，寻找
- 购买图书由企划室根据"购买图书计划"以及各部门的申请要
- 划室主任对购买图书的各个环 设置字体格式后的效果
- 企划室必须逐月、逐年制定图书购买计划。图书采购人员按

> **TIP** 利用快捷键打开"字体"对话框
> 在需要对选中文字使用"字体"对话框进行设置时，除了可以使用右击弹出快捷菜单的方法，还可以使用【Ctrl+D】组合键迅速地弹出"字体"对话框。

2.3.2 设置段落格式

在文档中，用户可以对段落进行格式设置，包括设置其对齐方式、段落间距与行距等。顾名思义，设置段落间距即设置段落上方与下方的空间，设置行距即设置目标段落中各行文字间的垂直距离。对段落格式进行合理设置，能使文档结构清晰、层次分明。

01 单击"段落"命令
Step 选中目标段落并右击，在弹出的快捷菜单中单击"段落"命令。

02 设置对齐方式与段落缩进
Step 在弹出的"段落"对话框中的"缩进和间距"选项卡下，设置对齐方式为"左对齐"、段落左侧缩进"2字符"。

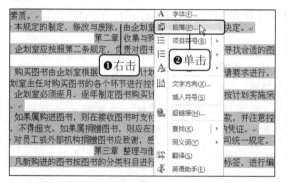

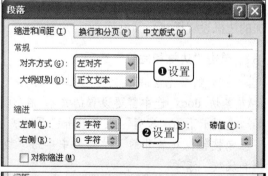

03 设置段落间距与行距
Step 在"段落"对话框中的"缩进和间距"选项卡下，设置段前行距为"1行"、段后行距为"0行"，设置行距为"单倍行距"。

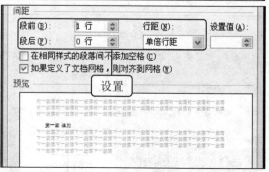

04 显示段落设置效果
Step 返回文档页面，可见目标段落已按设置更改了效果。

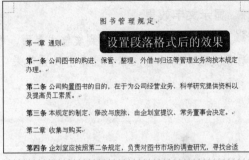

设置制表位

制表位是指按【Tab】键时，光标后面的文字向右移动到的位置。在处理文字时，若遇到文字对齐的问题，除了采用空格外，制表位对齐的效果会更加理想。单击"段落"对话框左下方的"制表位"按钮，在弹出的"制表位"对话框中制表位默认为"2 字符"。用户也可根据需要在"制表位位置"文本框中输入需要的制表位，设置完成后单击"确定"按钮即可。

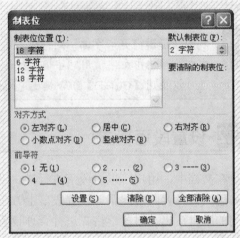

2.3.3 添加边框和底纹

添加边框和底纹可以起到突出文本的效果。添加底纹即为文字设置背景颜色，从而突显文字，使其更醒目、明了。为文本添加边框也可以起到强调、突出的作用。用户还可以为添加的边框设置样式、颜色等。

01 单击"边框和底纹"选项
Step 打开随书光盘\实例文件\第 2 章\原始文件\花茶坊.docx，选中需要设置的文本，在"开始"选项卡下的"段落"组中单击"下框线"下三角按钮，在展开的下拉列表中单击"边框和底纹"选项。

02 设置边框
Step 弹出"边框和底纹"对话框，在"边框"选项卡下选择阴影边框，设置边框为双线样式、颜色为紫色、宽度为 0.25 磅，并设置应用于选中文字。

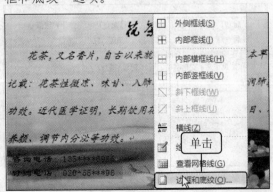

03 Step 设置底纹

切换至对话框的"底纹"选项卡下，设置填充颜色为绿色，并设置应用于文字，再单击"确定"按钮。

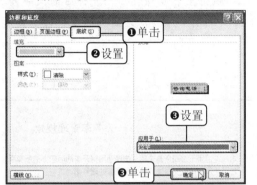

04 Step 设置效果显示

返回文档主界面，此时可以看到目标文本已应用了以上设置效果。

设置的底纹效果

高效实用技巧

设置字符边框和字符底纹

在"开始"选项卡下的"字体"组中单击"字符边框"按钮可对目标文字添加边框，单击"以不同颜色突出显示文本"的下三角按钮，可在弹出的下拉列表框中根据需要对目标文字添加底色。

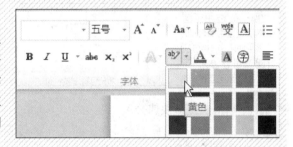

2.4 文档分页、分节、分栏巧安排

在编辑文档过程中，用户遇到需要将文档进行分页、分节、分栏的情况，使用分隔符可以改变文档中一个或多个页面的版式或格式，合理应用这些功能将对文档的编辑起到很大作用。

知识要点：

★为文档分页　　★为文档分栏

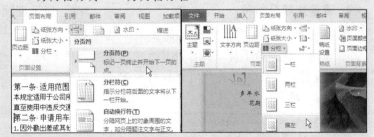

原始文件：实例文件\第2章\原始文件\公务车管理规定.docx、荷.docx
最终文件：实例文件\第2章\最终文件\公务车管理规定.docx、荷.docx

2.4.1 为文档分页

在编辑文档时，Word 会根据用户设置的页面大小自动对文字进行分页处理，这样能简化用户的操作步骤和美化页面。但有的时候，自动分页的结果可能并不能使用户满意，此时就需要手动调节文档的分页效果了。下面将介绍手动为文档分页的操作方法。

01 Step 设置分页

打开随书光盘\实例文件\第 2 章\原始文件\公务车管理规定.docx，将光标插入点置于需分页的内容前，切换至"页面布局"选项卡下，单击"页面设置"组中的"分隔符"按钮，在展开的下拉列表中单击"分页符"选项。

02 Step 显示分页效果

执行上一步操作后，光标后的文字内容都显示到了下一页，并出现"分页符"标志。

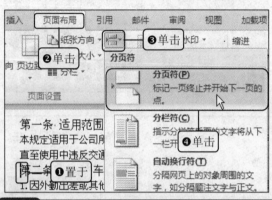

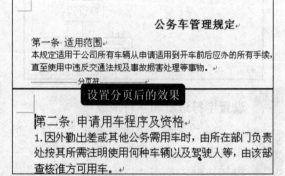

设置分页后的效果

> **TIP 利用快捷键快速分页**
>
> 在对文档进行强制分页时，除了可以利用功能区实现分页外，还可以利用【Ctrl+Enter】组合键进行快速分页。

2.4.2 为文档分节

在默认方式下，Word 将整个文档视为一节，如果需要在一页内或多页间采用不同版式布局需为文档分节，即在目标文档中插入分节符。Word 中的分节符包括连续分节符、偶数页分节符和奇数页分节符等。

01 Step 设置连续分节符

将光标插入点置于需分节的位置，在"页面布局"选项卡下的"页面设置"组中单击"分隔符"按钮，在展开的下拉列表中单击"连续"选项。

02 Step 显示连续分节效果

执行上一步操作后，光标后的文字内容都显示到了下一节，并出现"分节符（连续）"标志。

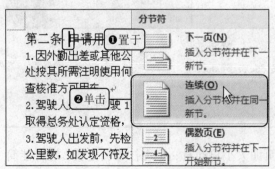

设置连续分节的效果

2.4.3 为文档分栏

在编辑文档时，为了增加文本排版的美观性，可以对部分内容进行分栏显示。Word 提供了多种分栏显示的效果，用户可以根据文档的内容、版式等需要进行不同的选择。

01 Step 设置分栏

打开随书光盘\实例文件\第 2 章\原始文件\荷.docx，选中文档中需要设置分栏的文本。

02 Step 设置分栏

切换至"页面布局"选项卡下，单击"页面设置"组中的"分栏"按钮，在展开的下拉列表中单击"偏左"选项。

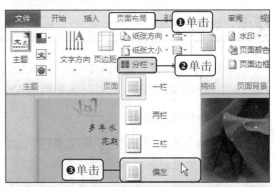

03 Step 显示设置分栏后的效果

此时，可以看见文档中选中的文本已按设置方式分栏显示。

更多的分栏设置内容

高效实用技巧

分栏设置除了在"分栏"下拉列表中进行分栏选择外，还可以单击"更多分栏"选项，打开"分栏"对话框，自定义分栏的栏数，并且可以选择各栏的宽度、间距，添加分栏线。同时可以选择分栏设置应用于当前选择内容（或者应用于所选节或整篇文档）。

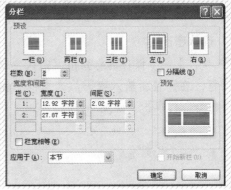

Office 2010 高效办公从入门到精通

2.5 保护文档

在文档的编辑或者后期使用中，为了避免有价值的文档被泄露或是被恶意篡改，保护文档的安全显得尤为重要。本节主要描述如何对文档进行密码保护、设置编辑权限及访问权限等内容。

知识要点：

★ 标记最终状态　　★ 设置编辑权限

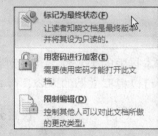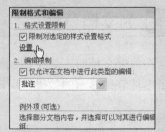

原始文件：实例文件\第 2 章\原始文件\防火安全的组织与机构.docx
最终文件：实例文件\第 2 章\最终文件\防火安全的组织与机构.docx

2.5.1 密码保护

在对一个文档设置密码后，需要输入所设密码才能再次打开文档。这一设置可以保护文档的重要信息不被泄露，从而保证文档的安全性与隐秘性。

01 Step 设置密码访问权限

打开随书光盘\实例文件\第 2 章\原始文件\防火安全的组织与机构.docx，单击"文件"按钮，然后单击"信息"面板中的"保护文档"按钮，在展开的下拉列表中单击"用密码进行加密"选项。

02 Step 设置密码

弹出"加密文档"对话框，在"密码"文本框中输入需要设置的密码，例如输入"123456"，再单击"确定"按钮。

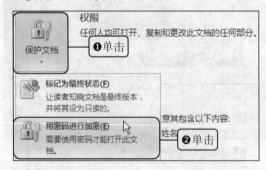

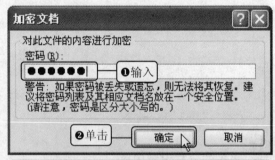

03 Step 确认密码

执行上一步操作后会弹出"确认密码"对话框，在"重新输入密码"文本框中输入同一密码，再单击"确定"按钮。

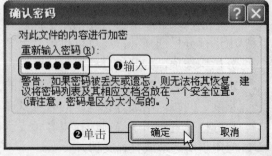

-30-

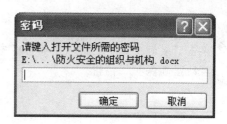

04
Step
显示设置密码后的效果

　　将此文档保存后关闭，再次打开时自动弹出"密码"对话框，提示输入密码。

2.5.2 设置格式编辑权限

　　为了保证文档的完整性和安全性，可以通过设置格式编辑权限对文档进行保护。设置以后还可以通过对选定的样式限制格式，防止文档样式被修改，也可以防止对文档直接应用格式。

01
Step
单击"限制编辑"选项

　　打开需要设置格式编辑权限的文档，单击"文件"按钮，在弹出的菜单中单击"信息"按钮，然后单击"保护文档"按钮，在展开的下拉列表中单击"限制编辑"选项。

02
Step
勾选"限制对选定的样式设置格式"复选框

　　弹出"限制格式和编辑"任务窗格。勾选"限制对选定的样式设置格式"复选框，然后单击"设置"链接。

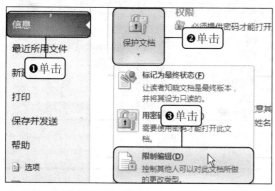

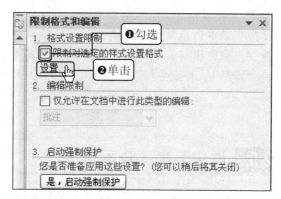

03
Step
设置格式设置限制

　　弹出"格式限制设置"对话框，勾选"样式"下方的"限制对选定的样式设置格式"复选框，取消勾选"标题1"复选框，设置完成后单击右下方的"确定"按钮。

04
Step
删除文档中不允许的格式样式

　　在弹出的对话框中单击"是"按钮，删除当前文档中包含的不允许的格式样式。

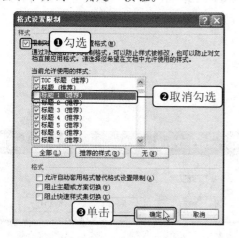

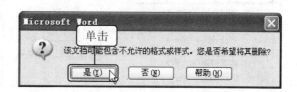

05 单击"是，启动强制保护"按钮
Step 单击"限制格式和编辑"任务窗格中的"是，启动强制保护"按钮。

06 设置保护密码
Step 弹出"启动强制保护"对话框，在"新密码"文本框中输入密码，例如输入"123"，然后在"确认新密码"文本框中再次输入相同密码，单击"确定"按钮。

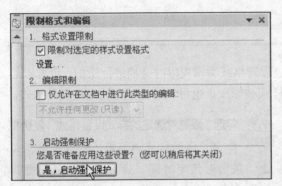

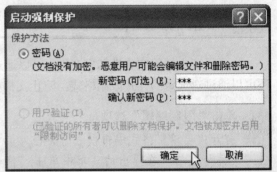

07 显示启动强制保护后的效果
Step 此时可以看见"限制格式和编辑"任务窗格中显示出限制信息，单击"有效样式"链接，会弹出"样式"任务窗格，可见其中将"标题 1"样式去掉了。

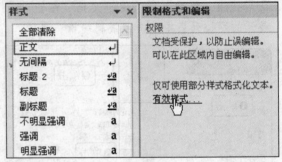

2.5.3 标记为最终状态

　　将文档标记为最终状态指将目标文档标记为终稿保存，并将其设置为只读文档。确认保存文档为最终状态后，将对文档禁用键入、编辑命令和校对标记。

01 选择标记为最终状态
Step 单击"文件"按钮，在弹出的菜单中单击"信息"按钮，然后单击"保护文档"按钮，在展开的下拉列表中单击"标记为最终状态"选项。

02 保存文档为最终状态
Step 执行上一步操作后会弹出"Microsoft Word"对话框，单击"确定"按钮可将文档标记为终稿并保存。

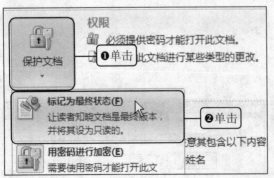

03 Step　确认保存文档为最终状态

再次弹出"Microsoft Word"对话框，单击"确定"按钮。

04 Step　显示标记最终状态后的效果

返回文档主界面，此时可以看到文档已显示被标记为最终状态，且无法对文档进行任何编辑。

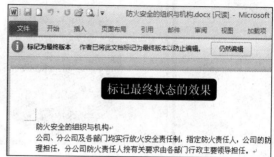

会议室使用管理制度

第一条 为加强管理，规范公司会议室的有序使用，给公司召开的各种会议营造一个良好的环境，特制定本制度。

第二条 公司所有员工非参加会议，不得随意进入会议室。

第三条 各部门如需使用会议室，要提前到总经理办公室申请，在会议室使用登记□□□，由办公室统一安排。

□□□ 任何员工不得随便移动会议室的□物品。

□□□ 任何员工不得随意使用会议室的□咖啡、饮料等物品。

□□□ 任何员工不能随意拿走会议室的□□志等资料。

□□□ 参加会议的人员要爱护会议室的

Chapter

03

巧用图片、图形等对象丰富文档

本章知识点

★ 页面设置　　　　　　★ 在文档中插入图片

★ 简单处理图片　　　　★ 绘制自选图形

★ 排列与组合形状　　　★ 插入 SmartArt 图形

★ 插入表格　　　　　　★ 管理表格中的数据

★ 插入图表　　　　　　★ 设置图表格式

　　在使用 Word 进行编辑时不仅可以处理普通的文本内容，还能对带有图片、图形的文档进行编辑。用户可以在文档中插入图片、图形对文档进行丰富、美化，也可以插入表格、图表使文档达到条理清晰、形象生动的效果。

3.1 使用页面设置有效控制页面大小

在编辑文档时，使用页面设置可以调整纸张方向、纸张大小、页边距及设置背景等，从而达到控制页面大小的目的。

知识要点：

★设置纸张方向 ★设置纸张大小和页边距 ★设置背景颜色

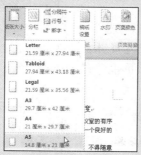

原始文件： 实例文件\第3章\原始文件\会议室使用管理制度.docx
最终文件： 实例文件\第3章\最终文件\会议室使用管理制度1.docx、会议室使用管理制度2.docx、会议室使用管理制度3.docx、会议室使用管理制度4.docx

3.1.1 设置纸张方向

在 Word 文档中，可以将纸张设置为横向或是纵向。由于纸张方向的设置会直接影响到文档的版式及打印效果，因此在编辑中要根据用户的实际需求进行纸张方向的设置。

01 Step 打开原始文件

打开随书光盘\实例文件\第3章\原始文件\会议室使用管理制度.docx。

02 Step 设置纸张方向

切换至"页面布局"选项卡下，单击"页面设置"组中的"纸张方向"按钮，在展开的下拉列表中单击"纵向"选项。

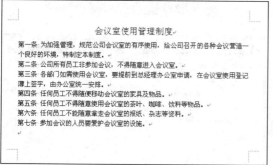

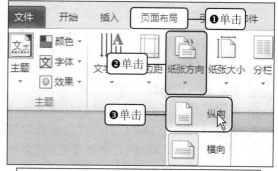

03 Step 查看设置纸张方向后的效果

回到文档主界面，此时可看到设置纸张方向后的效果。

3.1.2 设置纸张大小和页边距

用户在编辑文档时需要确定纸张的大小及页边距设置，这样才能更好地统筹安排文档内容，使文档在整体上更美观、整洁。

01 Step 设置页边距

切换至"页面布局"选项卡下，单击"页面设置"组中的"页边距"按钮，在展开的下拉列表中选择需要的页边距，如单击"普通"选项。

02 Step 设置纸张大小

单击"页面设置"组中的"纸张大小"按钮，在展开的下拉列表中选择需要的纸张大小，例如单击"A5"选项。

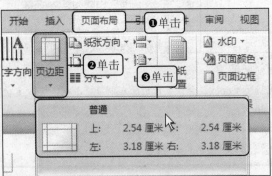

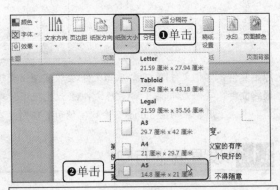

03 Step 查看设置纸张大小和页边距的效果

回到文档主界面，此时可看到设置纸张大小和页边距后的效果。

会议室使用管理制度

第一条·为加强管理，规范公司会议室的有序使用，给公司召开的各种会议营造一个良好的环境，特制定本制度。

第二条·公司所有员工非参加会议，不得随意进入会议室。

第三条·各部门如需使用会议室，要提前

设置纸张大小与页边距后的效果

高效实用技巧

通过对话框进行页面设置

除了可以利用功能区进行页面设置外，还可以通过"页面设置"对话框进行设置，在该对话框中可以自定义页边距及纸张大小的值。单击"页面设置"组中的对话框启动器，即可在弹出的"页面设置"对话框中对页边距、纸张等进行设置。

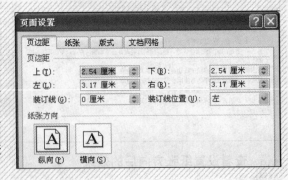

3.1.3 设置背景颜色

为文档设置背景可以使文档更加美观，大家可以对文档设置背景颜色，包括纯色背景以及渐变颜色背景。

1. 设置纯色背景

Word 中提供了多种页面颜色供用户选择，在设置时可以根据具体的需要进行选择。例如想为文档设置一种视力保护色，那么可以选择一些较柔和的颜色，例如茶色。

Step 01 设置背景颜色

切换到"页面布局"选项卡下，单击"页面背景"组中的"页面颜色"按钮，在展开的下拉列表中选择"茶色"选项。

Step 02 查看设置背景颜色后的效果

执行上一步操作后，可以看到页面设置背景颜色后的效果。

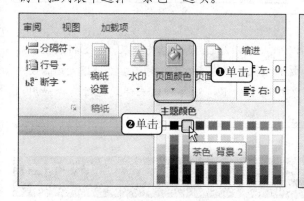

2. 设置渐变色背景

渐变色是柔和晕染开来的色彩，或从明到暗，或由深转浅，或从一个色彩过渡到另一个色彩。为文档设置渐变色背景可以丰富文档背景，吸引读者的眼球。在 Word 中用户不仅可以选择各种预设的渐变颜色样式，还可以自行设计需要的渐变色效果。

Step 01 选择"填充效果"选项

单击"页面背景"组中的"页面颜色"按钮，在展开的下拉列表中单击"填充效果"选项。

Step 02 设置渐变效果

弹出"填充效果"对话框，在"渐变"选项卡下单击选中"双色"单选按钮，在"颜色1"、"颜色2"下拉列表框中设置颜色1和颜色2，设置"底纹样式"为"角部辐射"，然后单击"确定"按钮。

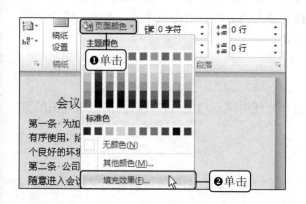

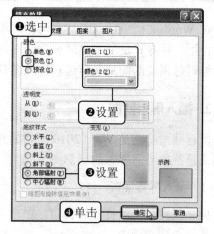

03 **查看设置渐变色背景后的文档**
Step
　　回到文档主界面，可以看到设置渐变色
背景后的页面。

> **会议室使用管理制度**
>
> 第一条　为加强管理，规范公司会议室的
> 有序使用，给公司召开的各种会议营造一
> 个良好的环境，特制定本制度。
> 第二条　公司所有员工非参加会议，不得
> 随意进入会议室。
> 第三条　各部门如需使用会议室，要提前
> 到总经理办公室申请，在会议室使用登记
> 薄上签字，由办公室统一安排。
> 第四条　任何员工不　　 设置填充效果后的文档

TIP **设置填充效果**
　　在 Word 文档中除了可以设置背景颜色以外，还可以设置页面填充效果。例如将纹理、
图案、图片作为填充元素，以丰富文档的页面效果。打开"填充效果"对话框，根据文档的设
置需要，切换至"纹理"、"图片"或"图案"选项卡下，对各种效果样式进行选择应用
即可。

3.2　巧用图片补充文档

　　在 Word 文档中可以插入
图片与文字，使文档更丰富多
彩，还可对插入的图片进行一
些简单处理，使之更好地表达
编辑者的意图。巧妙使用这部
分功能，可以快捷地编辑出图
文并茂的文档。

知识要点：

★插入图片　★删除图片背景

3.2.1 插入图片

　　在 Word 文档中插入图片有两种常用的方式，第一种方式是直接插入保存在计算机中的
图片；第二种方式是利用"屏幕截图"功能截取插入当前屏幕的窗口图或局部图。用户可以
根据编辑时需要的图片素材选择插入图片的方式。

1. 插入屏幕截图

　　屏幕截图功能是 Word 2010 新增的功能之一，使用这一功能可以截取当前可用视窗的窗
口图或是截取当前屏幕的局部图。

（1）插入屏幕视窗

　　屏幕视窗是当前打开的窗口，用户可以利用"屏幕截图"功能快速捕捉当前打开的窗口
并将其插入到文档中。

01 Step 选择屏幕窗口

切换至"插入"选项卡下，单击"插图"组中的"屏幕截图"下三角按钮，在展开的下拉列表中单击"可用视窗"选项组中当前打开的窗口缩略图。

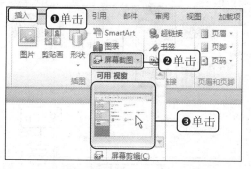

02 Step 插入屏幕视窗

执行上一步操作后，文档中插入了选择的窗口图片。

（2）自定义屏幕截图

如果用户需要在文档中将当前浏览的某个页面中的部分内容以图片形式插入文档中，可以使用自定义屏幕截图功能来实现快速截取。

01 Step 选择自定义屏幕截图

单击"插图"组中的"屏幕截图"按钮，在展开的下拉列表中单击"屏幕剪辑"选项。

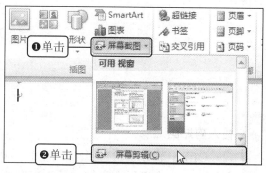

02 Step 截取图片

执行上一步操作后，屏幕出现了可截图区域，在需要截取图片的开始位置按住鼠标左键进行拖动，拖动至合适位置处释放鼠标。

03 Step 插入自定义截图

返回文档主界面，此时可以看到文档中插入了截取的图片。

2. 插入计算机中的图片

用户在编辑文档时可将保存在计算机中的图片插入到 Word 文档中，下面介绍具体的操作步骤。

01 Step 单击"图片"按钮

切换至"插入"选项卡下，单击"插图"组中的"图片"按钮。

02 Step 选择图片

弹出"插入图片"对话框，在"查找范围"下拉列表中选择存有图片的文件夹，选择需要的图片，再单击"插入"按钮。

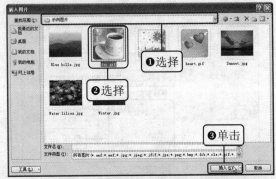

03 Step 查看插入的图片

返回 Word 主界面，此时可以看到插入的图片。

插入剪贴画

Office 软件中自带了一些图片，即剪贴画，用户可以在文档中插入剪贴画来丰富文档。方法为：单击"插入"选项卡下"插图"组中的"剪贴画"按钮，弹出"剪贴画"任务窗格，在"搜索文字"文本框中输入需要的图片类型的关键字，然后通过预览选择搜索到的剪贴画将其插入到文档中。

3.2.2 简单处理图片

Word 2010 中增强了图片效果设置的功能，包括删除图片背景、调整图片亮度与对比度等，使用户可以直接在文档中获得专业的图片处理效果。

1. 删除图片背景

删除图片背景是 Word 2010 中新增的一个功能，在插入图片后，如果不需要图片的背景部分，就可以利用"删除背景"功能快速去掉图片背景。如果图片中自动显示出要删除的背景部分与想要的删除效果有差距，还可以通过"背景消除"选项卡下的功能进行调整。

01 **单击"删除背景"按钮**
Step
　　选中图片，切换至"图片工具-格式"选项卡下，单击"调整"组中的"删除背景"按钮。

02 **调整图片保留区域**
Step
　　执行上一步操作后，文档中的图片出现了保留区域控制手柄，拖动手柄调整需保留的区域。

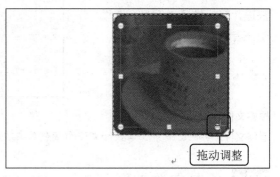

03 **标记要保留的区域**
Step
　　单击"优化"组中的"标记要保留的区域"按钮，然后在图片中单击鼠标标记保留区域。

04 **查看删除背景后的效果**
Step
　　执行上一步操作后，按【Enter】键，图片将显示出删除背景后的效果。

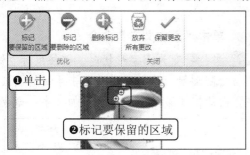

删除背景后的图片

2. 调整图片亮度与对比度

　　在 Word 2010 中，用户可使用设置亮度和对比度的功能，打开更正亮度与对比度的样式库，从预览到的多种效果中选择某一效果进行使用，这一功能可以弥补图片在光线和拍摄技术上的不足。

01 **调整图片的亮度与对比度**
Step
　　单击"调整"组中的"更正"按钮，在展开的库中选择所需效果。

02 **调整后的效果**
Step
　　执行上一步操作后，图片的亮度与对比度效果发生了变化。

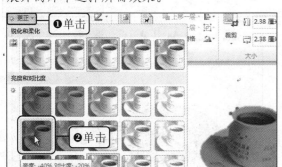

调整亮度与对比度后的图片

Office 2010 高效办公从入门到精通

3.3 使用图形阐述观点

在文档的编辑中，经常需要使用图形配合文字来表示内容，结合使用多种图形可以更快速、轻松地阐述观点，有助于读者的理解与记忆。

知识要点：

★绘制自选图形　★排列与组合形状　★插入 SmartArt 图形

原始文件：无

最终文件：实例文件\第 3 章\最终文件\红酒销售渠道.docx、生产运输销售流程.docx

3.3.1 绘制自选图形

在 Word 2010 中有多种图形供用户选择，例如常见的线条、矩形、箭头总汇、公式形状、流程图等，下面介绍绘制自选图形的操作步骤。

01 Step 选择绘制图形的形状

切换至"插入"选项卡下，单击"插图"组中的"形状"按钮，在展开的下拉列表中单击"椭圆"形状图标。

02 Step 单击"添加文字"命令

当指针变为十字形状时，按住鼠标左键拖动绘制形状。绘制完成后右击绘制的椭圆，在弹出的快捷菜单中单击"添加文字"命令。

TIP　调整形状位置

在绘制形状后，用户可以调整其位置。可以直接将形状拖至目标位置，也可以使用键盘上的方向键对其位置进行微调。

03 Step 输入文本

在椭圆中的光标插入点输入文本内容，例如输入"红酒销售渠道"。

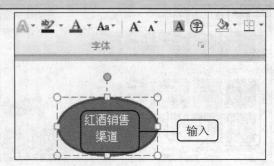

-42-

04 复制椭圆
Step 将鼠标指针移至选中的椭圆边框位置处，当其变成十字箭头形状时按住【Ctrl】键，同时按住鼠标左键拖动复制。

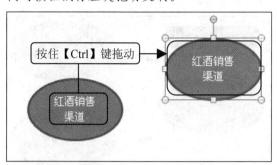

05 再次复制
Step 拖至目标位置后释放鼠标左键，可以看到复制出了相同的椭圆。使用相同方法再复制一个椭圆。

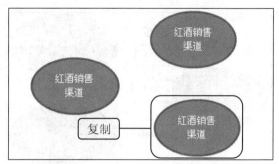

06 更改复制椭圆中的文本内容
Step 在复制的两个椭圆中更改文本内容，例如分别更改为"商场"、"餐厅"。

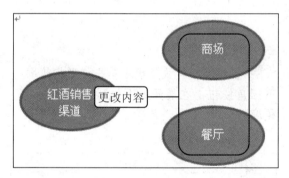

07 选择燕尾形箭头
Step 切换至"绘制工具-格式"选项卡，在"插入形状"组中单击"形状"按钮，在展开的下拉列表中选择"右箭头"形状。

08 绘制箭头形状
Step 此时鼠标指针呈十字形状，在文档中的合适位置按住鼠标左键拖动鼠标进行绘制。

> **TIP** 绘制水平、垂直方向的直线或箭头
>
> 在绘制直线或箭头时，如果按住键盘中的【Shift】键，可绘制水平或者垂直方向，以及成15°角或者15°角倍数方向的直线或箭头。

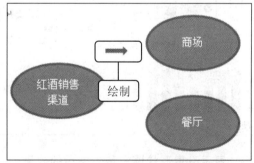

09 复制箭头
Step 选中绘制出的箭头图形，按住【Ctrl】键，同时按住鼠标左键拖动鼠标，复制箭头。

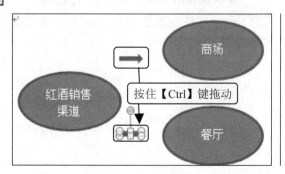

10 Step **旋转箭头**

选中需旋转的箭头，将指针移至箭头边框上方的绿点处，按住鼠标左键，左右移动鼠标可对选中的箭头进行旋转。

11 Step **旋转图形后的效果**

拖动至合适位置处释放鼠标左键，可以看到旋转后的显示效果。使用相同的方法旋转其他箭头。

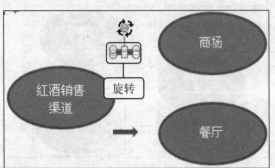

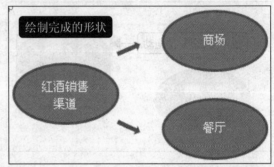

3.3.2 设置形状格式

在文档中绘制了自选图形后可以对其设置格式，包括设置填充颜色、轮廓、形状效果等，使其更美观。

01 Step **设置形状填充颜色**

选中文档中的三个椭圆及两个箭头，切换至"绘图工具-格式"选项卡下，单击"形状样式"组中的"形状填充"下三角按钮，在展开的下拉列表中选择"黑色"选项。

02 Step **设置轮廓**

在"形状样式"组中单击"形状轮廓"下三角按钮，在展开的下拉列表中单击"无轮廓"选项。

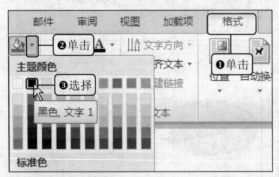

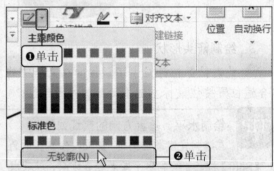

03 Step **显示设置形状填充和轮廓后的效果**

此时可以看到选中的形状显示出了设置的效果。

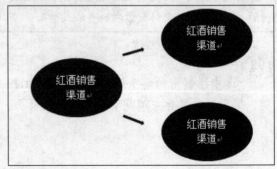

04 Step 显示设置完成后的效果

此时可以看到选中的图形形状效果发生了变化。

05 Step 设置形状效果

再次选中所有图形，在"形状样式"组中单击"形状效果"按钮，在展开的下拉列表中选择"预设"，并选择"预设"库中的"预设7"样式。

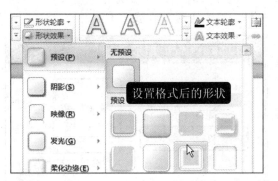

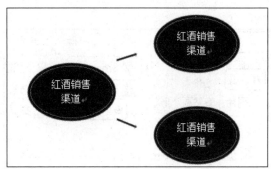

3.3.3 排列与组合形状

为了更方便地对图形进行操作，可以将图形中的多个形状进行组合。组合之后多个形状构成一个整体，因此可以统一进行操作，如设置整体对齐方式等，这些操作能使文档更整洁。

01 Step 单击"组合"选项

选中文档中需要设置的形状，切换至"绘图工具-格式"选项卡下，单击"排列"组中的"组合"下三角按钮，在展开的下拉列表中单击"组合"选项。

02 Step 选择对齐方式

单击"排列"组中的"对齐"下三角按钮，在展开的下拉列表中单击"左对齐"选项。

03 Step 显示设置后的效果

执行以上操作后，可看到对图形进行排列和组合后的显示效果。

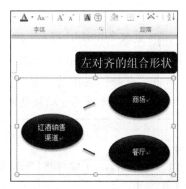

3.3.4 用SmartArt简化标准图绘制过程

在 Word 2010 中用户可以通过创建 SmartArt 图形在文档中快速创建图形。这一功能提供了丰富的 SmartArt 图形类型和布局选择项，使用它们可以快速、简捷地创建出专业性的插图。

01 Step 单击 SmartArt 按钮

新建 Word 文档，切换至"插入"选项卡下，单击"插图"组中的"SmartArt"按钮。

02 Step 选择 SmartArt 图形样式

弹出"选择 SmartArt 图形"对话框，在左侧选择基本的 SmartArt 图形类型。切换至相应选项面板，选择需要的图形样式。如单击"流程"选项，在右侧的"流程"子集中选择"基本流程"样式。

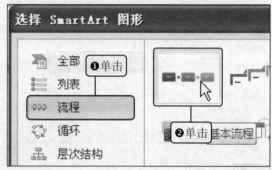

03 Step 单击 SmartArt 图形左侧的展开按钮

单击"确定"按钮回到文档主界面，在创建的 SmartArt 图形中单击左侧的"展开"按钮。

04 Step 输入文本内容

在展开的文本窗格中依次输入图形文本内容。

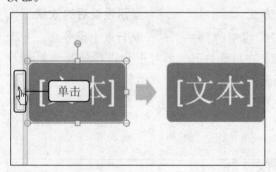

05 Step 更改 SmartArt 布局

切换至"SmartArt 工具-设计"选项卡下，单击"布局"组中的"更改布局"按钮，在展开的库中选择"连续块状流程"样式。

06 Step 更改 SmartArt 图形颜色

单击"SmartArt 样式"组中的"更改颜色"按钮，在展开的样式库中选择"深色 2 填充"样式。

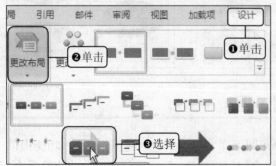

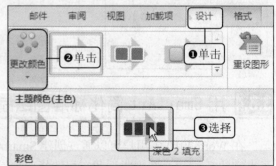

07
Step 单击"其他"快翻按钮

切换至"SmartArt 工具-格式"选项卡下，在"艺术字样式"组中单击"其他"快翻按钮。

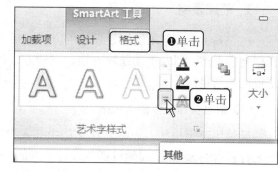

08
Step 选择艺术字样式

在展开的库中根据需要选择艺术字样式。

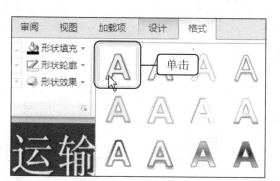

09
Step SmartArt 图形效果显示

返回文档主界面，此时可看到设置后的SmartArt 图形。

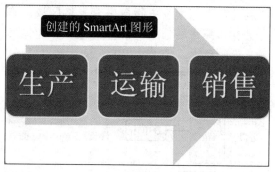

3.4 利用表格在文档中清晰罗列数据

在 Word 中除了可以在文档中插入图片、图形等来丰富与美化文档内容外，还能进行简单的表格制作以及数据处理。通过表格可以更清晰地表现出数据信息，提高了文档的数据处理能力，也使得文档更直观、简洁。

知识要点：

★ 插入表格　★ 设置表格格式　★ 管理表格数据

原始文件： 实例文件\第 3 章\原始文件\成绩.xlsx
最终文件： 实例文件\第 3 章\最终文件\成绩.xlsx

3.4.1 插入表格

在文档中可以通过表格来清楚罗列一些数据，首先需要在文档中插入一个合适的表格，然后根据需要为表格设置格式，以达到实用与美观的双重效果。

1. 创建表格

在 Word 中，常用的创建表格的方式包括通过快速模板插入表格、通过"插入表格"对话框创建表格，以及手动绘制表格。三种方式各有特点，用户可以根据内容的需要选择最简便合适的创建方法。

（1）通过快速模板插入表格

通过快速模板插入表格是在文档中插入表格的最简便的方法，但这种方式只能插入 10 列 8 行以内的表格，下面通过插入 3 行 5 列的表格来介绍通过快速模板创建表格的具体操作。

01 Step 选择要创建表格的行数与列数
新建 Word 文档，切换至"插入"选项卡下，单击"表格"组中的"表格"按钮，在展开的下拉列表中指向快速表格区域，拖动鼠标选择需要插入的表格尺寸，如选择 5 列 3 行的尺寸。

02 Step 显示插入的表格
此时可以看到文档中立即插入了所选尺寸的表格。

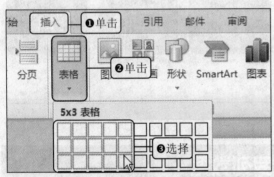
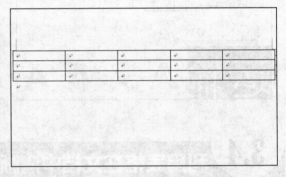

（2）通过"插入表格"对话框创建表格

如果要插入的表格超过 10 行 8 列，则可以利用"插入表格"对话框进行表格的创建，具体操作如下：

01 Step 单击"插入表格"选项
在 Word 文档中切换至"插入"选项卡下，单击"表格"组中的"表格"按钮，在展开的下拉列表中单击"插入表格"选项。

02 Step 设置插入表格的尺寸
弹出"插入表格"对话框，分别设置列数为"4"、行数为"3"，然后单击选中"固定列宽"单选按钮，单击"确定"按钮。

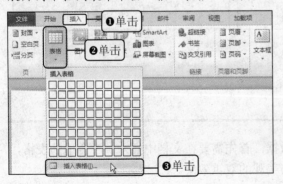
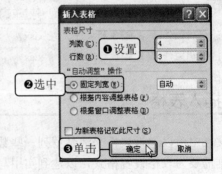

03 显示插入的表格
Step
返回文档主界面，此时可以看到文档中插入了所设尺寸的表格。

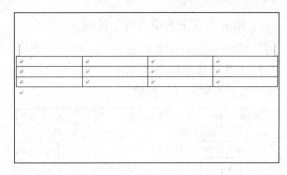

（3）手动绘制表格

如果用户需要的表格样式比较特殊，无法通过自动插入表格得到，那么可以通过手动绘制来实现，具体操作如下：

01 单击"绘制表格"选项
Step
切换至"插入"选项卡下，单击"表格"组中的"表格"按钮，在展开的下拉列表中单击"绘制表格"选项。

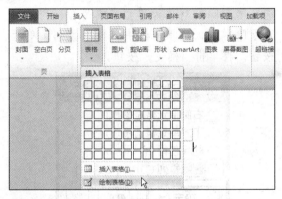

02 绘制表格外部边框
Step
执行上一步操作后，指针变为笔的形状，在文档中按住鼠标左键并拖动，绘制表格的外部边框。

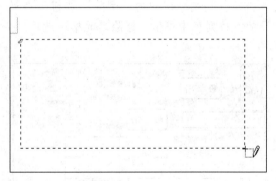

03 快速表格显示
Step
返回文档主界面，此时可看见显示出的"快速表格"样式。

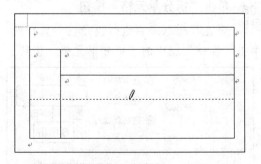

04 输入文本
Step
在文档中输入并选中文本内容，注意，文字间使用【Tab】键进行分隔。

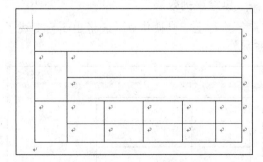

2. 设置表格格式

在 Word 文档中插入表格后，会自动出现"表格工具-设计"和"表格工具-布局"两个选项卡。在这两个选项卡下的功能区中可以对表格进行格式设置，例如调整表格的行数与列数、增加或减少单元格数量，以及为表格套用样式等。

01 **单击"在下方插入行"按钮**
Step
　选中需进行设置的表格，切换至"表格工具-布局"选项卡下，单击"行和列"组中的"在下方插入行"按钮。

02 **显示表格下方插入的行**
Step
　执行上一步操作后，表格由 4 行变成了5 行。

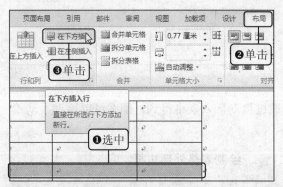

03 **单击"删除单元格"按钮**
Step
　将光标插入到需进行设置的单元格中，单击"行和列"组中的"删除"按钮，在展开的下拉列表中单击"删除单元格"选项。

04 **删除整列**
Step
　在弹出的"删除单元格"对话框中可以选择要删除的对象为单元格或是行、列，若要删除整列，则单击选中"删除整列"单选按钮，再单击"确定"按钮。

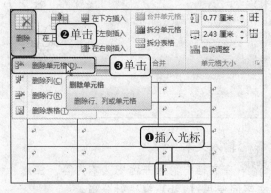

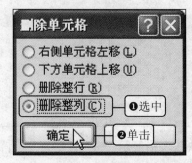

05 **删除整列效果**
Step
　执行上一步操作后，表格由 3 列变成了两列。

06 **单击"拆分单元格"按钮**
Step
　将光标插入到需进行拆分的单元格内，单击"合并"组中的"拆分单元格"按钮。

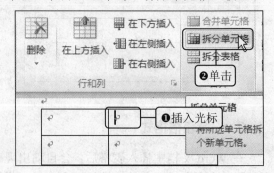

07 **Step** 拆分单元格设置

在弹出的"拆分单元格"对话框中设置拆分的列数与行数，例如设置列数为2、行数为1，再单击"确定"按钮。

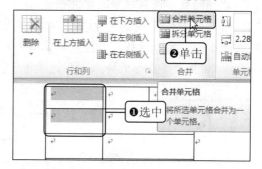

08 **Step** 显示拆分后的效果

返回工作表界面，此时可看到拆分后的显示效果。

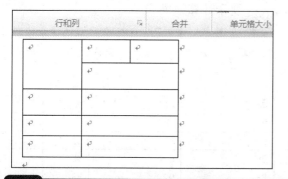

09 **Step** 单击"合并单元格"按钮

选中需进行合并的两个单元格，单击"合并"组中的"合并单元格"按钮。

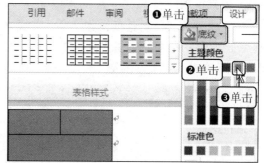

10 **Step** 显示合并的单元格

此时选中的两个单元格已经合并成一个单元格。

11 **Step** 设置表格背景色

切换至"表格工具-设计"选项卡下，单击"表格样式"组中的"底纹"下三角按钮，在展开的下拉列表中单击"蓝色"选项。

TIP **使用快捷菜单合并、拆分单元格**

除了使用功能区按钮对单元格进行拆分、合并外，还可以选中目标单元格，然后右击，在弹出的快捷菜单中单击相应命令。

12 **Step** 查看设置后的表格

执行上一步操作后，目标表格的背景色更改为蓝色。

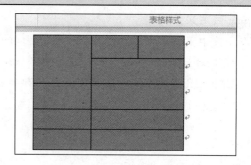

3.4.2 管理数据

在 Word 中不仅能插入表格,还能对表格中的数据进行一些简单处理,例如对表格中的数据进行计算,或者对表格中的数据进行排序。

1. 对表格中的数据进行计算

在文档中对表格数据进行快速计算需要通过公式来实现,例如通过 SUM 函数对表格中的多个单元格数据进行求和等计算。

01 Step 选择需显示计算结果的单元格
打开随书光盘\实例文件\第 3 章\原始文件\成绩.docx,将光标插入需显示计算结果的单元格,切换至"表格工具-布局"选项卡下。

02 Step 单击"公式"按钮
单击"数据"组中的"公式"按钮。

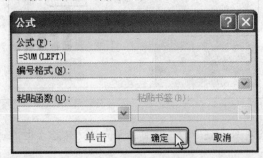

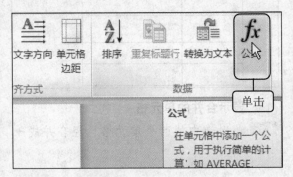

03 Step 公式设置
弹出"公式"对话框,在"公式"文本框中,默认公式为对其左侧数据单元格的求和函数,单击"确定"按钮。

04 Step 显示计算结果
返回文档主界面,目标单元格已显示出计算结果,即对左侧的数据单元格进行了求和。

语文	数学	英语	总分
95	98	99	292
90	95	89	
96	82	90	
89	92	93	
98	79	86	
94	91	82	
79	84	100	

05 Step 自定义公式
选中下一个单元格,依照之前步骤打开"公式"对话框,在"公式"文本框中输入"=SUM(C3:E3)",即对第 3 列至第 5 列的第 3 行单元格进行求和,然后单击"确定"按钮。

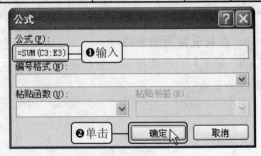

06 Step 显示计算结果

返回文档主界面，此时目标单元格中显示出求和结果。再使用相同方法计算出其他总分。

语文	数学	英语	总分
95	98	99	292
90	95	89	274
96	82	90	
89	92	93	
98	79	86	
94	91	82	
79	84	100	

2. 表格数据的排序

在文档的表格中可对每列数据进行升序或降序排列，使表格中的数据更便于查看，如对成绩单中的分数进行排序，罗列出名次。

01 Step 显示需进行排序的表格

使用计算出总分的表格作为排序对象。

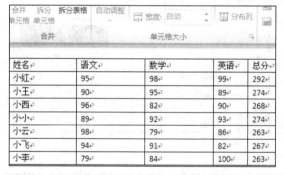

02 Step 单击"排序"按钮

在"布局"选项卡下单击"数据"组中的"排序"按钮。

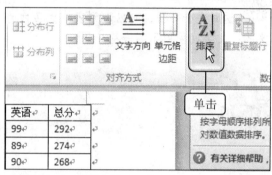

03 Step 排序设置

弹出"排序"对话框，单击选中"有标题行"单选按钮，在"主要关键字"下拉列表框中选择"总分"选项，再单击选中右侧的"降序"单选按钮，最后单击"确定"按钮。

04 Step 显示降序排序效果

返回文档，可见"总分"列的数据已按降序排列。

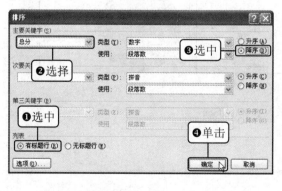

3. 将表格转换为文本

在 Word 中可以将文本转换成表格，也可以将表格转换成文本的功能，详细操作如下：

01 **单击转换按钮**
Step
　　切换至"表格工具-布局"选项卡下，单击"数据"组中的"转换为文本"按钮。

02 **表格转换设置**
Step
　　在弹出的对话框中，可以选择转换为文本后单元格内容间的分隔符，如单击选中"制表符"单选按钮，再单击"确定"按钮。

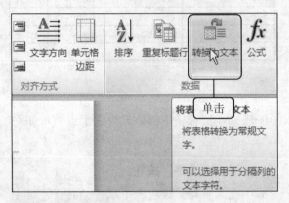

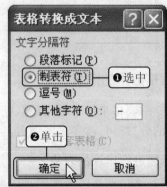

03 **转换效果显示**
Step
　　返回文档页面，可以看到表格已转换为文本，文字间使用了制表符分隔。

3.5　使用图表呈现数据关系

　　在文档中使用表格可以使数据条理清晰，便于处理和查看，然而在使用的同时用户也可以追求文档的美观与内容的丰富、生动，即使用图表呈现数据关系。

知识要点：

★ 插入图表　★设置图表格式

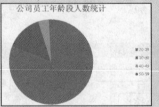

原始文件：无
最终文件：实例文件\第 3 章\最终文件\公司员工年龄段人数统计.docx

3.5.1 插入图表

　　在 Word 中，图表的数据源是与 Excel 软件嵌套编辑的，因此，在使用这一功能前需先确认计算机中已安装了 Excel 组件。

01 **单击"图表"按钮**
Step

新建 Word 文档，切换至"插入"选项卡下，再单击"插图"组中的"图表"按钮。

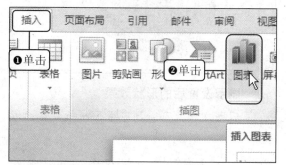

02 **选择图表样式**
Step

在弹出的"插入图表"对话框中，可以选择插入的图表样式，例如单击左侧的"饼图"选项，在右侧子集中选择"饼图"。

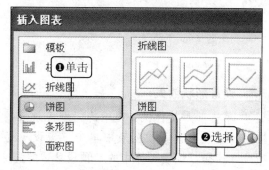

03 **输入图表数据源**
Step

单击"确定"按钮后返回主界面，在弹出的 Excel 窗口中单击单元格并输入内容。

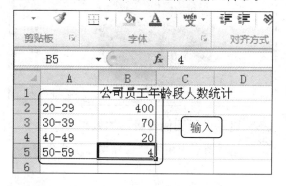

04 **图表效果**
Step

返回文档主界面，即可看到创建的饼图图表。

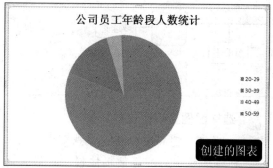

3.5.2 设置图表格式

为了使文档中插入的图表更美观，与文本的搭配更和谐，可以对其进行格式设置，如调整图表的形状、颜色、线条或设置艺术效果等，还可以调整图表中的图例位置。

01 **单击"形状样式"组中的快翻按钮**
Step

切换至"图表工具-格式"选项卡下，单击"形状样式"组中的"其他"快翻按钮。

02 **选择样式**
Step

在展开的库中选择所需样式，如选择"彩色轮廓-水绿色，强调颜色 5"样式。

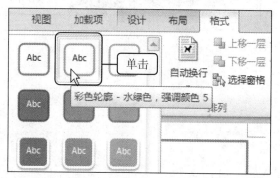

03 Step 显示应用样式后的效果

返回文档中，此时可看到应用形状样式后的图表效果。

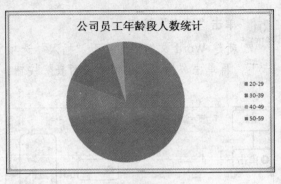

04 Step 设置形状效果

单击"形状样式"组中的"形状效果"按钮，在展开的下拉列表中单击"预设"选项，并选择"预设"库中的"预设2"样式。

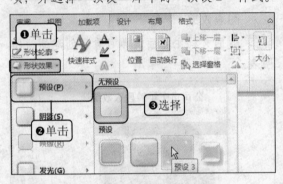

05 Step 显示设置后的形状效果

返回文档，可看到应用形状效果后的图表。

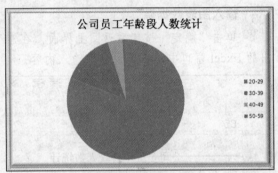

06 Step 选择图例显示位置

切换至"图表工具-布局"选项卡下，单击"标签"组中的"图例"按钮，在展开的下拉列表中单击"在顶部显示图例"选项。

07 Step 显示设置图例位置后的效果

此时图表中图例的位置发生了变化。

·第八条

员工识别证如有遗失，应交工本费5元向人事单位

·第九条

违犯本准则者，依其情节轻重报总经理处理。

·第十条

本准则未规定事项悉按公司人事管理规则办理。

·第十一条

本准则自经总经理核准后公布施行。

员工：包括正式员工与试用期员工

Chapter

04

文档的高效处理

本章知识点

- ★ 使用样式快速格式化文档
- ★ 为样式设置快捷键
- ★ 使用文档页面定位
- ★ 插入脚注与尾注
- ★ 创建文档目录和图表目录

- ★ 修改样式
- ★ 使用文档标题定位
- ★ 使用搜索功能定位
- ★ 脚注与尾注的转换
- ★ 制作索引

　　高效自动化地处理文档是 Word 的优势之一，它使用户能高效地完成日常办公。高效处理文档主要体现在使用样式快速格式化文档、浏览与定位长篇文档、制作目录和索引等方面，本章就对这几个方面进行详细介绍。

4.1 使用样式快速格式化文档

样式是一种格式集合，应用样式可以一次应用多种格式效果，简化操作步骤，对文档快速进行格式化。除了使用 Word 自带的样式之外，用户还可以根据实际需求对现有样式进行修改，并为这些样式设置快捷键。

知识要点：

★ 使用现有样式　　★ 修改样式　　★ 为样式设置快捷键

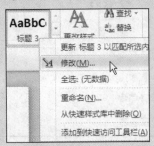
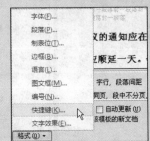

原始文件：实例文件\第 4 章\原始文件\公司会议规范.docx
最终文件：实例文件\第 4 章\最终文件\公司会议规范.docx

4.1.1 使用现有样式

为了便于文档的编辑设置，Word 提供了多种内置样式供用户选择使用，避免了逐项设置的烦琐操作，以下是具体步骤。

01 Step 打开原始文件

打开随书光盘\实例文件\第 4 章\原始文件\公司会议规范.docx，选中需要应用样式的段落。

02 Step 选择样式

单击"开始"选项卡下的"样式"组中的"快速样式"按钮，在展开的库中根据需要选择任意一种样式，例如选择"明显强调"样式。

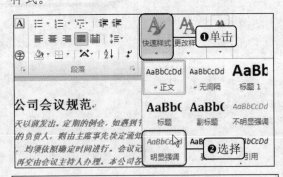

03 Step 查看设置样式后的效果

回到文档主界面，即可看到目标段落在设置样式后的效果。

4.1.2 修改样式

在使用样式格式化文档的过程中，如果现有样式与所需样式有差异，用户可通过修改现有样式获得所需的样式，具体操作如下：

01 Step 为文档标题应用"标题2"样式

使用 4.1.1 节介绍的方法给文档标题应用"标题2"样式。

02 Step 单击"修改"命令

在"开始"选项卡下右击"样式"组中"样式"库内的"标题2"样式，在弹出的快捷菜单中单击"修改"命令。

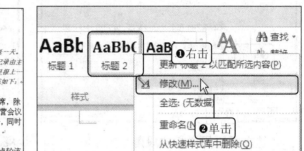

03 Step 修改样式

在弹出的"修改样式"对话框中设置字号为小二、对齐方式为居中对齐。

04 Step 查看修改样式后的效果

单击"确定"按钮后返回文档，可看到修改后的标题2样式已应用到文档中。

4.1.3 为样式设置快捷键

在文档中如果需要应用较多的样式，不妨为需要使用的样式设置快捷键。通过快捷键迅速格式化文档，可以避免寻找样式浪费时间。

01 Step 单击"修改"命令

在"开始"选项卡下右击"样式"组中"样式"库内的"标题3"样式，在弹出的快捷菜单中单击"修改"命令。

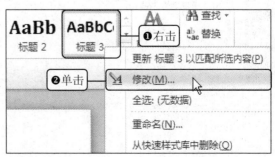

02 单击"格式"按钮
Step
在弹出的"修改格式"对话框中单击左下方的"格式"按钮，在展开的列表中单击"快捷键"选项。

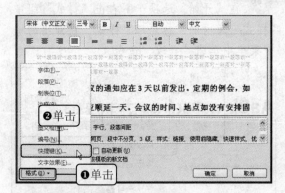

03 设置快捷键
Step
弹出"自定义键盘"对话框，在"命令"列表框中显示了所选样式的名称，将光标置于"请按新快捷键"文本框中，通过键盘设置快捷键为【Ctrl+A】，再单击左下方的"指定"按钮。

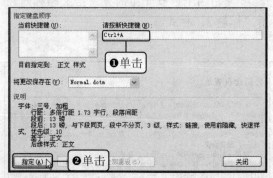

04 选择需应用样式的段落
Step
单击"关闭"按钮返回"修改样式"对话框，再单击"确定"按钮返回文档主界面，选中需应用样式的段落。

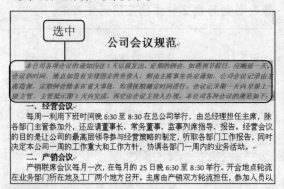

05 查看按下快捷键后的效果
Step
按【Ctrl+A】组合键，可看到目标段落应用了相应的样式。

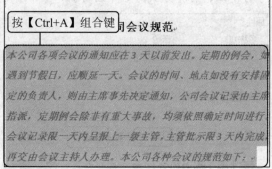

删除当前快捷键
在指定快捷键后，如需要删除设置的快捷键，可以在"当前快捷键"列表框中选中需要删除的快捷键，再单击下方的"删除"按钮。

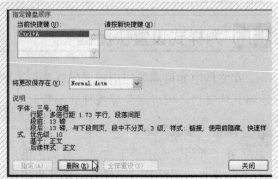

4.2 快速浏览与定位长篇文档

在编辑和阅读文档常需要查找某些内容，但在长篇文档中逐句、逐段地查找会耗费大量的时间。针对这一类情况，Word 2010 新增了"导航"窗格，用户可以在此窗格中通过文档中的标题样式定位到相应位置、通过浏览文档中的页面缩略图定位，以及使用关键字搜索定位。

知识要点：

★ 使用标题定位　★ 使用页面定位　★ 使用搜索功能定位

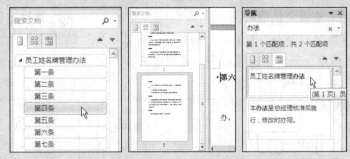

原始文件：实例文件\第 4 章\原始文件\员工姓名牌管理方法.docx
最终文件：无

4.2.1 使用文档中的标题定位

在文档中要通过标题快速定位标题所在的位置，用户只需对文档中的标题应用样式，之后应用了样式的标题就会显示在"导航"窗格中的"浏览您的文档中的标题"选项卡下，单击需要查找的标题即可在文档中定位到其所在的位置。

01 Step 勾选"导航窗格"复选框

打开随书光盘\实例文件\第 4 章\原始文件\员工姓名牌管理方法.docx，切换至"视图"选项卡下，勾选"显示"组中的"导航窗格"复选框。

02 Step 查看标题文本

弹出"导航"窗格，在"浏览您的文档中的标题"选项卡下查看文档中应用了样式的标题。

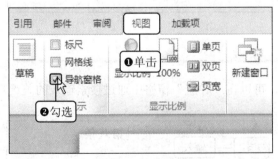

03 Step 选择定位标题

单击"浏览您的文档中的标题"选项卡下的"第四条"标题，此时可以看到右侧的编辑区域立即定位到了所选标题所在的位置。

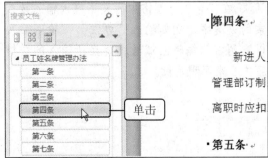

4.2.2 使用文档中的页面定位

在"导航"窗格中的"浏览您的文档中的页面"选项卡下可以查看文档各页面的缩略图，用户可以通过单击缩略图来定位相应的页面，具体操作如下：

01 **查看文档缩略图**
Step 在"导航"窗格中，切换至"浏览您的文档中的页面"选项卡下，可以查看文档中各页面的缩略图。

 02 **选择定位页面**
Step 单击该选项卡下的第 2 页缩略图。

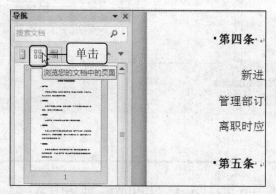

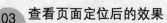

03 **查看页面定位后的效果**
Step 此时可以看到右侧编辑区域立即定位到第 2 页页面，并显示了第 2 页的文本内容。

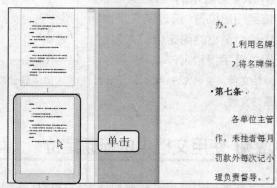

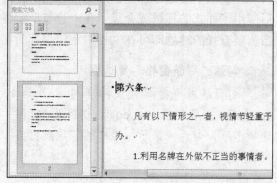

4.2.3 使用搜索功能定位

如果用户需要在文档中详细定位某个内容，可以在"导航"窗格中通过搜索输入的关键字来实现定位。

01 **输入关键字定位**
Step 在"导航"窗格中的文本框内输入要搜索的关键字，例如输入"办法"，输入后可以看到右侧编辑区域通过突显所输入的关键字内容来实现定位。

02 Step 浏览搜索结果精确定位

切换至"浏览您当前的搜索结果"选项卡下，可以看到文档中包含了关键字的项目。单击需要查看的项目，右侧编辑区域会快速地精确定位到相应的位置。

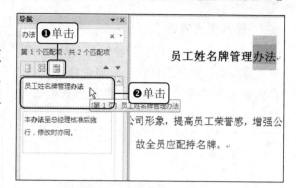

4.3 插入脚注与尾注诠释内容

在文档中，脚注与尾注都用于对文本内容进行诠释。通常情况下，脚注位于标注内容的页面结尾处，用于对标注内容进行注释说明；尾注位于文档或章节的结尾处，用于说明引用的文献。

知识要点：

★插入脚注　　★插入尾注　　★脚注和尾注的转换

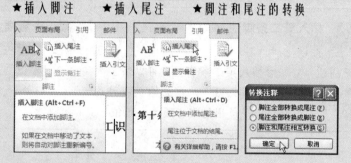

原始文件： 实例文件\第4章\原始文件\员工识别证使用准则.docx
最终文件： 实例文件\第4章\最终文件\员工识别证使用准则1.docx、员工识别证使用准则2.docx

4.3.1 插入脚注和尾注

当用户需要对文档中的内容进行注释说明时，可以在相应位置添加脚注或尾注，添加后，即可在文档中的相应位置显示出脚注或尾注的标记。

1. 插入脚注

在一个文档中可插入多个脚注，要在文档中插入脚注，需要先选定插入点的位置，然后输入注释的内容。

01 Step 单击"插入脚注"按钮

打开随书光盘\实例文件\第4章\原始文件\员工识别证使用准则.docx，将光标置于需要添加脚注的位置，切换至"引用"选项卡下，单击"脚注"组中的"插入脚注"按钮。

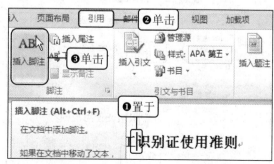

02 输入脚注内容
Step

执行上一步操作后，插入点立即移动到该页结尾处，并显示出默认的脚注符号"1"，在此输入脚注内容"员工：包括正式员工与试用期员工"。

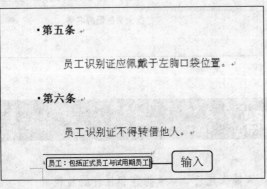

03 查看添加脚注后的效果
Step

此时可以看到插入脚注的位置处也显示出脚注符号"1"，将指针移动到该符号上可以看到边缘显示出脚注内容。

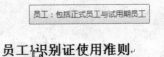

04 插入第二条脚注
Step

按以上步骤在"第一条"的段尾"员工识别证"文本后插入第二条脚注，可以看到页尾处显示出脚注符号"2"，在此输入脚注内容"员工识别证：含员工姓名、照片、职位"。

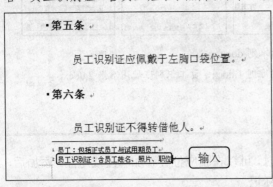

05 查看插入第二条脚注后的效果
Step

此时在插入脚注的位置处也显示出脚注符号"2"。

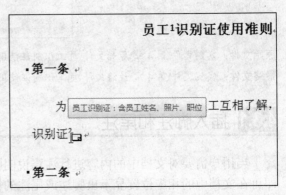

06 切换脚注
Step

要快速切换至下一条脚注，可以将插入点置于前一条脚注位置处，单击"脚注"组中的"下一条脚注"按钮。

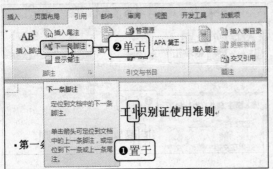

07 查看切换脚注后的效果
Step

执行上一步操作后，插入点跳转到了下一条脚注位置处。

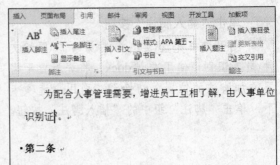

更改脚注符号

通常情况下，脚注符号默认为数字1、2、3等依次编号，如有需要，用户也可设置为其他特殊符号。方法：单击"引用"选项卡下的"脚注"组中的对话框启动器，在弹出的"脚注和尾注"对话框中选中"脚注"单选按钮，再单击"符号"按钮，在弹出的"符号"对话框中选择需要的符号。

2. 插入尾注

一个文档中也可以插入多个尾注，当用户需要对文档中的一些内容注明出处或进行说明时，可以在相应位置添加尾注。具体操作如下：

01 Step 单击"插入尾注"按钮

将光标置于需要添加尾注的位置，在"脚注"组中单击"插入尾注"按钮。

02 Step 输入尾注内容

执行上一步操作后，插入点立即移动到文档结尾处，并显示出默认的尾注符号"i"，在此输入尾注内容"规划：参照《员工行为规范》"。

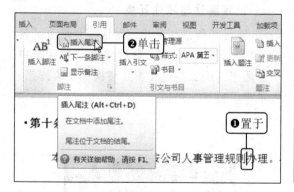

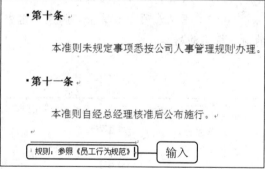

03 Step 查看插入尾注后的效果

此时可以看到插入尾注的位置处也显示出尾注符号"i"，将指针移动到该符号上可以看到边缘显示出尾注内容。

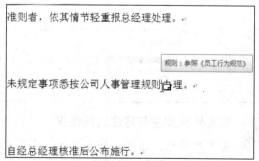

4.3.2 删除脚注或尾注

对于文档中已添加的脚注和尾注，如不再需要，用户可以直接将多余的脚注或尾注删除。两者的删除方法相同，只需在文档中选中需要删除的脚注或尾注符号，再按下【Backspace】键即可。这里以删除脚注为例进行介绍，具体操作步骤：

01
Step 选中需要删除的脚注符号

选中第二条脚注在文档中的脚注符号"2"。

02
Step 删除脚注

按【Backspace】键，此时可以看到页尾处的第二条脚注已消失。

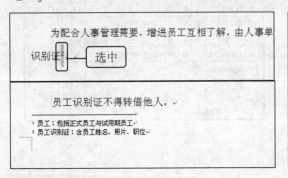

4.3.3 脚注和尾注的转换

在文档中插入脚注与尾注后，用户可以对其进行转换，例如将脚注全部转换为尾注，或将尾注全部转换为脚注，也可以将脚注与尾注互换。这里以脚注和尾注的互换为例来进行介绍，具体操作步骤如下：

01
Step 打开"脚注和尾注"对话框

在"引用"选项卡下单击"脚注"组中的对话框启动器。

02
Step 设置脚注与尾注互换

弹出"脚注和尾注"对话框，单击"转换"按钮，在弹出的"转换注释"对话框中单击选中"脚注和尾注相互转换"单选按钮，再单击"确定"按钮。

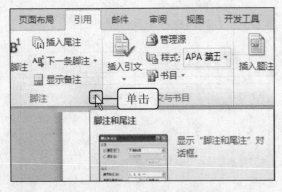

03
Step 查看转换脚注与尾注后的效果

关闭对话框，回到文档主界面，可见文档中脚注与尾注已进行了互换。

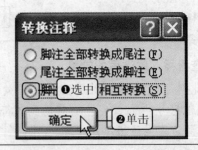

> **TIP** 脚注与尾注的其他转换方式
>
> 如果需要将文档中的注释内容都以尾注或者脚注的形式显示，那么可以在"转换注释"对话框中单击选中相应的转换项，再单击"确定"按钮。

4.4 制作目录和索引

目录是文档的重要组成部分，在目录中可通过点击某一章节自动跳转到该页面，这不仅方便了阅读，也使得文章结构一目了然；而索引是一篇文档中重要内容的地址标记和阅读指南，因此，为长篇文档制作目录和索引是非常重要的。

知识要点：

★创建文档目录　　★创建图表目录　　★制作索引

原始文件：实例文件\第4章\原始文件\文书管理制度.docx、销售总结.docx、企业规范化管理的内容.docx

最终文件：实例文件\第4章\最终文件\文书管理制度.docx、销售总结.docx、企业规范化管理的内容.docx

4.4.1 创建文档目录

创建文档目录有两种方法，一是手动添加，二是自动生成。在通常情况下，建议用户选择自动生成的方式创建目录，这样可方便文档进行修改后能够自动更新目录，从而避免目录与正文内容出现不符的情况。在创建目录前，要确保需要出现在目录中的文本应用了样式。

01 Step　单击"目录"按钮

打开随书光盘\实例文件\第4章\原始文件\文书管理制度.docx，将插入点置于首页页首，切换至"引用"选项卡下单击"目录"组中的"目录"按钮，在展开的下拉列表中单击"插入目录"选项。

02 Step　单击"选项"按钮

弹出"目录"对话框，单击对话框中的"选项"按钮。

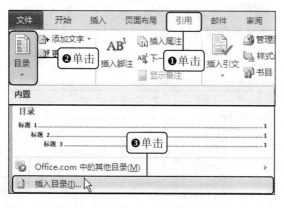

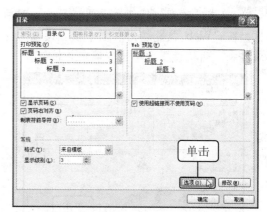

03 增加目录级别
Step

在弹出的"目录选项"对话框中增加目录级别 4，再单击"确定"按钮。

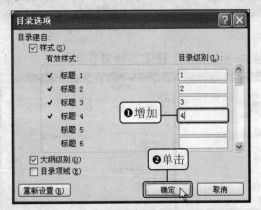

04 单击"修改"按钮
Step

执行上一步操作后返回到"目录"对话框中，单击"修改"按钮。

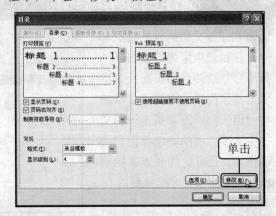

05 修改目录 1 样式
Step

弹出"样式"对话框，在"样式"列表框中选择"目录 1"样式，单击"修改"按钮。

06 设置目录 1 格式
Step

在弹出的"修改样式"对话框中设置目录 1 的样式，如设置字体为隶书、字号为小二。

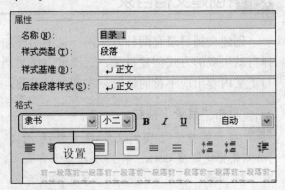

07 确认目录设置
Step

单击"确定"按钮后返回"目录"对话框，在"Web 预览"列表框中预览设置的目录样式，确认设置后单击"确定"按钮。

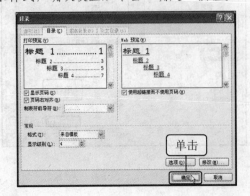

08 查看文档目录
Step

返回文档主界面，此时可以看到创建的文档目录效果。

4.4.2 创建图表目录

在许多文档中都会插入图表来配合文字表达内容，在图表较多的文档中用户可以为图表创建目录，从而快速明确文档中每一个图表的位置，以方便编辑与查看。

01 Step 单击"插入题注"按钮

打开随书光盘\实例文件\第4章\原始文件\销售总结.docx,选中文档中的第一个图表，切换至"引用"选项卡下，单击"题注"组中的"插入题注"按钮。

02 Step 设置题注

在弹出的"题注"对话框中设置题注标签为"图表"，单击"确定"按钮。

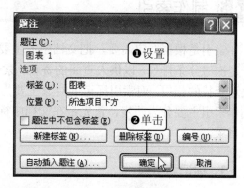

03 Step 添加注释文字

返回文档主界面，此时可以看到图表下方显示出了设置的题注，在光标后输入注释文字"第一季度销售量"。

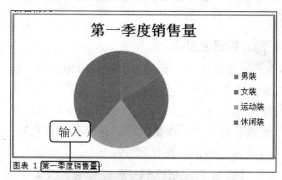

04 Step 单击"插入表目录"按钮

按照上一步操作方式为文档中其他的图表添加相应题注，然后将光标置于文档开始处，单击"题注"组中的"插入表目录"按钮。

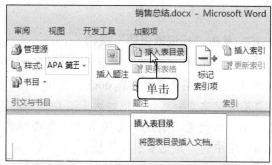

05 Step 设置目录格式

在弹出的"图表目录"对话框中设置目录格式为"正式"，然后单击"确定"按钮。

Step 06 显示创建的图表目录效果

返回文档主界面，此时可以看到光标处显示出了创建的图表目录。

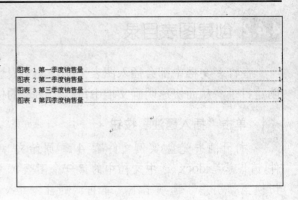

4.4.3 制作索引

索引是根据一定需要，把文档中的主要概念或各种题名摘录下来，标明出处、页码，按一定次序分条排列，以供人查阅的资料。索引的作用与目录有相似之处，都有标明信息位置，快速查找的作用，而索引标记的对象主要为字、词或概念等详细的项目，较目录更有针对性。制作索引主要分为两步，首先是在文档中标记索引项，然后提取出标记的索引项，制作成索引目录。

1. 标记索引项

在标记索引项时，首先要选中需标记的对象，然后根据具体内容的索引需要选择标记当前一处作为索引项，或是将文档中所有出现此内容的地方都标记出来，标记完一处后还可以继续标记其他内容。当选中的文本标记为索引项后，Word 将自动在完成标记索引任务的索引词后面出现一个特殊的 XE（索引项）域，该域包括标记好了的主索引项以及用户选择包含的任何交叉引用信息。

Step 01 单击"标记索引项"按钮

打开随书光盘\实例文件\第 4 章\原始文件\企业规范化管理的内容.docx，选择文档中需要标记的索引部分，例如选中"企业标准"一词，切换至"引用"选项卡下，单击"索引"组中的"标记索引项"按钮。

Step 02 标记索引项

在弹出的"标记索引项"对话框中，默认主索引项为"企业标准"，在下方可以选择只标记此一处，还是标记文档中所有出现此内容的地方。如果只标记这一处为索引项，则单击"标记"按钮即可。

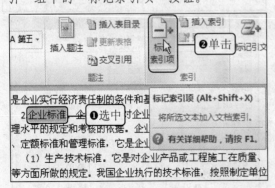

03 Step 显示文档中的标记效果

执行上一步操作后，可以看见文档中选中的"企业标准"一词后面出现了"{XE "企业标准"}"标志。

> （3）部门和岗位责任制度。它是具体规定企业内部各部员的工作范围、应负责任及相应权利的制度。建立科学的责任大生产精细分工和协作的要求，它使企业生产和管理活动有条它是企业实行经济责任制的条件和基础。↵
>
> 2.企业标准{ XE "企业标准" }。企业标准是对企业生产经营的技术、经济、管理水平的规定和考核的依据。企业标准包括准、生产技术规程、定额标准和管理标准，它是企业管理基础内容。↵
>
> （1）生产技术标准。它是对企业产品或工程施工在质量格等方面所做的规定。我国企业执行的技术标准，按照制定单围的不同，分为国际标准、国家标准、地方标准、行业标准和

04 Step 选中第二个需要标记的关键词

此时可以继续在文档中选择需要标记的内容，例如选中"管理制度"一词作为标记对象。

> 对该体系的实施和不断完善，达到企业管理井然有序、协
>
> 　企业规范化管理，在实际工作中包括许多方面的内容，可以分为管理制度和企业标准两大类，每一类中又包含若别说明如下：↵
>
> 　1. 管理制度 ，管理制度主要规定各个管理层、管理部及各项专业管理业务的职能范围、应负责任、拥有的职权的工作 选中 工作方法，即规定应该"干什么"和"怎样管 从其涉及的范围大小及规定的详细程度上
>
> 　（1）基本管理制度。这是企业中带有根本性、全局理制度，是企业管理的基本方针的集中反映。↵

05 Step 标记全部

返回"标记索引项"对话框，此时可以看到"主索引项"文本框中自动出现了"管理制度"一词，若要将文中所有出现这个词语的地方都标记为索引项，只需单击"标记全部"按钮即可。

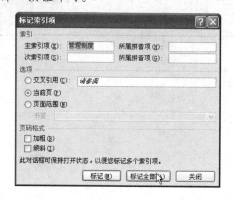

06 Step 显示标记全部的效果

此时可以看见，文档中凡是出现"管理制度"一词的地方都被标记了出来。若要继续标记其他索引项可以继续使用相同方法进行标记，若不需要标记了直接单击"标记索引项"对话框中的"关闭"按钮即可。

> 　企业规范化管理，在实际工作中包括许多方面的内容，按其性质来看，以分为管理制度{ XE "管理制度" }和企业标准两大类，每一类中又包含干具体内容。分别说明如下：↵
>
> 　1. 管理制度{ XE "管理制度" }。管理制度主要规定各个管理层、管理部、管理岗位以及各项专业管理业务的职能范围、应负责任、拥有的职权，及管理业务的工作程序和工作方法，即规定应该"干什么"和"怎样干"问题。↵
>
> 　管理制度{ XE "管理制度" }，从其涉及的范围大小及规定的详细程度，又可分为：↵
>
> 　（1）基本管理制度{ XE "管理制度" }。这是企业中带有根本性、全局、综合性的管理制度，是企业管理的基本方针的集中反映。↵
>
> 　（2）专业管理制度{ XE "管理制度" }。它是在基本管理制度的指导下，

2. 制作索引目录

在标记索引项的工作完成后，可以直接将文档中所标记的索引项提取出来，制作成索引目录。索引目录会标记出每一处索引内容出现在哪一页上。如果一个索引内容在同一页中出现了多次，则索引为节省页面，只会标记一次。

01 Step 单击"插入索引"按钮

将光标置于文档中需要插入索引目录的位置，例如文档结尾处。切换至"引用"选项卡下，单击"索引"组中的"插入索引"按钮。

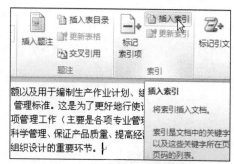

<table><tr><td>02
Step</td><td>增加目录级别</td></tr></table>

弹出"索引"对话框，默认索引语言为"中文"，排序依据为"拼音"。用户可以根据实际需要进行调整，这里保持不变，还可以选择索引目录的格式，例如设置格式为"正式"，然后单击"确定"按钮。

<table><tr><td>03
Step</td><td>显示制作的索引目录</td></tr></table>

返回文档主界面，此时可以看见文档结尾处显示出制作的索引目录，且各索引项按其首字母顺序进行排列。

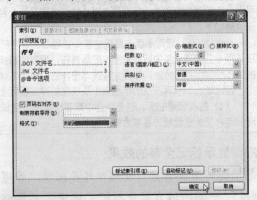

额、定员人数、物资消耗定额、收益率、设备利用率、流动资金定额、管理费用定额以及用于编制生产作业计划、组织生产的期量标准等。

（4）管理标准。这是为了更好地行使计划、组织、控制等管理只能，对企业各项管理工作（主要是各项专业管理工作）所做的各种详细规定。它是实现科学管理、保证产品质量、提高经济效益的重要的基础工作之一，也是企业组织设计的重要环节。……分节符(连续)

- **G**

管理制度……1

- **Q**

企业标准……1

- **J**

技术标准……2

TIP　更新索引

一般情况下，要在输入所有文档内容之后再进行索引工作。因为，此后再进行内容的修改，原索引就不准确了。如果遇到此类情况也可以更新索引，其方法是，在要更新的索引中单击鼠标，然后按【F9】键。

内部刊物管理规定

有关公司内部刊物的一切事物，包括编辑、发现与分配，一律按本规定办理。

一、公司刊物发行的目的

1、公司不可能向全体员工逐个传递有关经营活动的全部信息与情报，往往需要依靠内部刊物的发行得以实现。

2 大规模持久地进行员工间的沟通，也通常需要依赖公司内部刊物的发行，以增强员工间的团结。

通过公司内部刊物的发行，为全体员工共同参与公司管理提供了一个

承瑜广告有限公司
2011 年公司宣传小册

Chapter 05

文档的页面设置及打印

本章知识点

★ 设置页眉、页脚区域大小　　★ 添加页码

★ 添加页眉、页脚　　★ 设置文档封面

★ 从当前位置分页　　★ 添加文字水印

★ 添加图片水印　　★ 预览文档打印效果

★ 设置打印参数　　★ 打印文档

在日常办公中，经常需要将 Word 文档中的内容打印出来使用，因此在打印前需要对文档页面进行合理的设置。对于页数较多的文档，可以为其添加页眉、页脚及页码，以方便对其管理，同时还可以添加一个精美的封面。完成页面设置后，再对文档进行打印前的预览及参数设置便可进行打印了。

5.1 为文档添加页眉、页脚和页码

页眉和页脚通常显示的是文档的附加信息，因此常用来插入时间、日期、页码、单位名称和徽标等，页码用于识别当前页面在整篇文档中的位置，以便于文档的分类和管理。所以页眉、页脚和页码都是一篇完善文档的构成要素。

知识要点：

★ 添加页眉　　★ 添加页脚　　★ 添加页码

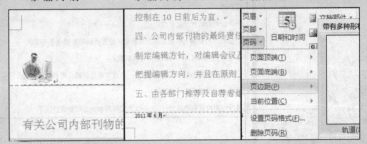

原始文件：实例文件\第 5 章\原始文件\内部刊物管理规定.docx
最终文件：实例文件\第 5 章\最终文件\内部刊物管理规定.docx

5.1.1 设置页眉和页脚区域大小

页眉与页脚分别位于文档页面的顶部与底部，设置页眉与页脚区域的大小即设置页眉与顶端的距离和页脚与底端的距离大小。

01 Step 设置页眉样式

打开随书光盘\实例文件\第 5 章\原始文件\内部刊物管理规定.docx，切换至"插入"选项卡下，单击"页眉"按钮，在展开的页眉样式库中选择需要的样式，如单击"空白"样式。

02 Step 设置页眉页脚区域大小

执行上一步操作后会出现"页眉和页脚工具-设计"选项卡，在"位置"组中设置页眉与页脚区域的大小分别为"3.5 厘米"、"3厘米"。

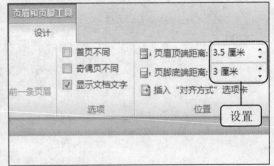

03 Step 显示设置区域后的效果

此时可以看到文档中页眉页脚区域设置后的效果。

5.1.2 添加页眉和页脚

在添加页眉与页脚时可以考虑多种对象，如图片、文字、剪贴画、日期/时间等。在操作过程中，还能在页眉页脚之间进行跳转，以方便用户操作。

1. 添加页眉

页眉是文档中每个页面的顶部区域，它包含具有注释性和标志性的文字或图片，插入页眉后系统会自动在页眉底部添加页眉线。在制作内部刊物或制度时，可以使用剪贴画作为此类文书的标志性图标，所以下面以在页眉处添加剪贴画为例来介绍添加页眉的方法。

01 Step 单击"剪贴画"按钮

将光标置于文档页眉区域，在"页眉和页脚工具-设计"选项卡下单击"插入"组中的"剪贴画"按钮。

02 Step 选择剪贴画

弹出"剪贴画"任务窗格，在列表框中单击需要的剪贴画。

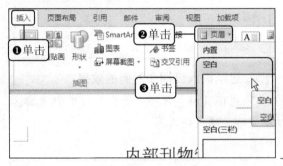

03 Step 调整剪贴画大小

选中插入的剪贴画，待其周围出现8个控制手柄时拖动其中一个对角控制手柄，将其调整到合适的大小。

04 Step 设置剪贴画左对齐

按【Ctrl+L】组合键，将插入的剪贴画设置为左对齐，即可看到文档页眉显示出设置的效果。

设置首页不同的页眉与页脚

在默认情况下，每一页文档中的页眉页脚都是相同的。如果要设置首页不同，可以在"页眉和页脚-设计"选项卡下的"选项"组中勾选"首页不同"复选框，然后为首页设置不同的页眉和页脚。

2. 添加页脚

页脚与页眉的区别在于页脚位于文档底端，页脚的添加方式与页眉大致相同。在办公中，为了注明文书的制作或实行时间，常在文书的页脚添加日期或具体时间，下面以在页脚区域添加日期为例来介绍添加页脚的方法，操作步骤如下：

01
Step **转至页脚**
在"页眉和页脚工具-设计"选项卡下单击"导航"组中的"转至页脚"按钮。

02
Step **单击"日期和时间"按钮**
切换到页脚后，单击"插入"组中的"日期和时间"按钮。

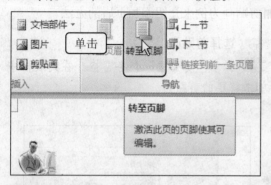

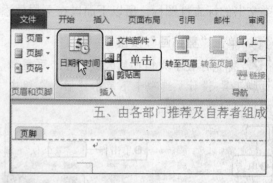

03
Step **设置日期和时间格式**
弹出"日期和时间"对话框，单击"可用格式"列表框中的"2011 年 6 月"选项，然后单击"确定"按钮。

04
Step **显示插入日期和时间的效果**
返回文档主界面，此时可以看到页脚区域显示了插入的内容。

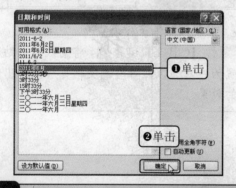

> **TIP** **删除页眉与页脚**
> 如果不再需要设置的页眉页脚，可以将其删除。具体操作方法为：在"插入"选项卡下的"页眉和页脚"组中单击"页眉"或"页脚"按钮，在展开的下拉列表中单击"删除页眉"或"删除页脚"选项。

5.1.3 添加页码

为了便于文档的阅读和管理，可以在文档中插入页码，并对页码的格式进行设置。页码既可设置在页面底端也可以显示在页面顶端等其他位置，并有多种内置样式可以参考与选择，用户可从所编辑文档的实际需求以及页面美观出发考虑页码的设置。

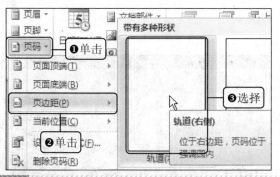

01
Step　选择要添加的页码样式

　　在目标文档中单击"页眉和页脚工具-设计"选项卡下的"页眉和页脚"组中的"页码"按钮，在展开的下拉列表中单击"页边距"，并选择"页边距"库中的"轨道（右侧）"样式。

02
Step　显示添加页码后的效果

　　返回文档主界面，此时文档页面的右边距范围内显示出了所添加的页码样式。

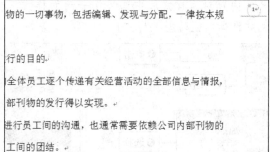

高效实用技巧

设置页码格式

　　如果对页码格式不满意，还可以自行设置。在"页眉和页脚工具-设计"选项卡下的"页眉和页脚"组中单击"页码"按钮，在展开的下拉列表中单击"设置页码格式"选项，然后在弹出的"页码格式"对话框中进行设置即可。

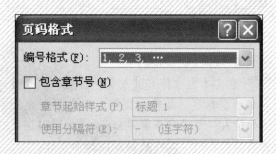

5.2　设置文档封面

　　一个美观大方的文档封面能够给人一个良好的阅读心态，同时文档的编辑者也可以通过封面展示整个文档的风格以及理念。根据用户的不同需求，Word 提供了丰富的封面样式，用户可以轻松借助这些样式快速地完成文档封面制作。

知识要点：

★ 插入封面页　　★ 从当前位置分页

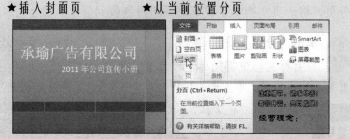

原始文件：实例文件\第 5 章\原始文件\公司宣传册.docx
最终文件：实例文件\第 5 章\最终文件\公司宣传册.docx

5.2.1　插入封面页

　　由于每个文档的内容以及用途不同，所需设置的封面必然有异。在 Word 中要为文档插入封面页，用户既可以在文档首页自主制作一个封面，也可以使用 Word 提供的封面样式在文档首页快速插入封面页。下面以插入内置封面样式为例来介绍其方法，具体操作步骤如下：

01 Step 选择封面样式

打开随书光盘\实例文件\第 5 章\原始文件\公司宣传册.docx，切换至"插入"选项卡下，单击"页"组中的"封面"按钮，在展开的内置封面样式库中选择任一封面样式，例如选择"瓷砖型"样式。

02 Step 显示插入封面页后的效果

此时可以看见文档出现插入的封面页，删除封面页中多余的文本占位符。

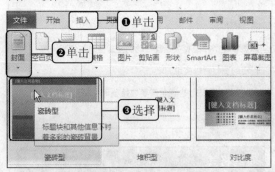

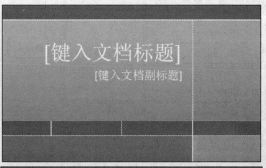

03 Step 为封面页添加文字

在文本占位符"键入文档标题"和"键入文档副标题"处输入文档标题与副标题，例如输入"承瑜广告有限公司"和"2011 年公司宣传小册"，完成简单的封面制作。

5.2.2 从当前位置分页

为了使文档页面达到简洁、精致的效果，有时需要对页面中的文字进行处理，例如设置分页，将一页文档中显得不协调的内容放到下一页显示。

01 Step 单击"分页"按钮

在目标文档中将光标定位点置于需要分页显示的内容前，单击"页"组中的"分页"。

02 Step 显示分页后的效果

此时，在文档中可以看见插入点后的文字被分配到下一页中显示。

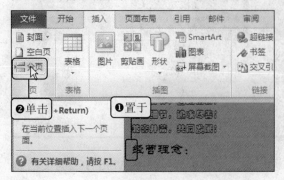

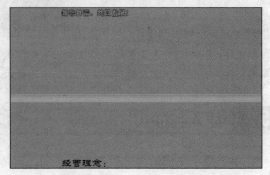

5.3 为文档添加水印标记

水印是出现在文档文本下方的文字或图片，水印具有可视性，但它不会影响文档的显示效果。通常，添加水印用于标识文档状态或者强调文档的重要性。

知识要点：

★ 为文档添加文字水印

★ 为文档添加图片水印

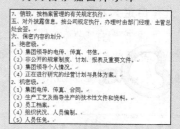

原始文件：实例文件\第 5 章\原始文件\员工保密纪律规定.docx
最终文件：实例文件\第 5 章\最终文件\员工保密纪律规定 1.docx、员工保密纪律规定 2.docx

5.3.1 为文档添加文字水印

文档中的文字水印通常用于标识文档状态，例如可以为一些文件添加"保密"、"紧急"等水印，让阅读者了解文档的重要性。

01 Step 选择内置文字水印

打开随书光盘\实例文件\第 5 章\原始文件\员工保密纪律规定.docx，单击"页面布局"标签，然后单击"页面背景"组中的"水印"按钮，在展开的水印样式库中选择"机密 2"样式。

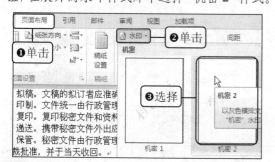

02 Step 显示添加文字水印后的效果

此时可以看见文档中应用了内置水印样式后的效果。

五、对外披露信息，按公司规定执行，办理时由部门经理、主管总裁、法律事务处会签。
六、保密内容的划分
1、绝密级
（1）集团领导的电传、传真、书信。
（2）非公开的规章制度、计划、报表及重要文件。
（3）集团领导个人情况。
（4）正在进行研究的经营计划与具体方案。
2、机密级
（1）集团电传、传真、合同。
（2）生产工艺及指导生产的技术性文件和资料。
（3）员工档案。
（4）组织状况、人员编制。
（5）人员任免。
3、秘密级：集团的经营数据、策划方案及有损于集团利益的其他事项。

高效实用技巧

利用"水印"对话框设置文字水印

文档中除了可以使用内置的文字水印样式，还能利用"水印"对话框自定义设置文字水印。单击"页面布局"选项卡下的"页面背景"组中的"水印"按钮，在展开的下拉列表中单击"自定义水印"选项，在弹出的对话框中单击选中"文字水印"单选按钮，即可对需要添加的文字水印进行设置。

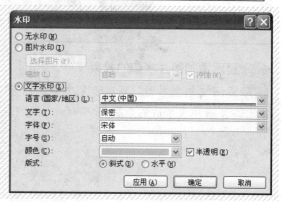

5.3.2 为文档添加图片水印

在文档中添加图片水印指挑选计算机中储存的图片作为水印样式放入文档中，具体操作步骤如下：

01 Step 选择自定义水印

打开随书光盘\实例文件\第 5 章\原始文件\员工保密纪律规定.docx，单击"页面背景"组中的"水印"按钮，在展开的下拉列表中单击"自定义水印"选项。

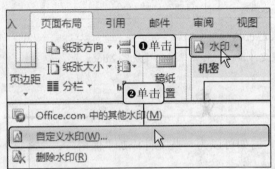

02 Step 选择图片水印

在弹出的"水印"对话框中单击选中"图片水印"单选按钮，然后单击"选择图片"按钮。

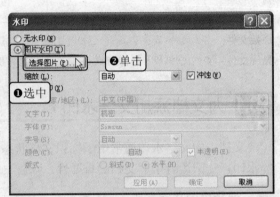

03 Step 选择图片

执行上一步操作后，会弹出"插入图片"对话框，在"查找范围"下拉列表中选择图片的路径，单击选定图片，然后单击"插入"按钮。

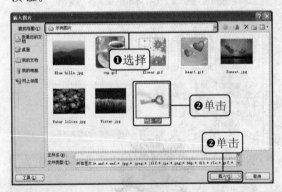

04 Step 确定添加图片水印

返回"水印"对话框，确认设置后单击"确定"按钮。

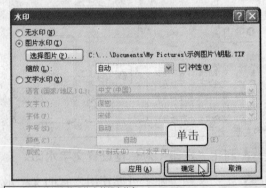

05 Step 显示添加图片水印的效果

返回文档主界面，可以看见文档中已显示出添加图片水印后的效果。

7、销毁。按档案管理的有关规定执行。
五、对外披露信息，按公司规定执行，办理时由部门经理、主管总裁、法律处会签。
六、保密内容的划分。
1、绝密级。
（1）集团领导的电传、传真、书信。
（2）非公开的规章制度、计划、报表及重要文件。
（3）集团领导个人情况。
（4）正在进行研究的经营计划与具体方案。
2、机密级。
（1）集团电传、传真、合同。
（2）生产工艺及指导生产的技术性文件和资料。
（3）员工档案。
（4）组织状况、人员编制。

> **TIP** 删除水印效果
>
> 如果需要删除文档中的水印效果，可以在"页面背景"组中单击"水印"按钮，在展开的库中选择"删除水印"选项。

5.4 打印预览及输出

在文档编辑完毕后，如需使用书面文档，可以将其打印出来。为了使打印出来的效果满足用户要求，在打印前需要对文档的打印参数进行设置，在设置的过程中可实时预览其打印效果，待满意后再将其打印在纸张上。

知识要点：

★ 预览文档打印效果

★ 设置打印参数

原始文件：实例文件\第 5 章\原始文件\开幕词.docx
最终文件：无

5.4.1 预览文档的打印效果

文档的打印预览效果是所见即所得的，因此用户在打印文档前可通过打印预览查看文档是否还有需要修改、调整的部分。

01 Step 单击"打印预览和打印"按钮

打开随书光盘\实例文件\第 5 章\原始文件\开幕词.docx，单击"文件"按钮，在弹出的菜单中单击"打印"命令。

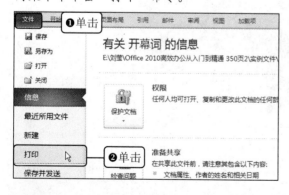

02 Step 显示预览效果

此时，可以看到窗口右侧显示出了文档预览的打印效果。

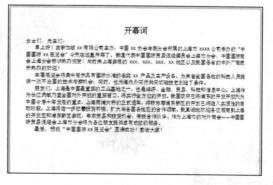

5.4.2 设置打印参数及打印文档

在打印前可根据预览到的打印效果及实际的需求，对打印参数设置进行一些调整，例如对打印范围、份数等进行设置。

01 Step 设置打印页面

在打印设置中单击"打印所有页"按钮，在展开的下拉列表中进行打印范围的选择，例如单击"打印当前页面"选项，即可设置打印时仅打印当前页面。

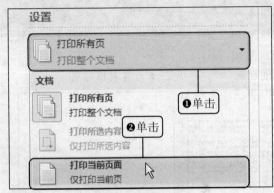

02 Step 设置排序方式

单击"调整"按钮，在展开的下拉列表中可设置打印页面的排序方式。如果要取消排序，则单击"取消排序"选项。

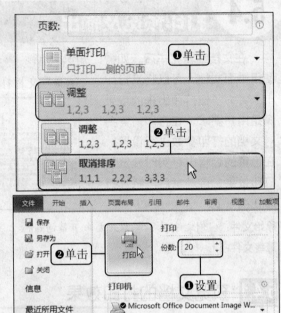

03 Step 设置打印份数并打印文档

在打印前还要根据文档的需求量设置打印份数，例如设置打印份数为 20 份，设置完成后，单击"打印"按钮即可将其打印在纸张上。

公司人员资料

员工编号	姓名	性别	学历	籍贯	部门	职位
1	武清	女	本科	北京	人事行政部	行政经理
2	李晨	女	大专	重庆	人事行政部	行政专员
3	王一豪	男	本科	河南洛阳	销售部	销售代表
4	程晓彬	男	本科	湖南长沙	销售部	销售代表
5	章阳	女	本科	四川成都	销售部	销售经理
6	孙超胜	男	大专	天津	运营部	运营分析员
7	王丽娜	女	高中	云南昆明	仓储部	保管员
8	李梦茹	女	高中	贵州都匀	仓储部	保管员
9	陈丽	女	大专	重庆	仓储部	微机录入
10	冷晓	男	本科	重庆	销售部	销售代表

员工考勤表

员工编号	姓名	部门	职位	出勤天数	事假
1011	陈斌	人事行政部	人事行政经理	20	1
1012	陈翔	运营部	运营经理	20	1
1033	李胜	销售部	销售经理	19	2
1002	李晨	人事行政部	行政专员	19	2
1003	周欣	仓储部	保管员	19	2
1004	赵岚	运营部	分析员	15	6
1005	孟祥林	销售部	销售代表	15	6
1008	吴莉莉	仓储部	保管员	18	3
1014	张师琳	销售部	销售代表	21	0
1016	郑强	仓储部	微机录入	17	4
1025	秦晴	销售部	销售代表	21	0
1036	穆超	运营部	分析师	13	8

Chapter

06

巧用 Excel 整理数据

本章知识点

★ 新建工作簿   ★ 保存工作簿

★ 选择工作表   ★ 插入与删除工作表

★ 移动与复制工作表   ★ 相同数据的输入

★ 规律数据的输入   ★ 数据对齐方式的调整

★ 对关键字排列   ★ 自定义次序排序数据

    Excel 是办公软件 Microsoft Office 的组件之一，可以通过工作簿对数据进行整理、统计和分析。其中，整理数据包括数据的输入、设置和排序，掌握了这些整理数据的方法后，对数据进行统计与分析就容易了。

6.1 建立数据管理包

在 Excel 中, 工作簿是用来存储并处理数据的文件。Excel 中的所有数据都是存放在工作簿中的, 所以工作簿又被称为 Excel 中的 "数据管理包", 在管理数据前, 用户需要了解工作簿的基本操作, 即新建、保存、移动或复制等操作。

知识要点:

★ 新建工作簿　　★ 保存工作簿　　★ 移动或复制工作表

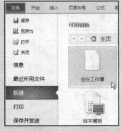  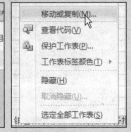

原始文件: 实例文件\第 6 章\原始文件\公司费用开支.xslx、公司费用开支(残缺).xlsx
最终文件: 实例文件\第 6 章\最终文件\公司费用开支.xslx、公司费用开支(完整).xlsx

6.1.1 新建工作簿

在 Excel 2010 中创建的工作簿可分为两种形式: 一种是空白工作簿, 另一种是带模板的工作簿。这两种工作簿可以满足用户的不同需求, 下面分别介绍新建这两种工作簿的方法。

1. 新建空白工作簿

空白工作簿是最常见的一种工作簿, 用户可在此类工作簿中任意创建表格、绘制图形。下面介绍新建空白工作簿的具体操作。

01 Step 选择空白工作簿
启动 Excel 2010 程序, 单击 "文件" 按钮, 在弹出的菜单中单击 "新建" 按钮, 然后单击 "空白工作簿" 图标。

02 Step 创建空白工作簿
在界面右侧单击 "创建" 按钮。

03 Step 查看新建的工作簿
此时便可看见新建的空白工作簿, 其名称默认为 "工作簿 1"。

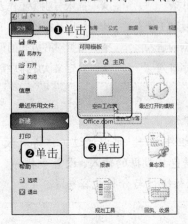 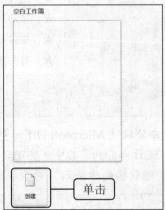 

2. 新建模板工作簿

Excel 2010 自带了一些工作簿模板，如"货款分期付款"、"个人预算"、"销售报表"等，用户可以直接利用这些模板来创建工作簿，以减少编辑时间。

Step 01 新建模板工作簿
单击"文件"按钮，在弹出的菜单中单击"新建"按钮，然后单击"样本模板"图标。

Step 02 选择可用模板
在"可用模板"中选择所需模板，如选择"销售报表"模板，并单击"创建"按钮。

Step 03 创建的模板工作簿
此时，即可看见新建的模板工作簿"销售报表1"。

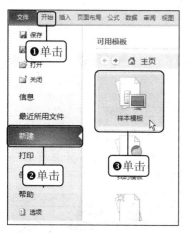

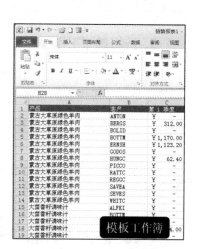

6.1.2 保存工作簿

在新建工作簿中输入的数据无法自动保存在计算机中，一旦计算机突然断电或者 Excel 意外关闭，这些数据将随之消失，因此需要手动保存新建的工作簿以及所包含的数据。

Step 01 保存工作簿
单击"文件"按钮，在弹出的菜单中单击"保存"按钮。

Step 02 设置保存位置和工作簿名
弹出"另存为"对话框，在"保存位置"下拉列表中选择保存位置，在"文件名"文本框中输入名称，然后单击"保存"按钮。

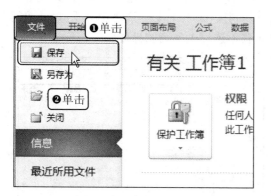
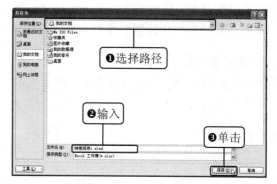

> **TIP** 快速保存与备份工作簿
> 在工作簿的编辑过程中，用户可利用【Ctrl+S】组合键来保存当前工作簿。如果是首次保存，则会弹出"另存为"对话框，设置保存路径及工作簿名称后才能保存。如果需要备份当前工作簿，则可按【F12】键，在"另存为"对话框中设置工作簿的保存路径和名称。

6.1.3 选择工作表

工作表是 Excel 工作簿的重要组成部分，通常，工作簿包括多张工作表，要操作工作簿，首先要学会对这些工作表的操作，而要操作工作表，首先要学会如何选择它们。

1. 选择单张工作表

选择单张工作表只需用鼠标单击要选中的工作表所对应的工作表标签就可以了，工作表标签总是位于工作表的底部。

01 Step 单击第二张工作表标签
打开随书光盘\实例文件\第 6 章\原始文件\公司费用开支.xlsx。若想查看"第二季度"工作表，则单击"第二季度"工作表标签。

02 Step 选定并切换至该工作表
执行上一步操作后，即可看见"第二季度"工作表标签处于选中状态，并且在表格中可看见"第二季度"工作表的所有数据。

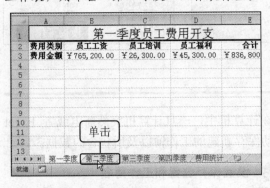

2. 选择多张不连续的工作表

当用户需要对多张不连续的工作表进行移动或复制操作时，可以先利用【Ctrl】键选中将要移动的多张不连续的工作表，然后进行移动或复制操作。下面以选择"第一季度"、"第三季度"和"费用统计"工作表为例来介绍选择多张不连续工作表的操作。

01 Step 选定第一张工作表
单击"第一季度"工作表标签，选中"第一季度"工作表。

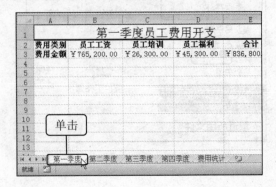

02 按住【Ctrl】键继续选择其他工作表
Step

按住【Ctrl】键不放，依次单击"第三季度"和"费用统计"工作表标签。释放【Ctrl】键后，即可看到这三张工作表同时被选中。

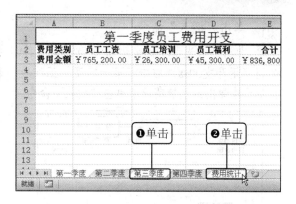

3. 选择多张连续的工作表

在选择多张连续工作表时若用【Ctrl】键进行选择则显得有些烦琐了，此时不妨使用【Shift】键，只需单击首末两张工作表的工作表标签即可选择它们之间所有的连续工作表。下面以选择"第一季度"、"第二季度"、"第三季度"和"第四季度"工作表为例来进行介绍选择多张连续的工作表的操作。

01 选定第一张工作表
Step

单击"第一季度"工作表标签，选中"第一季度"工作表。

02 按住【Shift】键选择最末张工作表
Step

按住【Shift】键，单击"第四季度"工作表标签，此时可看到这 4 张工作表均被选中。

6.1.4 插入与删除工作表

在默认情况下，一个工作簿中包含三张工作表。若要在工作簿中编辑三张以上的工作表，则可以在工作簿中插入新的工作表，而对于工作簿中没有用处的工作表，则可将其直接删除。

1. 插入工作表

插入工作表的方式主要有三种，即使用快键菜单插入、使用功能区插入，以及使用"插入工作表"按钮插入，下面逐一介绍它们的具体操作方法。

（1）使用快捷菜单插入

这里的快捷菜单是指右击工作表标签时弹出的菜单，使用该菜单中的"插入"命令可实现工作表的插入。

01 Step 单击"插入"命令

打开随书光盘\实例文件\第 6 章\原始文件\公司费用开支.xlsx，右击"第一季度"工作表标签，在弹出的快捷菜单中单击"插入"命令。

02 Step 插入工作表

在弹出的"插入"对话框中单击"工作表"图标，然后单击"确定"按钮。

03 Step 显示插入的新工作表

此时，可在"第一季度"工作表左侧看到插入的新工作表，其名称为 Sheet1。

（2）使用功能区插入

使用功能区插入工作表是指利用功能区中"开始"选项卡下的"单元格"组中的"插入"按钮实现新工作表的插入。

01 Step 单击"插入工作表"选项

打开随书光盘\实例文件\第 6 章\原始文件\公司费用开支.xlsx，选中"第一季度"工作表，单击"插入"下三角按钮，在展开的下拉列表中单击"插入工作表"选项。

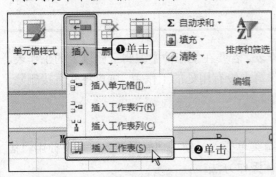

02 Step 显示插入的工作表

此时，可在"第一季度"工作表左侧看到插入的新工作表，其名称为 Sheet1。

（3）使用"插入工作表"按钮插入

"插入工作表"按钮位于工作表标签的最右侧，用户可以直接单击该按钮，实现工作表的插入。

01 **单击"插入工作表"按钮**
Step

打开随书光盘\实例文件\第 6 章\原始文件\公司费用开支.xlsx，在工作表底部单击"插入工作表"按钮。

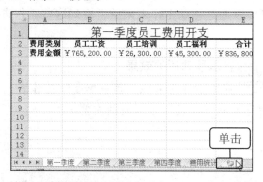

02 **显示插入的工作表**
Step

此时，可在底部工作表标签组的右侧看见插入的新工作表，其名称为 Sheet1。

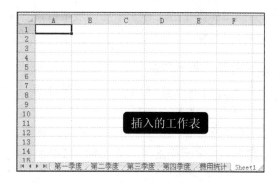

2. 删除工作表

在完成某些工作簿中工作表的编辑工作后，可能会发现某些工作表是多余的，此时可直接将其删除，以节约资源。

01 **删除 Sheet1 工作表**
Step

右击 Sheet1 工作表标签，在弹出的快捷菜单中单击"删除"命令。

02 **查看删除后的工作簿**
Step

执行上一步操作后，可以看到 Sheet1 工作表已被删除。

高效实用技巧

利用功能区删除工作表

用户除了可以利用快捷菜单删除工作表之外，还可以利用功能区删除工作表。

选中要删除的工作表，在"开始"选项卡下的"单元格"组中单击"删除"下三角按钮，在展开的下拉列表中单击"删除工作表"选项，也可以删除该工作表。

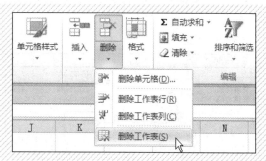

6.1.5 移动与复制工作表

移动与复制是工作表编辑过程中常见的两种操作，其中，移动工作表的目的主要在于调整工作表之间的顺序，而复制工作表的目的则是在多张工作表之间调用表格数据资源以避免重复输入。

1. 移动工作表

当工作簿中的工作表顺序比较混乱时，用户可以通过移动工作表来重新排列这些工作表的顺序。移动工作表的操作方法如下：

01 Step 拖动"第一季度"工作表

打开随书光盘\实例文件\第6章\原始文件\公司费用开支(残缺).xlsx，单击"第一季度"工作表标签，按住鼠标左键并向左移动，将其移至"第三季度"工作表标签左侧。

02 Step 显示移动后的效果

释放鼠标会发现"第一季度"工作表已移至"第三季度"工作表的左侧。

2. 复制工作表

当用户将要编辑的工作表格式与该工作簿中的其他工作表格式相同时，可在工作簿中复制已存在的工作表，然后指定粘贴位置再进行编辑。下面以创建"第二季度费用开支"为例来介绍复制工作表的方法。

01 Step 单击"移动或复制"命令

右击"第一季度"工作表标签，在弹出的快捷菜单中单击"移动或复制"命令。

02 Step 选择移至的位置

弹出"移动或复制工作表"对话框，在"下列选定工作表之前"列表框中选择第三季度，勾选"建立副本"复选框，然后单击"确定"按钮。

03 **Step** 显示复制的工作表

此时，在工作簿中即可看到在"第三季度"工作表之前复制出了与"第一季度"工作表内容相同的"第一季度（2）"工作表，在该工作表中只需更改费用金额就可以得到第二季度员工费用开支的相关信息。

6.1.6 重命名工作表

在默认情况下，Excel 2010 中的工作表都是以 Sheet1、Sheet2、Sheet3 等顺序命名的，但是这种名称并不能让用户快速准确地找到需要编辑的工作表。因此，用户还需要根据工作表的内容对其进行重新命名。下面以重命名"第一季度(2)"工作表为例来介绍重命名工作表的操作步骤。

01 **Step** 单击"重命名"命令

右击"第一季度(2)"工作表标签，在弹出的快捷菜单中单击"重命名"命令。

02 **Step** 重命名工作表

此时，Sheet1 工作表标签呈可编写状态，输入"第二季度"，按【Enter】键保存退出。

TIP 快速重命名工作表

除了可以利用快捷菜单中的"重命名"命令来重命名工作表之外，还可以采用更快速的方法，即首先双击要重命名的工作表标签，当其呈可编写状态时输入对应的名称，然后按【Enter】键保存。

6.2 快速录入有效数据

在工作簿中，最常见的录入数据的方法是依次输入。但当遇到录入的数据有部分相同或有一定规律时，依次输入会比较浪费时间，此时应采用对应的技巧进行快速录入。

知识要点：

★ 相同数据的输入　★ 规律数据的输入　★ 外部数据的输入

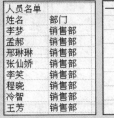
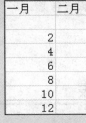
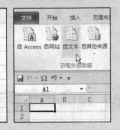

原始文件：实例文件\第 6 章\原始文件\销售部人员名单.xlsx、公司人员名单.txt、公司客户来往记录.xslx

最终文件：实例文件\第 6 章\最终文件\销售部人员名单.xlsx、销售部人员名单 1.xlsx、公司人员名单.xlsx、公司客户来往记录.xlsx

6.2.1 相同数据的输入

在工作表中输入相同数据经常会遇到两种情况，第一种是在连续单元格区域内输入，第二种是在不连续的多个单元格内输入。其中，在连续单元格区域内输入相同数据可利用 Excel 的自动填充功能实现，而实现在不连续的多个单元格内输入则需要借助【Ctrl】键和【Ctrl+Enter】组合键。

1. 在连续单元格区域内输入相同数据

在日常工作中，经常会需要在同一行或同一列的连续单元格区域内输入相同的数据。此时，可首先在处于首位的单元格中输入该数据，然后利用自动填充功能完成。

01 Step 向下复制录入的数据

打开随书光盘\实例文件\第 6 章\原始文件\销售部人员名单.xlsx，将指针移至 B3 单元格右下角，当其呈十字形状时按住鼠标不放向下拖动。

02 Step 选择复制单元格

拖至 B1。单元格处释放鼠标，单击"自动填充选项"下三角按钮，在展开的下拉列表中单击选中"复制单元格"单选按钮。

03 Step 显示填充的数据

此时在 B3:B1 单元格区域中均显示了"销售部"文本。

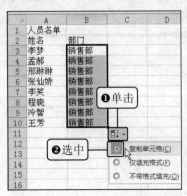

2. 在不连续的多个单元格内输入相同数据

在工作表的多个不连续单元格中输入相同的数据时，利用自动填充功能是无法实现的，此时可首先选中这些不相邻的单元格，然后在任一选中的单元格中输入数据，再按【Ctrl+Enter】组合键完成填充。

01 Step 选择要录入数据的多个单元格

打开随书光盘\实例文件\第 6 章\原始文件\销售部人员名单.xlsx，选中 B5 单元格，按住【Ctrl】键，选中 B7、B9 和 B10 单元格。

02 Step 在 B10 单元格中输入数据

选中指定的不连续单元格，然后在 B10 单元格中输入"销售部"文本。

03 Step 显示快速输入的数据

按【Ctrl+Enter】组合键，即可看到 B5、B7 和 B9 单元格中均填充了"销售部"文本。

6.2.2 规律数据的输入

在工作时，经常需要输入类似月份、日期、工作日或者员工编号这类有规律的数据。当需要在工作表中录入这些数据时，既可以利用自动填充功能完成输入，也可以利用功能区中的"填充"按钮完成输入。

1. 利用填充柄填充规律数据

填充柄是 Excel 提供的快速填充单元格的工具，在选定的单元格右下角会看到方形点，当指针移至该处时会变成黑色十字形，拖动鼠标即可完成填充。若要向表格中填充连续的月份，则可以利用填充柄完成填充。

01 **在 A1 单元格中输入"一月"文本**
Step

新建空白工作簿，在工作表的 A1 单元格中输入"一月"文本，然后将指针移至该单元格的右下角，使其呈十字形状。

02 **填充单元格**
Step

按住鼠标左键不放，然后向右拖至 E1 单元格处。

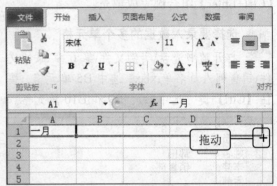

03 **显示填充的数据**
Step

释放鼠标后可在 A1:E1 单元格区域中看见填充的数据，即"一月"、"二月"、"三月"、"四月"和"五月"。

2. 利用"序列"对话框填充规律数据

利用"序列"对话框可以自定义规律数据的类型、填充位置和步长值等，具有更广的适用性。下面介绍如何利用"序列"对话框填充步长值为 2 的等差数列，操作步骤如下。

01 **选中填充数据的单元格区域**
Step

在 A3 单元格中输入数字文本"2"，之后选择 A3：A10 单元格区域，作为填充区域。

02 **单击"系列"选项**
Step

在"开始"选项卡下的"编辑"组中单击"填充"下三角按钮，在展开的下拉列表中单击"系列"选项。

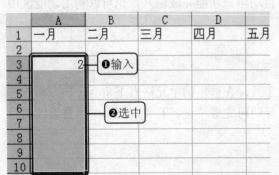

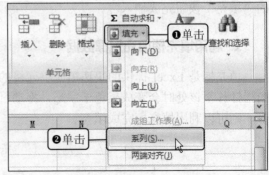

03 设置步长值
Step

弹出"序列"对话框，设置"序列产生在"为"列"、"类型"为"等差序列"，在"步长值"文本框中输入"2"，然后单击"确定"按钮。

04 显示填充的等差序列数据
Step

执行上一步操作后，可以看到 A3:A10 单元格区域中填充了步长值为 2 的等差序列数据。

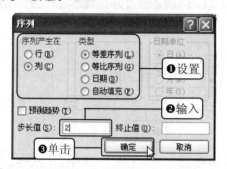

使用自动填充功能填充等差序列数据

在填充步长值为 2 的等差序列数据时，除了可以利用"序列"对话框外，还可以利用自动填充柄实现快速填充。

例如在 A5 和 A6 单元格中分别输入"2"和"4"，选择 A5:A6 单元格区域，将指针移至 A6 单元格右下角，当指针呈十字状时按住鼠标左键向下拖动即可。

6.2.3 数据类型、范围的限制输入

在 Excel 中，数据类型、范围的限制输入可通过数据有效性来实现。数据有效性用于定义可以在单元格中输入或者应该在单元格中输入哪些数据，以防止输入无效数据。下面分别介绍文本长度、日期、序列的限制输入。

1. 文本长度的限制输入

文本长度的限制输入是指利用数据有效性限制选中单元格区域内输入的文本长度，下面以 11 位移动电话号码为例来介绍利用数据有效性限制文本输入长度的操作方法。

01 单击"数据有效性"选项
Step

打开随书光盘\实例文件\第 6 章\原始文件\公司客户往来记录.xlsx，选择 D3:D11 单元格区域，切换至"数据"选项卡下，在"数据工具"组中单击"数据有效性"按钮，在展开的下拉列表中单击"数据有效性"选项。

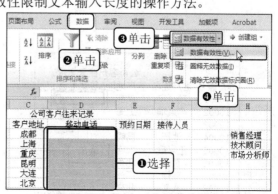

02 Step 单击"文本长度"选项

弹出"数据有效性"对话框,单击"允许"右侧的下三角按钮,在展开的下拉列表中单击"文本长度"选项。

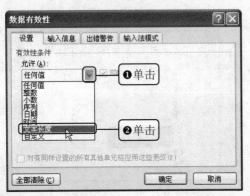

03 Step 设置数据有效性条件

在"数据"下拉列表中单击"等于"选项,设置文本长度为"11"。

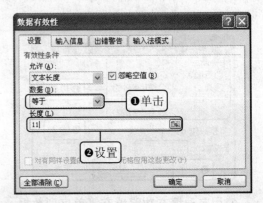

04 Step 设置输入信息

切换至"输入信息"选项卡,在"标题"文本框中输入"注意",在"输入信息"文本框中输入"请输入手机号!"。

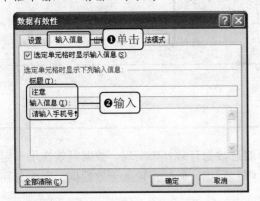

05 Step 设置出错警告

切换至"出错警告"选项卡,在"样式"下拉列表中单击"停止"选项,并输入警告的标题和内容,然后单击"确定"按钮。

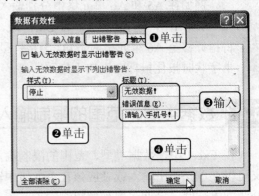

06 Step 显示提示信息

返回工作表,单击 D3 单元格,在其下方显示了设置的提示信息。

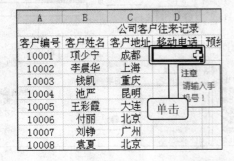

07 Step 显示出错警告

当在 D3 单元格输入非11位数字的手机号后,会弹出警告信息,例如输入"5685695",按【Enter】键后会弹出"无效数据!"对话框,提示"请输入手机号!",单击"重试"按钮,重新输入正确的 11 位手机号方能录入。

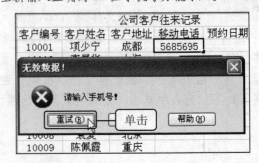

2. 日期的限制输入

在日常办公中用到的登记表格中，用户可以利用数据有效性对日期进行限制，既可以只限制日期的上限，也可以只限制日期的下限，还可以同时限制日期上限和下限。下面介绍如何在"公司来往客户记录"工作表中同时限制日期上限和下限，具体操作步骤如下。

01 Step 单击"数据有效性"选项

选中 E3:E11 单元格区域，切换至"数据"选项卡下，在"数据工具"组中单击"数据有效性"右侧的下三角按钮，在展开的下拉列表中单击"数据有效性"选项。

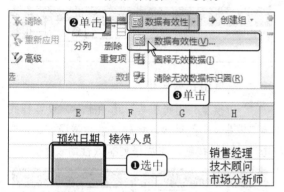

02 Step 设置日期范围

弹出"数据有效性"对话框，在"允许"下拉列表中选择"日期"选项，在"数据"下拉列表中选择"介于"选项，设置开始日期和结束日期，单击"确定"按钮。

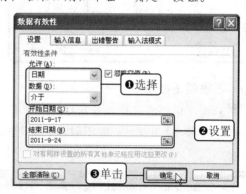

03 Step 设置提示信息

切换至"出错警告"选项卡下，在"样式"下拉列表中选择"停止"，接着在右侧输入标题内容和错误信息，再单击"确定"按钮。

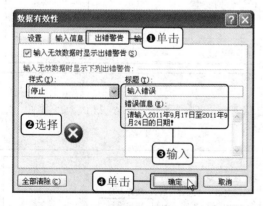

04 Step 输入预约日期

返回工作表，在 E3:E11 单元格区域内输入 2011 年 9 月 17 日至 2011 年 9 月 24 日的日期值。如果输入的日期不在上述范围内，则会弹出相关错误警告，阻止用户输入。

	B	C	D	E
1	公司客户往来记录			
2	客户姓名	客户地址	移动电话	预约日期
3	项少宁	成都	136****6243	2011-9-17
4	李晨华	上海	139****6521	2011-9-19
5	钱凯	重庆	139****5412	2011-9-21
6	池严	昆明	****2314	2011-9-21
7	王彩霞	大连	输入 ****6332	2011-9-20
8	付丽	北京	130****3412	2011-9-22
9	刘铮	广州	132****4623	2011-9-23
10	袁夏	北京	133****6963	2011-9-23
11	陈佩霞	重庆	132****6523	2011-9-24

3. 序列的限制输入

序列的限制输入是利用数据有效性限制序列的输入，首先需要创建不带下拉箭头的序列列表，然后设置出错警告信息，这样当输入错误的数据时就会停止输入并提示错误原因。

01 设置有效性条件
Step

选择 F3:F11 单元格区域，打开"数据有效性"对话框，在"允许"下拉列表中选择"序列"，单击"来源"框右侧的展开按钮。

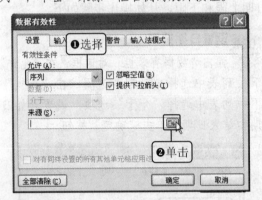

02 选择序列来源
Step

在工作表中选择 H3:H5 单元格区域，然后单击"数据有效性"对话框中的展开按钮。

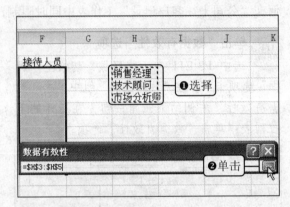

03 不提供下拉箭头
Step

返回"数据有效性"对话框，取消勾选"提供下拉箭头"复选框，即不创建下拉列表。

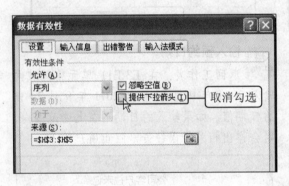

04 设置出错警告信息
Step

切换至"出错警告"选项卡下，设置样式为"警告"，然后输入标题文本和错误信息，单击"确定"按钮，完成序列有效性的设置。

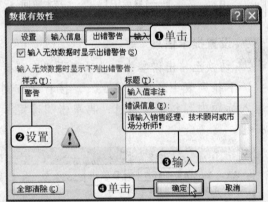

TIP 出错警告的三种样式

在"数据有效性"对话框中设置出错警告信息时，错误警告的样式默认为"停止"，除此之外，还可以选择"警告"和"信息"样式。

05 显示出错警告信息
Step

当用户在 F3 单元格中输入错误的序列信息时，会弹出"输入值非法"对话框，提示输入正确的信息，单击"重试"按钮。

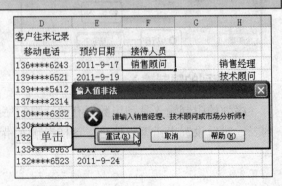

06 Step 输入正确的序列信息

返回工作表，在 F3:F11 单元格区域中输入正确的序列信息。

	B	C	D	E	F
1			公司客户往来记录		
2	客户姓名	客户地址	移动电话	预约日期	接待人员
3	项少宁	成都	136****6243	2011-9-17	销售经理
4	李晨华	上海	139****6521	2011-9-19	技术顾问
5	钱凯	重庆	139****5412	2011-9-21	技术顾问
6	池严	昆明	137****2314	2011-9-21	市场分析师
7	王彩霞	大连	130****63	2011-9-20	销售经理
8	付丽	北京	130****3412	2011-9-22	技术顾问
9	刘铮	广州	132****4623	2011-9-23	技术顾问
10	袁夏	北京	133****6963	2011-9-23	技术顾问
11	陈佩霞	重庆	132****6523	2011-9-24	市场分析师
12					

输入

6.2.4 外部数据的输入

Excel 可以获取多种来源的外部数据，既可以是来自网站的数据，也可以是来自文本文件和 Access 文件中的数据，这里以导入文本文件数据为例来介绍外部数据的输入方法。

01 Step 选择获取文本数据

新建空白工作簿，选中 A1 单元格，切换至"数据"选项卡，在"获取外部数据"组中选择外部数据的来源，例如单击"自文本"按钮。

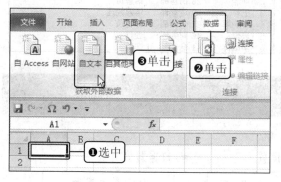

02 Step 选择导入的文本文件

在弹出的"导入文本文件"对话框中选择随书光盘\实例文件\第 6 章\原始文件\公司人员名单.txt，然后单击"导入"按钮。

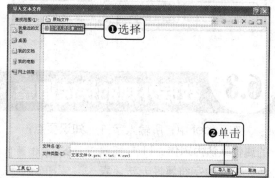

03 Step 选择文件类型

在弹出的"文本导入向导"对话框中保持默认设置，单击"下一步"按钮。

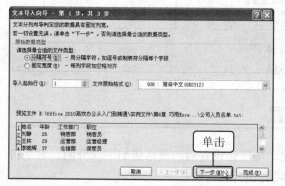

04 Step 选择分隔符号

进入新的界面，在"分隔符号"选项组中勾选"空格"复选框，然后在"数据预览"区域中预览效果，单击"下一步"按钮。

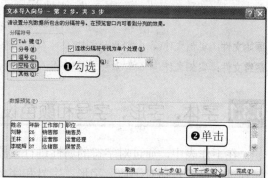

05 选择列数据格式
Step 切换至新的界面，在"列数据格式"区域中单击选中"常规"单选按钮，然后单击"完成"按钮。

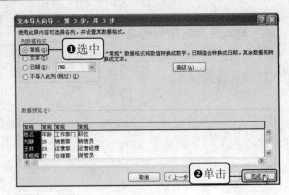

06 选择数据存放位置
Step 在弹出的"导入数据"对话框中保持默认设置，单击"确定"按钮。

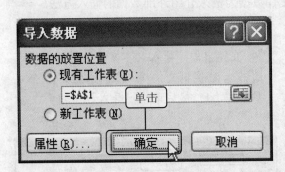

07 显示导入的数据结果
Step 返回工作簿，可以看到从文本文档中导入的数据。

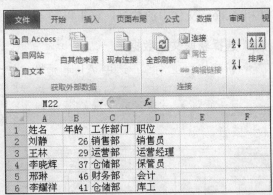

6.3 数据外观的快速调整

在 Excel 中，所输入字符的属性默认为宋体、11 号和黑色，这样的字符属性无法让表格中的数据实现主次之分，因此用户可以对数据的外观进行调整，即设置字符属性、对齐方式等。

知识要点：

★ 字体颜色设置

★ 数据对齐方式

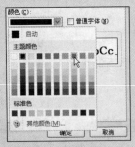

原始文件：实例文件\第 6 章\原始文件\公司人员资料.xlsx
最终文件：实例文件\第 6 章\最终文件\公司人员资料.xlsx

6.3.1 字体、字形、字号和颜色设置

在工作表中，通过对字符的属性进行设置，可以让设置后的表格更加主次分明。对字符属性进行设置包括对字体、字形、字号和字体颜色的设置。

01 Step 单击"字体"组中的对话框启动器

打开随书光盘\实例文件\第 6 章\原始文件\公司人员资料.xlsx，选中 A1 单元格，单击"字体"组中的对话框启动器。

02 Step 设置字体格式

弹出"设置单元格格式"对话框，在"字体"列表框中选择"华文中宋"，设置字形为"加粗"，设置字号为"16"，在"颜色"下拉列表中选择"紫色"。

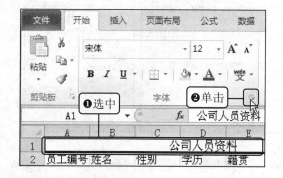

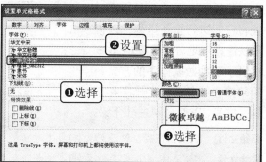

03 Step 显示设置后的效果

单击"确定"按钮返回工作表中，可在 A1 单元格中看见"公司人员资料"文本更换字符格式后的效果。

	公司人员资料		
性别	学历	籍贯	部门
女	本科	北京	人事行政部
女	大专	重庆	人事行政部
男	本科	河南洛阳	销售部
男	本科	湖南长沙	销售部
女	本科	四川成都	销售部
男	大专	天津	运营部

显示设置效果

6.3.2 数据对齐方式的调整

数据的对齐方式包括水平对齐和垂直对齐两种，调整数据的对齐方式也就是调整数据的水平对齐方式和垂直对齐方式。其中，水平对齐方式主要包括左对齐、居中和右对齐，而垂直对齐方式主要包括顶端对齐、垂直居中和底端对齐。

01 Step 设置数据对齐方式

选择 A2:G12 单元格区域，打开"设置单元格格式"对话框，切换至"对齐"选项卡下，分别在"水平对齐"和"垂直对齐"下拉列表中选择水平对齐和垂直对齐方式，例如均选择"居中"选项。

02 Step 显示设置后的对齐效果

单击"确认"按钮后返回工作表，可以看到 A2:G12 单元格区域内的数据已经水平居中和垂直居中。

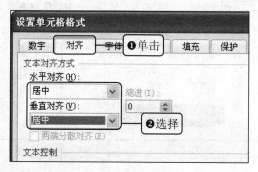

显示对齐效果

员工编号	姓名	性别	学历	籍贯	部门
			公司人员资料		
1	武清	女	本科	北京	人事行政部
2	李晨	女	大专	重庆	人事行政部
3	王一豪	男	本科	河南洛阳	销售部
4	程晓彬	男	本科	湖南长沙	销售部
5	韦阳	女	本科	四川成都	销售部
6	孙超胜	男	大专	天津	运营部
7	王丽娜	女	高中	云南昆明	仓储部
8	李梦茹	女	高中	贵州都匀	仓储部
9	陈丽	女	大专	重庆	仓储部
10	冷晚	男	本科	重庆	销售部

6.4 有规律地排列数据

当工作簿中已录入的数据不是按照一定的规律进行排列时，可以使用 Excel 的排序功能将它们进行重新排列，以便于快速直观地分析数据。Excel 提供了三种数据排序的方式：简单排序、多关键字排序和自定义排序，下面分别进行介绍。

知识要点：

★ 简单排序 ★ 多关键字排序 ★ 自定义排序

原始文件： 实例文件\第 6 章\原始文件\员工考勤表.xlsx

最终文件： 实例文件\第 6 章\最终文件\员工考勤表 1.xlsx、员工考勤表 2.xlsx、员工考勤表 3.xlsx、员工考勤表 4.xlsx

6.4.1 按数字和颜色简单排序

按数字和颜色简单排序是简单排序中常见的两种方式，分别是对表格中的数字进行升、降序排列和按照单元格的颜色对表格中的数据进行排序。下面通过实际例子来介绍按数字和颜色简单排序的操作方法。

1. 按数字排序

在 Excel 中，按数字排序主要包括两种，一种是升序排列，另一种则是降序排列。下面以设置"员工编号"升序排列为例来介绍按数字排列的操作方法。

01 Step 单击"升序"选项

打开随书光盘\实例文件\第 6 章\原始文件\员工考勤表.xlsx，选择"员工编号"所在列的任意单元格，在"开始"选项卡下单击"排序和筛选"下三角按钮，在展开的下拉列表中单击"升序"选项。

02 Step 查看升序显示的显示效果

执行上一步操作后，即可在工作表中看到数据记录已按"员工编号"进行了升序排列。

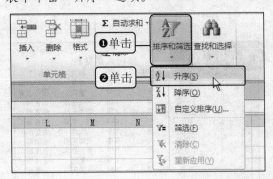

2. 按字体颜色排序

当表格中的字体颜色有两种或两种以上时，为了让指定颜色的字体置顶显示，则可以在"排序"对话框中设置按字体颜色排序。

01 **单击"自定义排序"选项**
Step
打开随书光盘\实例文件\第 6 章\原始文件\员工考勤表.xlsx，选择"员工编号"所在列的任意单元格，单击"排序和筛选"下三角按钮，在展开的下拉列表中单击"自定义排序"选项。

02 **设置颜色排序**
Step
弹出"排序"对话框，设置"主要关键字"为"员工编号"，设置"排序依据"为"字体颜色"，设置"次序"为"橙色"、"在顶端"，然后单击"确定"按钮。

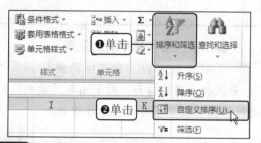

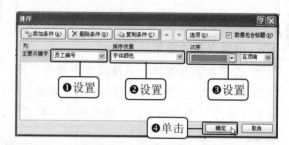

> **TIP** **按单元格颜色排序**
> 常见的利用颜色排序的方式有两种，一种是按照字体颜色排序，另一种则是按照单元格填充色排序。其设置方法为在"排序"对话框中的"排序依据"下拉列表中单击"单元格颜色"选项，设置次序后单击"确定"按钮。

03 **查看颜色排序的显示效果**
Step
返回工作表中，可看到字体颜色为橙色的记录排在表格的最顶端。

	A	B	C	D	E
1	员工考勤表				
2	员工编号	姓名	部门	职位	出勤天数
3	1011	陈斌	人事行政部	人事行政经理	20
4	1033	李胜	销售部	销售经理	19
5	1012	陈翔	运营部	运营经理	20
6	1002	李晨	人事行政部	行政专员	19
7	1014	张师琳	销售部	销售代表	21
8	1005	孟祥林	销售部	销售代表	
9	1004	赵岚	运营部		显示排序后的效果
10	1003	周欣	仓储部	保管员	

6.4.2 按多关键字排序

多关键字排序是指按照设置的主要关键字和次要关键字对表格中的数据进行排序，Excel在进行排序时，首先按照设置的"主要关键字"进行排序，在排序的过程中难免会遇到相同的数据，此时则要按照设置的"次要关键字"排序，依此类推。在本节将要介绍的"员工考勤表"中，可以设置其主要关键字和次要关键字分别为"出勤天数"和"员工编号"，首先按照"出勤天数"降序排列，对出勤天数相同的记录按照员工编号升序排列，具体操作步骤如下：

01 Step 设置主要关键字

打开随书光盘\实例文件\第 6 章\原始文件\员工考勤表.xlsx，然后打开"排序"对话框，单击"主要关键字"右侧的下三角按钮，从展开的下拉列表中单击"出勤天数"选项。

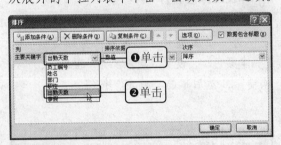

02 Step 添加次要关键字

设置"排序依据"为"数值"，设置"次序"为"降序"，单击"添加条件"按钮。

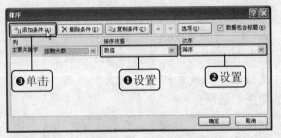

03 Step 设置次要关键字

在"次要关键字"下拉列表中单击"员工编号"选项，设置"排序依据"为"数值"，设置"次序"为"升序"，然后单击"确定"按钮。

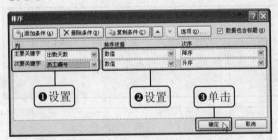

04 Step 显示多关键字排序后的效果

此时可以看到工作簿中的数据首先按"出勤天数"降序排列，对于出勤天数相同的数据再按"员工编号"列升序排列。

员工编号	姓名	部门	职位	出勤天数	事假
1014	张师琳	销售部	销售代表	21	0
1025	秦晴	销售部	销售代表	21	0
1011	陈斌	人事行政部	人事行政经理	20	1
1012	陈翔	运营部	运营经理	20	1
1002	李晨	人事行政部	行政专员	19	2
1003	周欣	仓储部	保管员	19	2
1033	李胜	销售部	销售经理	19	2
1008	吴莉莉	仓储部		3	4
1016	郑强	仓储部		3	4
1004	赵岚	运营部	分析员	15	6

员工考勤表 — 显示排序后的效果

6.4.3 按自定义次序排序数据

如果用户不想按照 Excel 默认的降序或升序进行排列，而是希望按照自己定义的序列进行排序，则可以自定义次序排列数据。如果希望员工出勤表中的记录按照"销售部"、"人事行政"、"仓储部"和"运营部"的顺序进行归类排序，则可以按照下面的操作进行。

01 Step 单击"自定义序列"选项

打开随书光盘\实例文件\第 6 章\原始文件\员工考勤表.xlsx，打开"排序"对话框，设置"主要关键字"为"部门"，在"次序"下拉列表中单击"自定义序列"选项。

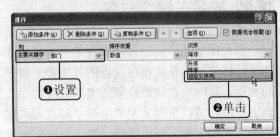

02 Step 设置自定义序列

弹出"自定义序列"对话框,在"输入序列"列表框中依次输入自定义的序列选项"销售部 人事行政部 仓储部 运营部",然后单击"添加"按钮。

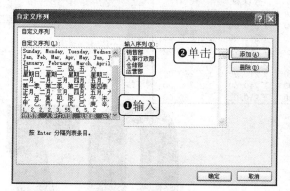

03 Step 完成排序设置

单击"确定"按钮后返回"排序"对话框,直接单击"确定"按钮。

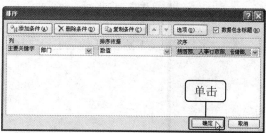

04 Step 显示自定义排序后的效果

返回工作表,此时可以看到表格中的记录已经按照自定义的部门顺序进行了排列。

员工编号	姓名	部门	职位	出勤天数	事假
1033	李胜	销售部	销售经理	19	2
1014	张师琳	销售部	销售代表	21	0
1005	孟祥林	销售部	销售代表	15	6
1025	秦晴	销售部	销售代表	21	0
1011	陈斌	人事行政部	人事行政经理	20	1
1002	李晨	人事行政部	行政专员	19	2
1003	周欣	仓储部	保管员	19	2
1008	吴莉莉	仓储部	保管员	18	3
1016	郑强	仓储部	微机录入	17	4
1004	赵岚	运营部	分析员	15	6
1036	穆超	运营部	分析师	13	8
1012	陈翔	运营部	运营经理	20	1

员工考勤表

显示排序后的效果

销售统计表

产品名称	销售日期	销售数量	销售额	销售人员	销售部门
洗衣机	2011-9-1	2	￥5,200.00	肖云	销售一部
空调	2011-9-2	5	￥12,000.00	陈鹏	销售一部
液晶电视	2011-9-2	1	￥3,000.00	王亮	销售三部
洗衣机	2011-9-4	5	￥19,000.00	王亮	销售三部
液晶电视	2011-9-6	3	￥10,000.00	陈鹏	销售一部
液晶电视	2011-9-6	4	￥16,000.00	李奇	销售二部
空调	2011-9-6	6	￥24,000.00	王亮	销售三部
洗衣机	2011-9-7	7	￥15,000.00	肖云	销售一部
空调	2011-9-7	5	￥16,400.00	王亮	销售三部
液晶电视	2011-9-7	2	￥8,600.00	李奇	销售二部
			￥32,000.00	陈鹏	销售一部
			￥55,000.00	陈鹏	销售一部
			￥8,600.00	李奇	销售一部
			￥6,800.00	肖云	销售一部
			￥1,600.00	张彻	销售二部

销售工资计算表

员工姓名	基本工资	个人提成	社保费	共 计
李秀英	￥1,000.00	￥1,500.00	￥240.00	￥2,260.00
陈欣	￥1,200.00	￥2,000.00	￥240.00	￥2,960.00
刘丽博	￥1,000.00	￥1,800.00	￥240.00	￥2,560.00
程刚	￥1,500.00	￥1,400.00	￥240.00	￥2,660.00
许茹	￥1,200.00	￥1,000.00	￥240.00	￥1,960.00
张妤	￥1,500.00	￥1,000.00	￥240.00	￥2,260.00
王澈	￥1,000.00	￥2,000.00	￥240.00	￥2,760.00
吴欣语	￥1,500.00	￥1,500.00	￥240.00	￥2,760.00

07

Chapter

数据的运算与查询

本章知识点

★ 自定义公式计算　　★ 使用筛选功能查找

★ 单元格引用方式　　★ 使用定位条件快速定位目标

★ 名称的定义与应用　★ 使用函数查找数据

★ 创建分类汇总　　　★ 突出显示单元格格式

★ 使用合并计算汇总　★ 利用图标集标识

在 Excel 中，数据的运算都是通过公式和函数实现的，在计算数据的过程中可以选择不同的单元格引用方式和定义名称来简化计算。而数据的查询则可以利用某些函数和筛选功能来实现，并且可以利用条件格式对表格中的数据进行标记。

7.1 数据的快速运算

在 Excel 中，计算数据离不开公式与函数，要想利用公式和函数实现数据的高效运算，除了熟练掌握公式与函数以外，还需要掌握单元格引用方式、定义和使用名称等操作。本节将对这些内容进行详细介绍。

知识要点：

★自定义公式计算　　★单元格引用方式　　★名称的定义与使用

=B3+C3+D3	=B3+C3-D3	
绩表	算表	表

原始文件： 实例文件\第 7 章\原始文件\销售业绩表.xlsx、销售工资计算表.xlsx、九九乘法表.xlsx、公司销售统计表.xlsx

最终文件： 实例文件\第 7 章\最终文件\销售业绩表.xlsx、销售工资计算表 1.xlsx、九九乘法表.xlsx、销售工资计算表 2.xlsx、公司销售统计表.xlsx

7.1.1 自定义公式计算

公式是 Excel 中重要的组成部分，运用公式可以对工作表中的数据进行分析和计算。公式一般以"="开始，并且包含运算符、单元格引用、值（或常量）、工作表函数及参数等元素。在 Excel 中，公式并没有固定的格式，用户可以根据不同的需求自定义公式进行计算，下面介绍自定义公式的操作步骤。

01 Step 输入公式

打开随书光盘\实例文件\第 7 章\原始文件\销售业绩表.xlsx，选中 E3 单元格，输入公式"=B3+C3+D3"。

02 Step 显示计算结果

按【Enter】键后，E3 单元格中会显示自定义公式的计算结果。

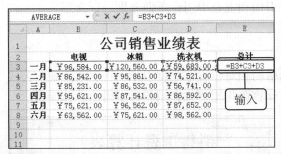

TIP　在公式中快速引用单元格

在公式中引用单元格时，除了可以输入单元格对应的地址以外，还可以在输入公式的过程中单击将要引用的单元格，之后将会发现该单元格的地址自动填充到了含有公式的单元格中。

7.1.2 使用"自动求和"计算

用户如果想要利用公式快速求和，不妨使用"自动求和"功能。该功能不需要用户输入具体的公式，只需在功能区中单击对应的选项，Excel 便会自动划定相邻的求和区域完成求和操作。

01 Step 单击"Σ求和"选项

选中 E4 单元格，切换至"公式"选项卡下，单击"自动求和"下三角按钮，在展开的下拉列表中单击"Σ求和"选项。

02 Step 显示自动插入的求和函数

此时，在 E4 单元格中显示了求和函数，该函数自动对 B4:D4 单元格区域进行求和，按【Enter】键。

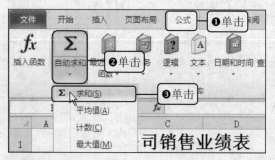

03 Step 计算其他月份的销售业绩

此时，可看到利用"自动求和"功能计算出的二月份销售总额。使用相同的方法依次计算三、四、五月份的销售总额。

7.1.3 单元格的引用方式

单元格地址是由该单元格所在的行号和列标组合而成的，如 C6、B1 等。根据单元格地址可将单元格引用方式划分为相对引用、绝对引用和混合引用，下面分别进行介绍。

1. 相对引用

相对引用是指通过当前单元格与目标单元格的相对位置来定位引用一种引用方式，公式中对单元格的引用默认为相对引用，下面通过计算销售工资来介绍相对引用的具体操作。

01 Step 输入计算销售工资的公式

打开随书光盘\实例文件\第 7 章\原始文件\销售工资计算表.xlsx，在 E3 单元格中输入计算公式"=B3+C3-D3"。

	B	C	D	E
1	销售工资计算表			
2	基本工资	个人提成	社保费	共 计
3	￥1,000.00	￥1,500.00		=B3+C3-D3
4	￥1,200.00	￥2,000.00	￥240.00	
5	￥1,000.00	￥1,800.00	￥240.00	
6	￥1,500.00	￥1,400.00	￥240.00	
7	￥1,200.00	￥1,500.00	￥240.00	
8	￥1,500.00	￥1,000.00	￥240.00	
9	￥1,000.00	￥2,000.00	￥240.00	
10	￥1,500.00	￥1,500.00	￥240.00	

-108-

02 **在 E4 单元格中进行相对引用**
Step
按【Enter】键后可以看到计算结果。选中 E3 单元格，将指针移至 E3 单元格右下角，按住鼠标不放向下拖动至 E4 单元格。

03 **显示相对引用后的效果**
Step
释放鼠标后选中 E4 单元格，此时可以在编辑栏中看到 E4 单元格包含的公式为"=B4+C4-D4"，这就是相对引用。

	E3		fx	=B3+C3-D3	
	B	C	D		E
	销售工资计算表				
1					
2	**基本工资**	**个人提成**	**社保费**	**共 计**	
3	¥1,000.00	¥1,500.00	¥240.00	¥2,260.00	
4	¥1,200.00	¥2,000.00	¥240.00		
5	¥1,500.00	¥1,800.00	¥240.00		
6	¥1,500.00	¥1,400.00	¥240.00		
7	¥1,200.00	¥240.00			
8	¥1,500.00	¥240.00			
9	¥1,500.00	¥2,000.00	¥240.00		
10	¥1,500.00	¥1,500.00	¥240.00		

拖动

显示引用效果

	E4		fx	=B4+C4-D4	
	B	C	D		E
	销售工资计算表				
1					
2	**基本工资**	**个人提成**	**社保费**	**共 计**	
3	¥1,000.00	¥1,500.00	¥240.00	¥2,260.00	
4	¥1,200.00	¥2,000.00	¥240.00	¥2,960.00	
5	¥1,500.00	¥1,800.00	¥240.00		
6	¥1,500.00	¥1,400.00	¥240.00		
7	¥1,200.00	¥240.00			
8	¥1,500.00	¥240.00			
9	¥1,500.00	¥2,000.00	¥240.00		
10	¥1,500.00	¥1,500.00	¥240.00		

2. 绝对引用

在单元格地址的列和行标志前加上一个美元符号，例如$A$1，即表示绝对引用单元格 A1。如果包含该单元格的公式对其运用了绝对引用的方式，则无论将该公式引用到任何位置，采用绝对引用方式的单元格所对应的地址将保持不变。

01 **输入计算销售工资的公式**
Step
在 E5 单元格中输入含有绝对引用单元格的计算公式"=$B$5+$C$5-$D$5"。

02 **向下复制公式**
Step
按【Enter】键后选中 E5 单元格，将指针移至 E5 单元格右下角，按住鼠标不放向下拖动至 E6 单元格。

	RANK		× ✓ fx	=$B$5+$C$5-$D$5	
	B	C	D		E
1	**销售工资计算表**				
2	**基本工资**	**个人提成**	**社保费**	**共 计**	
3	¥1,000.00	¥1,500.00	¥240.00	¥2,260.00	
4	¥1,200.00	¥2,000.00	¥240.00	¥2,960.00	
5	¥1,000.00	¥1,800.00		=$B$5+$C$5-$D$5	
6	¥1,500.00	¥1,400.00	¥240.00		
7	¥1,500.00	¥240.00			
8	¥1,500.00	¥240.00			
9	¥1,500.00	¥2,000.00	¥240.00		
10	¥1,500.00	¥1,500.00	¥240.00		
11					

输入公式

	E5		fx	=$B$5+$C$5-$D$5	
	B	C	D		E
1	**销售工资计算表**				
2	**基本工资**	**个人提成**	**社保费**	**共 计**	
3	¥1,000.00	¥1,500.00	¥240.00	¥2,260.00	
4	¥1,200.00	¥2,000.00	¥240.00	¥2,960.00	
5	¥1,000.00	¥1,800.00	¥240.00	¥2,560.00	
6	¥1,500.00	¥1,400.00	¥240.00		
7	¥1,500.00	¥240.00			
8	¥1,500.00	¥240.00			
9	¥1,500.00	¥2,000.00	¥240.00		
10	¥1,500.00	¥1,500.00	¥240.00		

拖动

03 **查看绝对引用单元格的显示效果**
Step
释放鼠标后选中 E6 单元格，此时可在编辑栏中看到该单元格包含的公式仍然为"=$B$5+$C$5-$D$5"，这就是绝对引用。

	E6		fx	=$B$5+$C$5-$D$5	
	B	C	D		E
1	**销售工资计算表**				
2	**基本工资**	**个人提成**	**社保费**	**共 计**	
3	¥1,000.00	¥1,500.00	¥240.00	¥2,260.00	
4	¥1,200.00	¥2,000.00	¥240.00	¥2,960.00	
5	¥1,000.00	¥1,800.00	¥240.00	¥2,560.00	
6	¥1,500.00	¥1,400.00	¥240.00	¥2,560.00	
7	¥1,200.00	¥240.00			
8	¥1,500.00	¥240.00			
9	¥1,500.00	¥2,000.00	¥240.00		
10	¥1,500.00	¥1,500.00	¥240.		
11					

显示引用效果

3. 混合引用

混合引用从字面上理解就是在一个单元格的地址引用中，既包含了相对引用，又包含了绝对引用。下面通过计算员工销售工资来介绍混合引用单元格的方法，具体操作步骤如下：

01 Step 输入计算公式

打开随书光盘\实例文件\第 7 章\原始文件\九九乘法表.xlsx，在 B3 单元格中输入计算公式 "=$A3*B$2"。其中，$A3 与 B$2 均为混合引用。

02 Step 向下复制计算公式

按【Enter】键后选中 B3 单元格，将指针移至 B3 单元格右下角，按住鼠标不放向下拖动至 B10 单元格处释放鼠标，此时可看到复制公式所计算的结果。

03 Step 向右复制计算公式

将指针移至 B10 单元格右下角，按住鼠标不放并向右拖动至 I10 单元格处，释放鼠标后选中 I10 单元格，此时可在编辑栏中看到计算公式为 "=$A10*I$2"。

7.1.4 名称的定义与应用

名称是工作簿中某些项目的标识符，用户可以为单元格、图表、公式、常量或工作表建立一个名称。如某个项目被定义了一个名称，则可以在公式或函数中直接引用该名称，下面介绍名称定义与应用的具体操作。

1. 定义名称

在 Excel 中定义名称的方法有多种，其中最常见的是利用 "新建名称" 对话框定义名称，该方法的优势在于可以顺带设置该名称的适用范围。下面介绍利用 "新建名称" 对话框在销售工资计算表中定义 "底薪"、"提成" 和 "社保" 的操作步骤。

01
Step 定义名称

打开随书光盘\实例文件\第 7 章\原始文件\销售工资计算表.xlsx，切换至"公式"选项卡，在"定义的名称"组中单击"定义名称"下三角按钮，在下拉列表中单击"定义名称"选项。

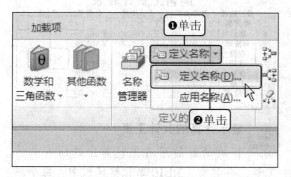

02
Step 设置名称和适用范围

弹出"新建名称"对话框，在"名称"文本框中输入"底薪"，单击"引用位置"框右侧的折叠按钮。

03
Step 选择引用位置

在工作表中选择要定义名称的单元格区域 B3:B10，然后单击"新建名称"对话框中的展开按钮。

04
Step 查看定义的名称

返回"新建名称"对话框，单击"确认"按钮后返回工作表，选择 B3:B10 单元格区域后，可在名称框中看见该区域的名称。使用相同的方法将 C3:C10 单元格区域定义为"提成"，将 D3:D10 单元格区域定义为"社保"。

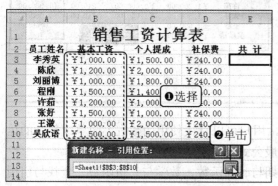

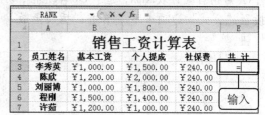

2. 在公式中应用名称

在工作表中定义了名称后，即可直接在公式中应用这些名称。将公式的参数设置成名称，不仅可以通过应用的名称来直观判断公式是否正确，还可以通过引用单元格来完成数据的高效计算。下面介绍如何使用底薪、提成、社保等名称编辑公式计算各销售员总工资的操作。

01
Step 输入等号

选中 E3 单元格，在 E3 单元格中输入"="。

02 在公式中引用"底薪"
Step
切换至"公式"选项卡，在"定义的名称"组中单击"用于公式"按钮，在展开的下拉列表中单击"底薪"选项。

03 继续引用名称
Step
继续引用定义的"提成"和"社保"，使显示的公式为"=底薪+提成-社保"。

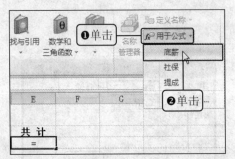

04 复制用名称组成的公式
Step
按【Enter】键后选中 E3 单元格，将指针移至 E3 单元格右下角，当指针呈十字形状时，按住鼠标拖动至 E10 单元格处。

05 显示计算的共计工资
Step
释放鼠标后可看见计算出的所有共计工资，并且在 E3:E10 单元格区域中，每个单元格中的公式均是"=底薪+提成-社保"。

7.1.5 使用函数计算

Excel 中的函数其实是一些预定义的公式，用户可以直接使用函数进行简单或复杂的运算。函数的运用大大简化了公式，并实现了一般公式无法实现的计算。

在 Excel 中，常见的函数有财务函数、日期与时间函数、数学与三角函数、查找与引用函数、逻辑函数等，这些函数拥有不同的功能。下面介绍在 Excel 中使用 SUM、AVERAGE、MAX 和 MIN 等常用函数计算销售总额、平均值及销售额最值的操作步骤。

01 在 D6 单元格中插入函数
Step
打开随书光盘\实例文件\第 7 章\原始文件\公司销售统计表.xlsx，选中 D6 单元格，切换至"公式"选项卡下，单击"插入函数"按钮。

02 Step　选择 SUM 函数

弹出"插入函数"对话框，在"或选择类别"下拉列表中选择"数学与三角函数"，然后在"选择函数"列表框中单击"SUM"选项，即选择 SUM 函数。

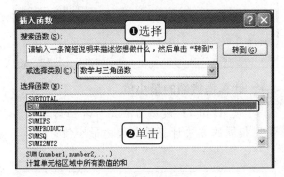

03 Step　单击折叠按钮

单击"确定"按钮后弹出"函数参数"对话框，可以在"Number1"文本框中输入参数值，也可以利用折叠按钮设置参数值，这里单击其右侧的折叠按钮。

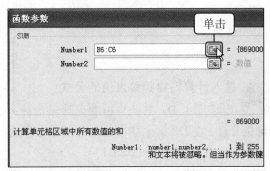

04 Step　设置 Number1 参数值

在工作表中选择 B2:B13 单元格区域，即设置 Number1 的参数值为"B2:B13"。

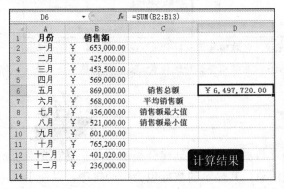

05 Step　确认设置的参数

单击展开按钮后返回"函数参数"对话框，此时可在"Number1"文本框中看到显示的参数值为"B2:B13"，单击"确定"按钮。

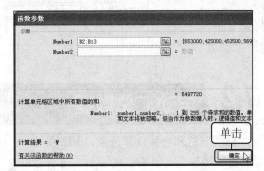

06 Step　查看计算的结果

返回工作表，此时可看见 D6 单元格中显示了使用 SUM 函数计算出的销售总额，同时在编辑栏中显示了 SUM 函数及其参数值。

07 Step　选择 AVERAGE 函数

选中 D7 单元格，在"函数库"组中单击"其他函数"按钮，指向"统计"选项，然后在右侧的列表中单击"AVERAGE"选项。

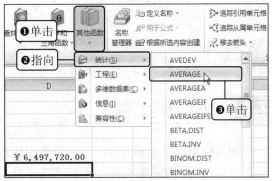

08
Step **设置 Number1 参数**

弹出"函数参数"对话框,设置"Number1"的参数值为"B2:B13",然后单击"确定"按钮。

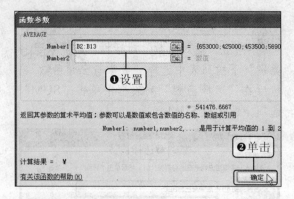

09
Step **输入计算销售额最大值的公式**

此时可在 D7 单元格中看见计算出的平均销售额,在 D8 单元格中输入计算销售额最大值的公式"=MAX(B2:B13)"。

10
Step **计算销售额的最小值**

按【Enter】键后可看见计算出的结果,使用相同的方法计算销售额的最小值。

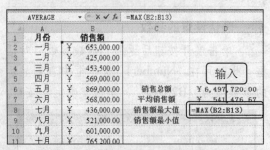

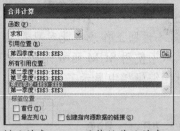

7.2 自动汇总数据

分类汇总和合并计算是重要的数据管理工具,它们能够根据设定的条件对初步计算出的数据进行归纳和汇总,为数据的分类、查询工作提供方便。

知识要点:

★创建分类汇总　★按位置合并计算　★按分类合并计算

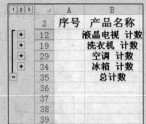

原始文件: 实例文件\第 7 章\原始文件\月销售统计表.xlsx、电脑销售器材统计表.xlsx、服装销售统计表.xlsx
最终文件: 实例文件\第 7 章\最终文件\月销售统计表.xlsx、电脑销售器材统计表.xlsx、服装销售统计表.xlsx

7.2.1 创建分类汇总

使用分类汇总能够快速汇总工作表中的各项数据,但是在创建分类汇总前,要首先对工作表数据进行排序。对排序后的数据进行分类汇总,其显示的数据也会自动排序,以便于数据的分析和预测。下面以月销售统计表为例来介绍创建分类汇总的方法,操作步骤如下:

01 对数据进行降序排列
Step

打开随书光盘\实例文件\第 7 章\原始文件\月销售统计表.xlsx，右击 B 列单元格，在弹出的快捷菜单中依次单击"排序>降序"命令。

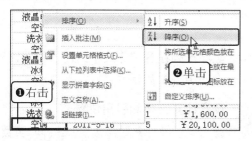

02 单击"分类汇总"按钮
Step

切换至"数据"选项卡，在"分级显示"组中单击"分类汇总"按钮。

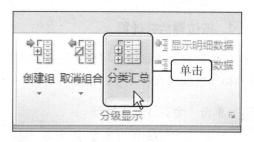

03 设置分类字段和汇总方式
Step

弹出的"分类汇总"对话框，选择"分类字段"下拉列表中的"产品名称"选项，在"汇总方式"下拉列表中单击"计数"选项。

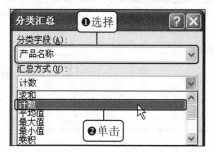

04 设置汇总项
Step

在"选定汇总项"列表框中勾选"销售数量"复选框，然后单击"确定"按钮。

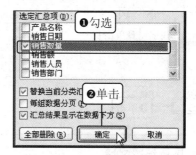

05 显示汇总效果
Step

此时，可以看到工作表中的数据以"产品名称"为字段，对销售数量进行了汇总。

1 2 3		A	B	C	D	E
	2	序号	产品名称	销售日期	销售数量	销售额
	3	3	液晶电视	2011-5-2	1	￥3,000.00
	4	5	液晶电视	2011-5-6	3	￥10,000.00
	5	6	液晶电视	2011-5-6	4	￥16,000.00
	6	10	液晶电视	2011-5-7	2	￥8,600.00
	7	13	液晶电视	2011-5-13	3	￥7,900.00
	8	18	液晶电视	2011-5-17	5	￥7,900.00
	9	21	液晶电视	2011-5-21	2	￥7,500.00
	10	25	液晶电视	2011-5-25	5	￥25,600.00
	11	27	液晶电视	2011-5-27	2	￥7,420.00
	12		液晶电视 计数		9	
	13	1	洗衣机	2011-5-1	2	￥5,200.00
	14	4	洗衣机	2011-5-4	5	￥19,000.00
	15	8	洗衣机	2011-5-7	7	￥15,000.00
	16	15	洗衣机	2011-5-15	1	￥1,600.00

06 单击数字"2"
Step

创建分类汇总之后，在工作表的左上角显示了一组数字按钮，单击数字"2"。

1 2 3		A	B	C	D
	2	序号	产品名称	销售日期	销售数量
	3	3	液晶电视	2011-5-2	1
	4	5	液晶电视	2011-5-6	3
	5	6	液晶电视	2011-5-6	4
	6	10	液晶电视	2011-5-7	2
	7	13	液晶电视	2011-5-13	3
	8	18	液晶电视	2011-5-17	5
	9	21	液晶电视	2011-5-21	2
	10	25	液晶电视	2011-5-25	5
	11	27	液晶电视	2011-5-27	2
	12		液晶电视 计数		9
	13	1	洗衣机	2011-5-1	

1 2 3		A	B	C	D
	2	序号	产品名称	销售日期	销售数量
	12		液晶电视 计数		9
	19		洗衣机 计数		6
	29		空调 计数		9
	34		冰箱 计数		4
	35		总计数		28
	36				
	37				
	38				
	39				

显示分级显示数据

07 显示分级显示数据的效果
Step

经过上一步操作后，工作表中只显示了二级分类汇总结果，即各产品的销售数量汇总结果。

7.2.2 使用合并计算汇总

利用 Excel 的合并计算功能，可以对多个工作表中的数据进行计算汇总。合并计算的方式有两种，分别是按位置合并计算和按分类合并计算。

1. 按位置合并计算

按位置合并计算指参与合并计算的数据以相同的顺序排列在各工作表中的同一位置，下面介绍如何按位置合并计算各分店一、二、三、四月份的销售量数据。

01 Step 单击"合并计算"按钮

打开随书光盘\实例文件\第 7 章\原始文件\电脑销售器材统计表.xlsx，在"总计"工作表中选中 B2 单元格，切换至"数据"选项卡下，单击"合并计算"按钮。

02 Step 设置计算方式和引用位置

弹出"合并计算"对话框，选择"函数"下拉列表中的"求和"选项，单击"引用位置"文本框右侧的折叠按钮。

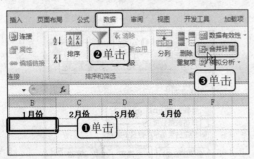

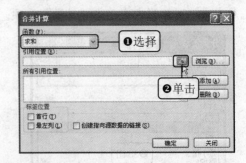

03 Step 选择数据源区域

切换至"一分店"工作表，选择单元格区域 B2:E6，然后单击"合并计算"对话框中的展开按钮。

04 Step 添加引用位置

返回"合并计算"对话框，单击"所有引用位置"列表框右侧的"添加"按钮，将引用位置添加到"所有引用位置"列表框中。

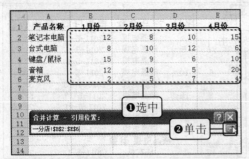

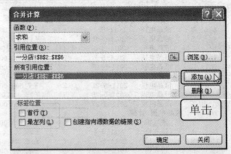

05 Step 继续添加其他工作表中的引用位置

按照 Step02~ Step04 的操作添加其他三个工作表中的引用位置，单击"确定"按钮。

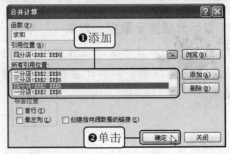

06 显示合并计算的结果
Step 返回工作表，可以看到按位置合并计算的结果。

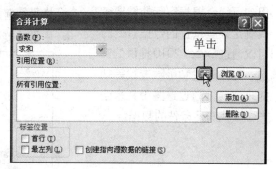

2. 按分类合并计算

如果参与计算的数据字段在各工作表中的个数或者放置的位置不同，用户则可以按分类合并计算功能来进行合并计算。

01 单击"合并计算"按钮
Step 打开随书光盘\实例文件\第 7 章\原始文件\服装类销售统计表.xlsx，在"总计"工作表中选择 A2:E7 单元格区域，切换至"数据"选项卡下，单击"合并计算"按钮。

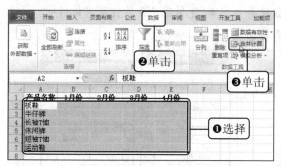

02 设置引用位置
Step 弹出"合并计算"对话框，保持函数的默认设置，单击"引用位置"文本框右侧的单元格引用按钮。

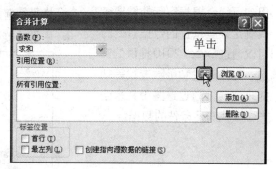

03 选择数据源区域
Step 选择"一分店"工作表中的 A2:E7 单元格区域，然后单击"合并计算"对话框中的展开按钮。

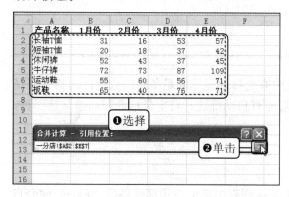

04 添加引用位置
Step 展开对话框后，单击"所有引用位置"列表框右侧的"添加"按钮，则所引用位置已添加到"所有引用位置"列表框中。

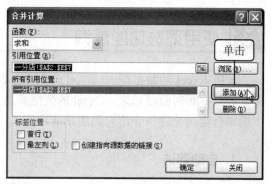

05 **继续添加**
Step 使用相同的方法继续添加其他三个工作表的引用数据源区域，勾选"最左列"复选框，然后单击"确定"按钮。

06 **显示合并计算的结果**
Step 返回工作表，可以看到按分类合并计算的结果，Excel 自动按照最左侧的文本进行了合并计算。

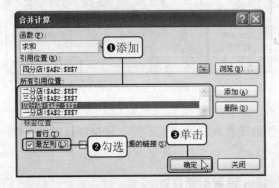

7.3 全方位数据查找

在数据完整的工作簿中，用户可能会根据实际的需要查找满足某些条件的数据，此时可以通过 Excel 2010 提供的筛选、定位查找和函数查找等功能来实现，通过这些工具来全方位查找满足条件的数据。

知识要点：

★ 使用筛选功能查找　★ 使用定位条件快速定位目标

★ 使用函数查找数据

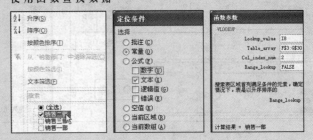

原始文件：实例文件\第 7 章\原始文件\月销售统计表.xlsx、销售额统计表.xlsx

最终文件：实例文件\第 7 章\最终文件\月销售统计表 1.xlsx、月销售统计表 2.xlsx、月销售统计表 3.xlsx、月销售统计表 4.xlsx、月销售统计表 5.xlsx、销售额统计表 1.xlsx、销售额统计表 2.xlsx、销售额统计表 3.xlsx、销售额统计表 4.xlsx

7.3.1 使用筛选功能查询

使用 Excel 的数据筛选功能可以在工作表中有选择地显示满足条件的数据，而将不满足条件的数据暂时隐藏起来。Excel 的数据筛选功能有自动筛选、自定义筛选和高级筛选三种，下面结合实例来逐一介绍它们的功能应用。

1. 自动筛选

自动筛选是一种简单的条件筛选，只需在筛选列表中简单设置筛选条件，Excel 便会自动只显示满足筛选条件的数据。

01 Step 单击"筛选"按钮

打开随书光盘\实例文件\第 7 章\原始文件\月销售统计表.xlsx，切换至"数据"选项卡，单击"筛选"按钮。

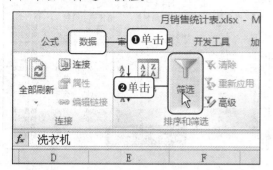

02 Step 添加的下三角按钮

执行上一步操作后即可在工作表中看到每个列标题单元格右侧出现了一个下三角按钮。

销售统计表

序	产品名	销售日期	销售数量	销售额	销售人	销售部
1	洗衣机	2011-5-1	2	￥5,200.00	肖云	销售一部
2	空调	2011-5-2	5	￥12,000.00	陈鹏	销售一部
3	液晶电视	2011-5-2	1	￥3,000.00	王亮	销售三部
4	洗衣机	2011-5-4	5	￥19,000.00	王亮	销售一部
5	液晶电视	2011-5-4	3	￥10,000.00	陈鹏	销售一部
6	液晶电视	2011-5-6	4	￥16,000.00	李奇	销售二部
7	空调	2011-5-6	6	￥24,000.00	王亮	销售三部
8	洗衣机	2011-5-7	5	￥15,000.00	肖云	销售二部
9	空调	2011-5-7	7	￥16,400.00	王亮	销售三部
10	液晶电视	2011-5-7	2	￥8,600.00	李奇	销售二部
11	冰箱	2011-5-10	3	￥32,000.00	陈鹏	销售一部
12	空调	2011-5-12	8	￥55,000.00	陈鹏	销售一部
13	液晶电视	2011-5-13	3	￥6,800.00	李奇	销售二部
14	冰箱	2011-5-13	2	￥6,800.00	肖云	销售二部
15	洗衣机	2011-5-15	1	￥1,600.00	张彻	销售二部

03 Step 设置筛选条件

单击"销售部门"右侧的下三角按钮，在展开的列表中只勾选"销售二部"复选框。

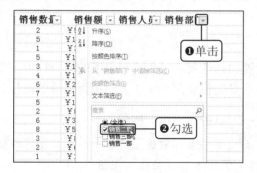

04 Step 显示筛选结果

单击"确定"按钮后返回工作表，则表格中只会显示"销售二部"的相关信息。

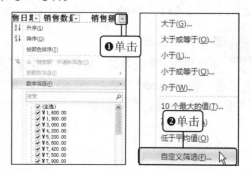

2. 自定义筛选

如果筛选字段下拉列表中无法设置完整的筛选条件，则可以利用"自定义自动筛选方式"对话框实现自定义筛选，下面介绍如何利用自定义筛选查询销售额小于 10000 万的统计数据。

01 Step 单击"筛选"按钮

打开随书光盘\实例文件\第 7 章\原始文件\月销售统计表.xlsx，切换至"数据"选项卡下，单击"筛选"按钮。

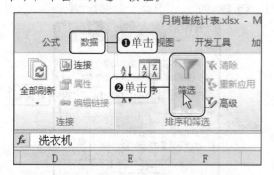

02 Step 单击"自定义筛选"选项

单击"销售额"字段右侧的下三角按钮，在展开的列表中依次单击"数字筛选>自定义筛选"选项。

03 设置自定义筛选条件
Step

在"自定义自动筛选方式"对话框中设置条件为"小于10000",单击"确定"按钮。

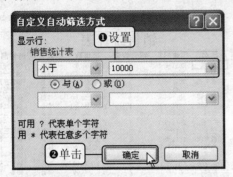

04 显示自定义筛选结果
Step

此时,工作表中销售额小于10000万的销售记录会被筛选出来。

销售统计表

序号	产品名称	销售日期	销售数量	销售额	销售人	销售部门
1	洗衣机	2011-5-1	2	¥5,200.00	肖云	销售一部
3	液晶电视	2011-5-2	1	¥3,000.00	王亮	销售三部
10	液晶电视	2011-5-7	2	¥8,600.00	李奇	销售二部
13	液晶电视	2011-5-13	3	¥8,600.00	李奇	销售二部
14	冰箱	2011-5-13	2	¥6,800.00	肖云	销售一部
15	洗衣机	2011-5-15	1	¥1,600.00	张彻	销售二部
17	洗衣机	2011-5-17	4	¥6,800.00	李奇	销售二部
18	液晶电视	2011-5-17	5	¥7,900.00	肖云	销售一部
19	空调	2011-5-17	3	¥4,200.00	张彻	销售二部
20	空调	2011-5-19	5	¥8,600.00	肖云	销售一部
21	液晶电视	2011-5-21	2	¥7,500.00	肖云	销售一部
24	空调	2011-5-24	4	¥9,800.00	陈鹏	销售一部
26	洗衣机	2011-			肖云	销售一部
27	液晶电视	201		20.00	王亮	销售三部

显示筛选结果

3. 高级筛选

高级筛选是按照用户在工作表中设定的范围条件进行数据筛选操作,它根据设置的范围条件不同可分为两种情况,第一种是筛出满足所有条件的数据信息,第二种是筛出满足任一条件的数据信息,下面分别进行介绍。

(1)筛出满足所有条件的数据信息

筛选满足所有条件的数据信息时,需要将设置的筛选条件录入列标题下的同一行中,下面介绍利用高级筛选筛出销售空调的数量大于3台且销售额部小于1万的销售记录的操作。

01 输入筛选条件
Step

打开随书光盘\实例文件\第7章\原始文件\月销售统计表.xlsx,在表格前面插入两个空行,在A1:C2单元格区域输入筛选条件。

02 单击"高级"按钮
Step

切换至"数据"选项卡,在"排序和筛选"组中单击"高级"按钮。

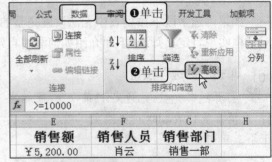

03 选择筛选区域
Step

在弹出的"高级筛选"对话框中设置"列表区域"为"Sheet1!$A$4:$G$32",单击"条件区域"右侧的折叠按钮。

04 选择条件区域
Step

在工作表中选择 A1:G2 单元格区域作为条件区域，然后单击"高级筛选"对话框的展开按钮。

05 显示筛选效果
Step

返回"高级筛选"对话框单击"确定"按钮，可在工作表中看到产品名为空调，销售数量大于 3 且销售额大于等于 10000 的销售数据。

（2）筛出满足任一条件的数据信息

当要筛选满足任一条件的数据信息时，需要将设置的筛选条件分别录入到列标题下的不同行中，并确保每行只有一个筛选条件，下面介绍利用高级筛选筛出满足销售数量大于等于 3 或销售额大于等于 1 万的销售记录的操作。

01 输入筛选条件
Step

打开随书光盘\实例文件\第 7 章\原始文件\月销售统计表.xlsx，在表格前面插入 3 行空行，在 A1:B3 单元格区域中输入筛选条件。

02 设置高级筛选条件
Step

弹出"高级筛选"对话框，设置列表区域为"$A$5:$G$33"，设置条件区域为"$A$1:$B$3"，单击"确定"按钮。

03 显示筛选效果
Step

返回工作表，可看见显示的销售记录均满足销售数量大于 3 台，销售额大于等于 1 万的任意一个条件。

7.3.2 使用定位条件快速定位目标

使用定位条件查找可以让用户通过设置某些条件来快速定位目标，定位条件可以是常量，也可以是批注，还可以是公式。这里将以定位包含文本常量和公式的单元格为例来介绍使用定位条件快速定位目标的方法。

1. 定位包含文本常量的单元格

Excel 工作表中通常会包含文本、数值、货币、日期等数据，有时需要从这些不同类型的数据中选择某种类型的数据，例如文本，然后对其进行删除、格式修改等操作。下面结合实例来介绍利用定位条件选中只包含文本常量单元格的操作。

01 Step 单击"定位条件"选项

打开随书光盘\实例文件\第 7 章\原始文件\销售额统计表.xlsx，单击"查找和选择"按钮，在展开的下拉列表中单击"定位条件"选项。

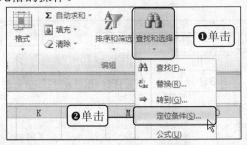

02 Step 设置定位条件

弹出"定位条件"对话框，单击选中"常量"单选按钮，并勾选"文本"复选框。

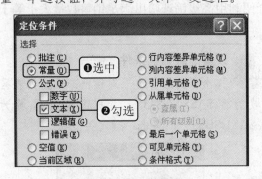

03 Step 显示定位条件查找后的效果

单击"确定"按钮返回工作表，可以看到包含文本常量的单元格全部被选中了。

2. 定位包含公式的单元格

要想查看表格中含有公式的单元格，可设置定位条件为含有数字、文本或其他数值的公式，下面结合实例来介绍定位包含公式的单元格的操作。

01 Step 单击"公式"选项

打开随书光盘\实例文件\第 7 章\原始文件\销售额统计表.xlsx，打开"定位条件"对话框，单击选中"公式"单选按钮，勾选"数字"复选框。

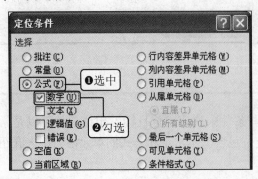

02 Step 显示定位公式查找后的效果

单击"确定"按钮返回工作表，可以看到含有公式的单元格区域 D6:D9 被选中了。

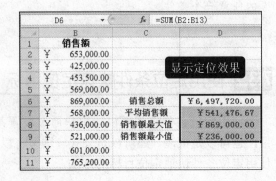

7.3.3 使用函数查找数据

在 Excel 提供的函数中，查找与引用函数为用户提供了查找数据的功能，该类函数能够帮助用户从数据繁多的表格中查找满足一定条件的数据。而在所有查找与引用函数中，一般以 VLOOKUP、MATCH 和 INDEX 三个函数最为常用。

1. 利用 VLOOKUP 函数查找

VLOOKUP 函数用于在表格或数值的首列查找指定的数值，并由此返回表格或数组当前行中指定列的数值，VLOOKUP 函数也常被称为竖向查找函数。

在销售统计表中，如果需要临时查找某个销售人员对应的销售部门，则可以通过 VLOOKUP 函数来实现。

01 Step 在 J8 单元格中插入 VLOOKUP 函数

打开随书光盘\实例文件\第 7 章\原始文件\月销售统计表.xlsx，选中 J8 单元格，单击"查找与引用"按钮，从展开的下拉列表中选择"VLOOKUP"函数。

02 Step 输入查找公式

弹出"函数参数"对话框，设置 Lookup_value 参数值为"I8"、Table_array 参数值为"F\$3:G\$30"、Col_index_num 的参数值为"2"、Range_lookup 的参数值为"FALSE"。

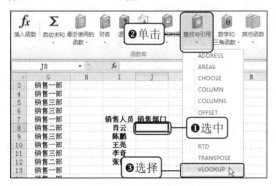

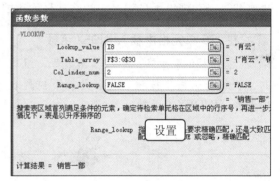

TIP

VLOOKUP 函数的参数解析

VLOOKUP 函数的语法为：

VLOOKUP（lookup_value, table_array, col_index_num, [range_lookup]）

- lookup_value：表示要查找的值必须位于自定义查找区域的最左列，其参数可以是值、引用或文字串。如果提供的参数值小于 table_array 参数第一列中的最小值，则 VLOOKUP 将返回错误值 #N/A。
- table_array：表示用于查找数据的区域。可以使用对区域或区域名称的引用，第一列中的值是由 lookup_value 搜索的值，这些值可以是文本、数字或逻辑值。
- col_index_num：表示相对列号。最左列为 1，其右边一列为 2，依此类推。
- range_lookup（可选）：一个逻辑值，指明函数查找的是精确匹配值，还是近似匹配值。如果参数值为 TRUE 或者省略，则函数查找近似匹配值；如果参数值为 FALSE，则函数查找精确匹配值。

03 Step 复制 VLOOKUP 函数

按【Enter】键后返回工作表，此时 J8 单元格中会显示查找到的销售部门。将指针移至 J8 单元格右下角，按住鼠标左键不放向下拖动至 J12 单元格处。

销售人员	销售部门
肖云	销售一部
陈鹏	销售一部
王亮	销售三部
王亮	销售三部
陈鹏	销售一部
李奇	销售二部
王亮	销售三部
肖云	销售一部
王亮	销售三部
李奇	销售二部
陈鹏	销售一部

销售人员	销售部门
肖云	销售一部
陈鹏	
王亮	
李奇	
张彻	

拖动

04 Step 查看计算的结果

释放鼠标后可在 J9:J12 单元格区域中看到通过单元格相对引用而返回的其他 4 位销售人员所对应的销售部门。

销售人员	销售部门
肖云	销售一部
陈鹏	销售一部
王亮	销售三部
王亮	销售三部
陈鹏	销售一部
李奇	销售二部
王亮	销售三部
肖云	销售一部
王亮	销售三部
李奇	销售二部
陈鹏	销售一部

显示计算的结果

销售人员	销售部门
肖云	销售一部
陈鹏	销售一部
王亮	销售三部
李奇	销售二部
张彻	销售二部

2. 利用 MATCH 与 INDEX 函数搭配查找

若将 MATCH 函数与 INDEX 函数搭配使用，也能实现与 VLOOKUP 函数相似的功能，即查找与已知信息相对应的其他信息。下面介绍如何通过 MATCH 与 INDEX 函数搭配使用来查找与已知销售人员相对应的产品名称和销售数量，操作步骤如下：

01 Step 在 J26 单元格中插入 INDEX 函数

选中 J26 单元格，单击"函数库"组中的"查找与引用"按钮，在展开的下拉列表中选择"INDEX"函数。

02 Step 设置 INDEX 函数的参数值

在弹出的"选定函数"对话框中选择"array, row_num, column_num"选项，接着弹出"函数参数"对话框，设置 INDXE 函数的参数值，例如设置 Array 的参数值为"B10:B12"、Row_num 的参数值为"MATCH(J25,F10:F12,O)"。

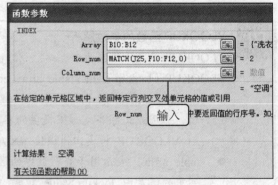

TIP **MATCH 函数与 INDEX 函数的参数解析**

MATCH 函数可在单元格区域中搜索指定项，然后返回该项在单元格区域中的相对位置，其语法形式为：MATCH（lookup_value, lookup_array, [match_type]）

- lookup_value：在查找范围内按照查找类型指定的查找值，可以为数值（数字、文本或逻辑值）或对数字、文本或逻辑值的单元格引用。
- lookup_array：在 1 行或 1 列指定查找值的连续单元格区域，该参数的值可以为数值或数组引用。
- match_type（可选）：指定检索查找值的方法，当值为 1 时，MATCH 函数查找小于或等于 lookup_value 参数值的最大值；当值为 0 时，MATCH 函数查找等于 lookup_value 参数值的第一个值；当值为-1 时，MATCH 函数查找大于或等于 lookup_value 参数值的最小值。

INDEX 函数用于返回表格或区域中的数值或数值的引用，它有数组型和引用型两种语法结构，其中数组形式的 INDEX 在工作表中最为常用。

数组形式的 INDEX 函数语法为：INDEX(array, row_num, [column_num])

- array：单元格区域或数组常量。
- row_num：array 参数值中某行的行号，函数以该行返回参数值，如果省略该参数，则必须有 column_num 参数。
- column_num：array 参数值中某列的列号，函数以该列返回参数值，如果省略该参

03 Step 显示查找的产品名称信息

按【Enter】键后返回工作表，可在 J26 单元格中显示查找的产品名称信息。

04 Step 输入查找销售数量的计算公式

在 J27 单元格中输入查找销售数量的公式"=INDEX（D10:D12,MATCH(J25,F10:F12,0)）"。

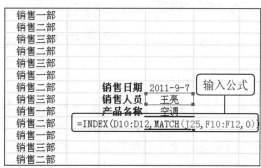

05 Step 显示查找的销售数量信息

按【Enter】键后，可以看到利用 INDEX 和 MATCH 函数查找的与上方销售人员相匹配的销售数量信息。

7.3.4 巧用条件格式标识数据

完成数据的统计整理之后，用户可以利用条件格式中的数据条、色阶和图标集等来标识选定区域中的数据，以便于分析。

1. 突出显示满足条件的单元格

在条件格式中，用户可以应用突出显示单元格规则将满足一定条件的单元格或区域以颜色等格式突出显示出来，例如突出显示大于、小于或等于指定值的数据所对应的单元格。在销售额统计表中，若要将大于平均销售额的记录突出显示，可以采取下面的操作。

01 Step 单击"大于"选项

打开随书光盘\实例文件\第 7 章\原始文件\销售额统计表.xlsx，选择 B2:B13 单元格区域，在"开始"选项卡下的"样式"组中单击"条件格式"按钮，接着在展开的下拉列表中依次单击"突出显示单元格规则>大于"选项。

02 Step 单击折叠按钮

弹出"大于"对话框，此时可在文本框中输入平均销售额。若对该值不清楚，则可引用平均销售额所在的单元格，在文本框的右端单击折叠按钮。

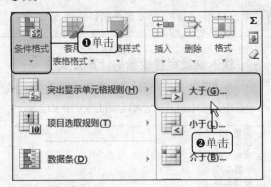

03 Step 选择数据源

在工作表中选择含有平均销售额数据的单元格，这里选择 D7 单元格，此时在"大于"对话框的文本框中显示了"=$D$7"。

04 Step 设置突出显示的单元格的填充属性

单击展开按钮后返回"大于"对话框，在"设置为"下拉列表中选择"浅红填充色深红色文本"选项，单击"确定"按钮。

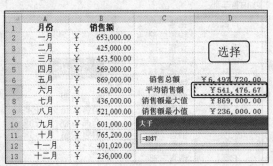

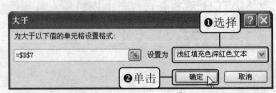

05 **查看大于平均销售额的数据所在的**
Step **单元格**

返回工作表后，可以看到大于"月平均销售额"的数据所在的单元格呈"浅红色填充色深红色文本"显示。

	A	B	C	D
1	月份	销售额		
2	一月	￥ 653,000.00		
3	二月	￥ 425,000.00		
4	三月	￥ 453,500.00		
5	四月	￥ 569,000.00		
6	五月	￥ 869,000.00	销售总额	￥6,497,720.00
7	六月	￥ 568,000.00	平均销售额	￥541,476.67
8	七月	￥ 436,000.00	销售额最大值	￥869,000.00
9	八月	￥ 521,000.00	销售额最小值	￥236,000.00
10	九月	￥ 601,000.00		
11	十月	￥ 765,200.00		
12	十一月	￥ 401,020.00		显示效果
13	十二月	￥ 236,000.00		

2. 使用项目选取规则标识

项目选取规则包括突出显示选定区域中值最大（小）的指定数项目和高（低）于平均值的项目，对于数值数据，用户可以根据数值的大小指定选择的单元格。下面介绍如何利用项目选取规则快速标识排名前三位的销售额数据。

01 **单击"值最大的10项"选项**
Step 打开随书光盘\实例文件\第 7 章\原始文件\销售额统计表.xlsx，选择 B2:B13 单元格区域，单击"条件格式"按钮，在展开的下拉列表中依次单击"项目选取规则>值最大的 10项"选项。

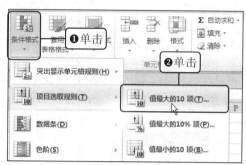

02 **设置值数和格式**
Step 弹出"10 个最大的项"对话框，利用数字微调按钮设置文本框中显示的数字为"3"，在"设置为"下拉列表中选择"浅红色填充深红色文本"选项，单击"确定"按钮。

03 **显示排名前三位的销售额数据所在的**
Step **单元格**

返回工作表后，可以看到排名前三位的销售额数据所对应的单元格都填充了浅红色，并且字体颜色变成了深红色。

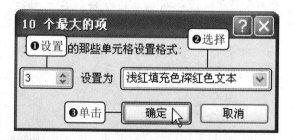

	A	B	C	D
1	月份	销售额		
2	一月	￥ 653,000.00		
3	二月	￥ 425,000.00		
4	三月	￥ 453,500.00		
5	四月	￥ 569,000.00		
6	五月	￥ 869,000.00	销售总额	￥6,497,720.00
7	六月	￥ 568,000.00	平均销售额	￥541,476.67
8	七月	￥ 436,000.00	销售额最大值	￥869,000.00
9	八月	￥ 521,000.00	销售额最小值	￥236,000.00
10	九月	￥ 601,000.00		
11	十月	￥ 765,200.00		
12	十一月	￥ 401,020.00		显示效果
13	十二月	￥ 236,000.00		

TIP **更换满足条件的单元格的填充色和字符颜色**

在利用项目选取规则突出显示满足条件的项目时，满足条件的单元格的填充色默认为浅红色，字符颜色默认为深红色。若对默认的颜色不满意，可以在"设置为"下拉列表中单击"自定义格式"选项，在弹出的"设置单元格格式"对话框中设置边框和填充属性。

3. 利用数据条标识

条件格式中的数据条格式可以明确显示出各单元格与其他单元格的对比情况，数据条的长短代表了单元格中数据的大小。数据条越长，表示值越大，数据条越短，表示值越小。下面介绍如何使用数据条来标识每月的销售额数据，操作步骤如下：

01 **选择数据条样式**
Step
打开随书光盘\实例文件\第 7 章\原始文件\销售额统计表.xlsx，选择 B2:B13 单元格区域，单击"条件格式"按钮，在展开的下拉列表中单击"数据条"选项，接着在展开的库中选择数据条样式，例如选择"浅蓝色数据条"样式。

02 **显示添加数据条的效果**
Step
此时所选择的单元格区域添加了数据条。其中，数据条越长，表示销售额越高，反之，数据条越短表示销售额越低。

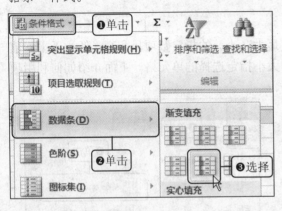

4. 利用图标集标识

用户也可以使用图标集对数据进行注释，并且可以按阈值将数据划分为 3～5 个类别，每一个图标代表一个数值范围。以"三向箭头（彩色）"图标集为例，其中绿色代表较高值，黄色代表中间值，红色代表较低值，下面介绍为月销售额数据所在的单元格区域添加图标集的操作步骤。

01 **单击"三向箭头（彩色）"图标**
Step
打开随书光盘\实例文件\第 7 章\原始文件\销售额统计表.xlsx，选择 B2:B13 单元格区域，在"样式"组中单击"条件格式"下三角按钮，在展开的下拉列表中单击"图标集"选项，接着在右侧展开的库中选择图表集样式，例如选择"方向"选项组中的"三向箭头（彩色）"样式。

02 **显示添加三向箭头后的效果**
Step
此时所选择的单元格区域添加了图标集，其中，标有绿色向上箭头的销售额为最高，标有黄色向右箭头的销售额为中等，标有红色向下箭头的销售额为最低。

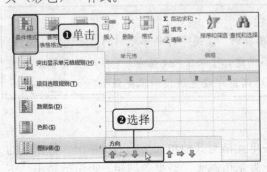

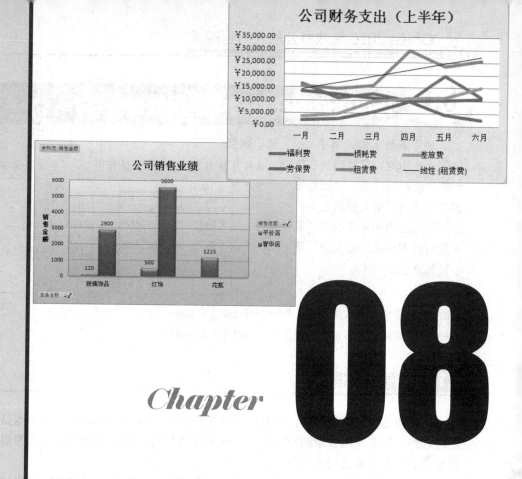

Chapter 08

数据的形象分析

本章知识点

- ★ 创建迷你图
- ★ 突出显示特殊点
- ★ 更换图表布局
- ★ 借助辅助线分析数据
- ★ 组合字段

- ★ 设置迷你图
- ★ 创建图表
- ★ 美化图表元素格式
- ★ 创建数据透视图
- ★ 可视化筛选数据

图表是 Excel 中比较重要的一种数据分析工具，具有直观、简洁、明了的特点。在实际工作中，仅仅依靠表格是不足以说明一切数据的，通过图表的形式来展现数据，具有很好的视觉效果，以方便用户查看数据的差异或预测趋势。

8.1 巧用迷你图在表格中呈现数据关系

迷你图是 Excel 2010 新增的一个功能，它是建立在单元格中的微型图表。通过迷你图不仅可以了解数据的走势，还可以通过添加特殊点来了解某段时间内数据的最大值、最小值等信息。

知识要点：

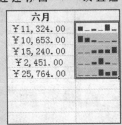

★ 创建迷你图　　★ 设置迷你图　　★ 突出显示特殊点

原始文件：实例文件\第 8 章\原始文件\公司财务支出.xlsx
最终文件：实例文件\第 8 章\最终文件\公司财务支出.xlsx

8.1.1 创建迷你图

迷你图是一种微型图表，具有以下 4 个特点：可以通过图形方式清晰地显示相邻数据的走向趋势；只会占用少量的空间；当数据发生变化时，图形也会进行相应的更改；方便用户快速查看基本数据之间的关系。

Excel 2010 中的迷你图包括折线图、柱形图和盈亏图三种，这里以创建柱形迷你图为例来介绍创建迷你图的操作步骤。

01 Step 创建迷你柱形图
打开随书光盘\实例文件\第 8 章\原始文件\公司财务支出.xlsx，切换至"插入"选项卡，在"迷你图"组中选择迷你图类型，例如选择"柱形图"。

02 Step 选择数据及位置范围
弹出"创建迷你图"对话框，设置创建迷你图所需的数据和迷你图的放置位置，然后单击"确定"按钮。

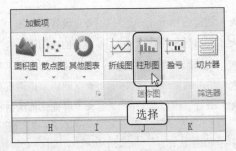

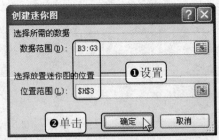

03 Step 显示创建的柱形迷你图
返回工作表，此时可以在 H3 单元格中看见创建的柱形迷你图。将指针移至 H3 单元格右下角，按住鼠标不放向下拖动至 H7 单元格处，在 H4:H7 单元格区域中分别创建柱形迷你图。

8.1.2 设置迷你图

设置迷你图主要包括更改迷你图的图表类型，设置图形样式、颜色属性等操作，下面通过更改柱形迷你图的图表类型和套用样式来介绍设置迷你图的操作方法。

01 Step 更改迷你图类型

切换至"迷你图工具-设计"选项卡下，在"类型"组中选择折线图或者盈亏图，例如选择"折线图"。

02 Step 选择迷你图样式

单击"样式"组中的快翻按钮，在展开的库中选择合适的迷你图样式，例如选择"强调文字颜色6，深度25%"样式。

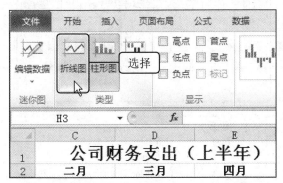

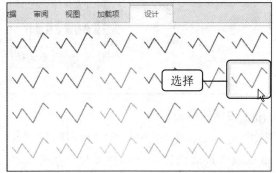

03 Step 设置迷你图颜色

返回工作表中，此时可在H3:H7单元格区域中看到更换迷你图类型以及套用迷你图样式后的显示效果，即迷你图由默认的柱形迷你图变成了套用样式后的折线迷你图。

8.1.3 突出显示特殊点

迷你图中的特殊点有高点、低点、首点、尾点、负点和标记6类，为迷你图添加这些特殊点，可以更好地标记数据的位置，让观看图表的人对数据有更直观的感觉。当然，为了区分这些点，还可以对其应用不同的颜色。

01 Step 设置显示特殊点

切换至"迷你图工具-设计"选项卡下，在"显示"组中设置要突出显示的特殊点，例如设置显示高点和标记，则勾选"高点"和"标记"复选框。

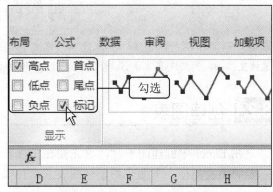

02 设置标记颜色
Step

在"样式"组中单击"标记颜色"下三角按钮，在展开的下拉列表中指向"标记"选项，并在右侧展开的列表中选择"橙色"作为折线迷你图标记的颜色。

03 设置高点颜色
Step

在"样式"组中再次单击"标记颜色"下三角按钮，在展开的下拉列表中指向"高点"选项，并在展开的面板中选择 "黑色"作为折线迷你图高点的颜色。

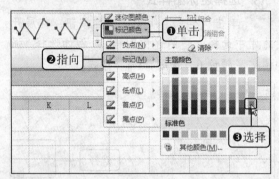

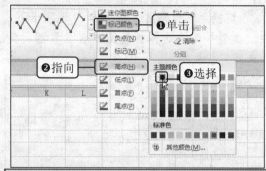

04 显示特殊点
Step

返回工作表，此时可以看到 H3:H7 单元格区域中折线迷你图中的标记均以橙色点标出，最高点以黑色点标出。

	E	F	G	H
1	上半年）			
2	四月	五月	六月	
3	¥9,862.00	¥19,864.00	¥11,324.00	
4	¥9,960.00	¥10,241.00	¥10,653.00	
5	¥10,869.00	¥11,089.00	¥15,240.00	
6	¥9,562.00	¥4,552.00	¥2,451.00	
7	¥29,684.00	¥23,586.00	¥25,764.00	
8				
9				显示效果
10				

8.2 借用图表直观展示数据关系

在 Excel 中，为了更加直观地展示各数据之间的关系，用户可以通过 Excel 2010 提供的图表来实现。在工作表中创建图表后，可以对图表进行布局设置和美化等操作，还可在图表中插入辅助线，用来进行数据分析。

知识要点：

★ 创建图表　　★ 更换图表布局　　★ 美化图表元素格式
★ 借用辅助线分析数据

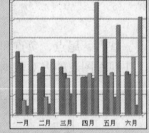

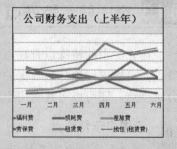

原始文件：实例文件\第 8 章\原始文件\公司上半年财务支出.xlsx
最终文件：实例文件\第 8 章\最终文件\公司上半年财务支出.xlsx

8.2.1 创建图表

在 Excel 中创建图表时，首先要在工作表中选中建立图表所需要的数据源，然后选择所需要的图表类型，下面介绍创建图表的具体操作。

01 Step 单击"图表"组对话框启动器

打开随书光盘\实例文件\第 8 章\原始文件\公司上半年财务支出.xlsx，选择 A2:G7 单元格区域，切换至"插入"选项卡下，单击"图表"组中的对话框启动器。

02 Step 选择三维簇状柱形图

弹出"插入图表"对话框，在左侧单击"柱形图"选项，在右侧的"柱形图"子集中选择柱形图类型，例如选择"三维簇状柱形图"，然后单击"确定"按钮。

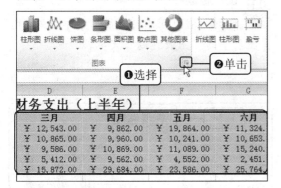

03 Step 显示创建的图表

返回工作表，此时可以看到创建的公司上半年财务支出的三维簇状柱形图。

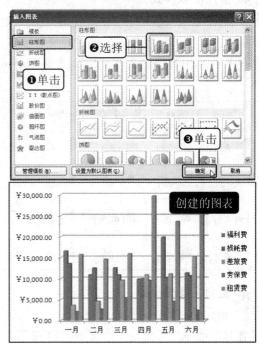

8.2.2 更换图表布局

图表布局是指图表及组成元素（图表标题、图例、坐标轴、数据系列等）的显示方式，如果插入图表时的默认布局不能满足制作要求，则可更换布局样式。

01 Step 单击快翻按钮

切换至"图表工具-设计"选项卡下，单击"图表布局"组中的快翻按钮，在展开的库中选择布局样式，如选择"布局 3"样式。

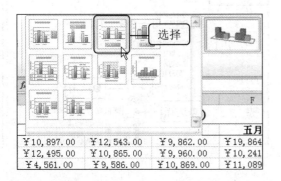

02 Step 显示更改图表布局后的效果

执行上一步操作后，可以在工作表中看到三维簇状柱形图在更改图表布局后的显示效果，即图表的顶部显示了图表标题，并且图例显示在图表的下方。

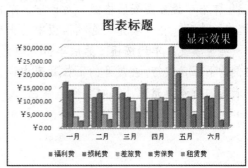

8.2.3 美化图表元素格式

在 Excel 中，默认创建的图表都是一个模式，为了让图表更符合设计需求，有时需要对图表中的图表样式、标题和图表区域等元素进行其他设置。

Step 01 应用图表样式

选中图表，切换至"图表工具-设计"选项卡下，单击"图表样式"组中的快翻按钮，在展开的库中选择图表样式，如选择"样式18"。

Step 02 设置标题

此时可看到应用样式后的显示效果，选择图表中的"图表标题"文本。

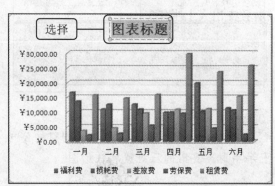

Step 03 重命名图表标题

输入"公司财务支出（上半年）"文本，设置其字体为"宋体"、字号为"18 号"。

Step 04 单击"形状样式"组中的对话框启动器

选中图表，在"图表工具-格式"选项卡下单击"形状样式"组中的对话框启动器。

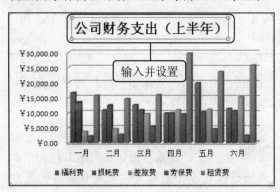

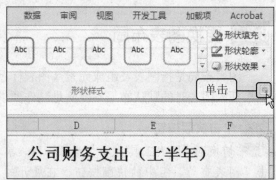

Step 05 设置图表区的背景填充色

弹出"设置图表区格式"对话框，单击"填充"选项，在"填充"选项面板中单击选中"纯色填充"单选按钮，然后单击"颜色"右侧的下三角按钮，在展开的下拉列表中设置图表区的背景填充色，例如选择"茶色"。

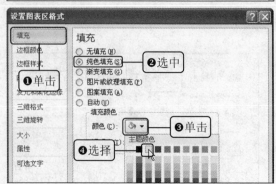

06 设置阴影
Step

单击"阴影"选项,在"阴影"选项面板中单击"预设"下三角按钮,在展开的库中选择"左下斜偏移"样式。

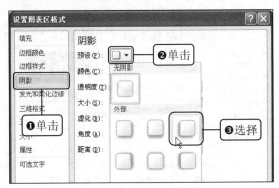

07 显示设置图表区后的效果
Step

单击"关闭"按钮返回工作表,此时可以看到美化图表元素格式后的显示效果。

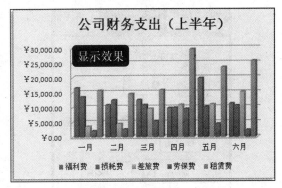

8.2.4 借助辅助线分析数据

在对图表进行数据分析时,可以借助辅助线来查看数据的变化趋势并预测未来的走向,常见的辅助线有趋势线、误差线、折线和涨/跌柱线。由于在柱形图中无法添加任何辅助线,因此需要更改图表类型,然后再添加辅助线以分析。在统计公司财务支出情况时,如果想要更直观地看出某项费用支出的态势是否上扬,则可以借助趋势线来进行分析。

01 更改图表类型
Step

选中图表后切换至"图表工具-设计"选项卡下,在"类型"组中单击"更改图表类型"按钮。

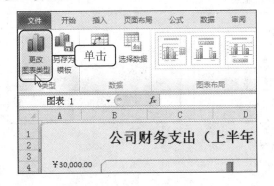

02 选择折线图
Step

弹出"更改图表类型"对话框,单击左侧的"折线图"选项,在"折线图"子集中选择折线图类型,例如选择"折线图"。

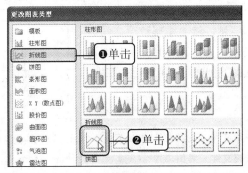

03 添加线性趋势线
Step

单击"确定"按钮返回工作表中,切换至"图表工具-布局"选项卡下,单击"分析"组中的"趋势线"下三角按钮,从展开的下拉列表中单击"线性趋势线"选项。

04 Step 选择基于的数据系列

弹出"添加趋势线"对话框,选择需要添加趋势线的系列,例如选择"租赁费"选项,并单击"确定"按钮。

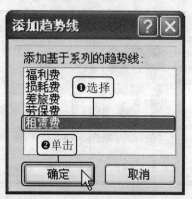

05 Step 显示添加的趋势线

执行上一步操作后,图表上添加了一条基于"租赁费"的趋势线,用于显示上半年租赁费的支出趋势。

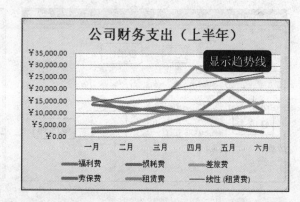

TIP 趋势线与误差线的应用范围

在各类图表中,只有柱形图、条形图、折线图、XY 散点图、面积图和气泡图等二维图表才能添加趋势线和误差线。

8.3 借助数据透视图动态观察数据关系

数据透视图是一种交互式图表,它不仅具有标准图表的所有特征,还能够通过筛选字段来动态查看不同字段下的数据信息,从而掌握数据之间的关系。下面具体介绍下数据透视图的创建、应用等相关知识。

知识要点:

★ 创建数据透视图   ★ 移动字段   ★ 设置数据透视图
★ 可视化筛选数据

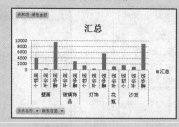

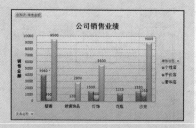

原始文件: 实例文件\第 8 章\原始文件\公司销售业绩表.xlsx

最终文件: 实例文件\第 8 章\最终文件\公司销售业绩表.xlsx

8.3.1 创建数据透视图

创建数据透视图有两种方法:第一种是根据工作表中的数据创建数据透视表,第二种是根据数据透视表创建数据透视图。在没有数据透视表的情况下,若利用数据透视表创建数据透视图,则需要首先创建数据透视表,这样会降低工作效率。因此,下面介绍根据工作表中的数据创建数据透视图的方法。

01 单击"数据透视图"选项
Step

打开随书光盘\实例文件\第 8 章\原始文件\公司销售业绩表.xlsx，切换至"插入"选项卡下，在"表格"组中单击"数据透视表"下三角按钮，在展开的下拉列表中单击"数据透视图"选项。

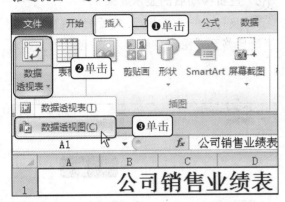

02 选择数据源
Step

弹出"创建数据透视表及数据透视图"对话框，设置要分析的数据所在的"表/区域"为"Sheet1!$A$2:$E$22"，单击选中"新工作表"单选按钮，然后单击"确定"按钮。

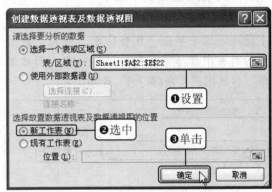

03 查看创建的数据透视图
Step

返回工作表，此时可看到创建的名为"图表 1"的数据透视图，由于没有添加任何字段，该图表的内容为空。

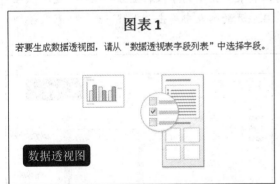

04 添加字段
Step

选中数据透视图，将会在工作表右侧显示"数据透视表字段列表"窗格。在"选择要添加到报表的字段"列表框中选择要添加的字段，例如勾选"货品名称"、"销售金额"和"销售店面"复选框。

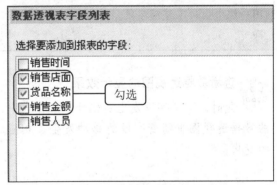

05 显示添加字段后的数据透视图
Step

执行上一步操作后，可以在工作表中看到添加"货品名称"、"销售金额"和"销售店面"字段后的数据透视图效果。

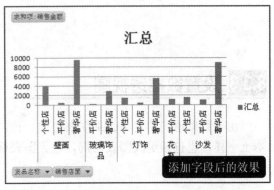

8.3.2 移动字段

在数据透视图中添加字段后，用户还可以随时对这些字段进行移动，来更改数据透视图的布局，以从不同角度对图表数据进行分析。可以在同一区域内将字段进行上、下移动，也可以将字段在分类、系列，甚至报表筛选中相互调换。

01 Step 将字段移至图例字段中

在"数据透视表字段列表"底部的"轴字段"区域中单击"销售店面"按钮，在展开的列表中选择移动到的目标位置，例如单击"移到图例字段(系列)"选项。

02 Step 查看移动后的显示效果

执行上一步操作后，可看到"销售店面"字段已移至"图例字段(系列)"区域中。

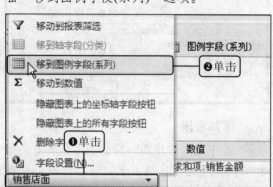

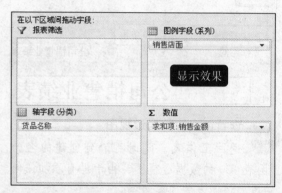

TIP　在同一组中上、下移动字段

在"数据透视表字段列表"窗格中除了可以将某一组中的字段移至另一组外，还可以在同一组中上、下移动字段。单击要移动的字段，在展开的列表中单击"上移"或"下移"按钮即可。

---

03 Step 查看数据透视图的显示效果

此时，除了字段发生变化外，工作表中的数据透视图也随着字段的移动发生了相应的变化。

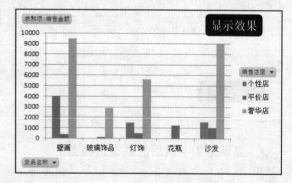

8.3.3 设置数据透视图

由于数据透视图是 Excel 图表中的一种，因此设置数据透视图与设置普通图表的操作基本上一样，也包括更改图表布局，设置图表标题、坐标轴标题、图例和数据标签，以及应用图表样式等。

01 Step 更换图表布局

选中数据透视图，切换至"数据透视图 -设计"选项卡下，单击"图表布局"组中的快翻按钮，从展开的库中选择"布局6"样式。

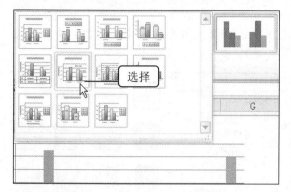

02 Step 设置居中覆盖标题

切换至"数据透视图-布局"选项卡下，单击"图表标题"下三角按钮，从展开的下拉列表中单击"居中覆盖标题"选项。

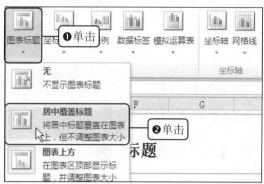

03 Step 设置纵坐标轴标题为竖排标题

单击"坐标轴标题"下三角按钮，从展开的下拉列表中指向"主要纵坐标轴标题"选项，接着在列表中单击"竖排标题"选项。

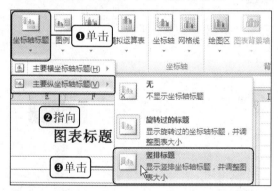

04 Step 设置在右侧显示图例

单击"图例"下三角按钮，从展开的下拉列表中选择图例的放置位置，例如单击"在右侧显示图例"选项。

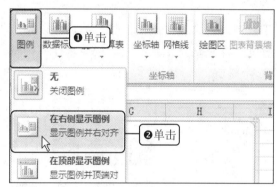

05 Step 设置数据标签的放置位置

单击"数据标签"下三角按钮，从展开的列表中设置数据透视图中数据标签的位置，例如单击"数据标签外"选项。

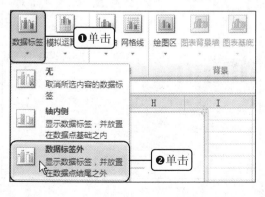

06 Step 重命名图表标题和坐标标题

在数据透视表中设置图表标题为"公司销售业绩"，设置纵坐标标题为"销售金额"。

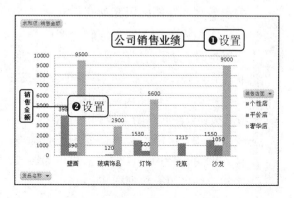

07 Step 套用图表样式

单击"图表样式"组中的快翻按钮，从展开的库中选择图表样式，例如选择"样式26"样式。

08 Step 为图表区套用形状样式

切换至"数据透视图工具-格式"选项卡下，在"当前所选内容"组的"图表元素"下拉列表中选择要添加填充色的图表元素，例如选择"图表区"，然后在"形状样式"库中选择填充的形状样式，例如选择"细微效果-蓝色，强调颜色1"样式。

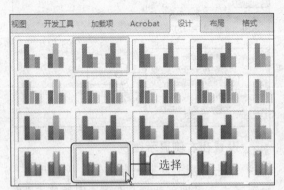

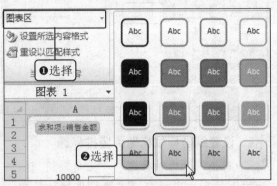

09 Step 为绘图区套用形状样式

在"当前所选内容"组中的"图表元素"下拉列表中选择"绘图区"，然后在"形状样式"库中选择形状样式，例如选择"细微效果-红色，强调颜色2"样式。

10 Step 查看设置后的显示效果

执行上一步操作后可在工作表看见设置后的数据透视图效果。

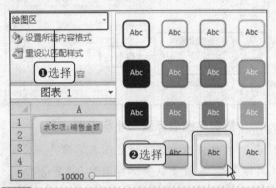

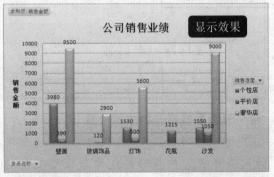

为图表区和绘图区填充渐变样式

在图表中设置图表区和绘图区的填充属性时，除了可以应用 Excel 内置的形状样式以外，还可以为其填充渐变样式。

单击"形状样式"组中的"形状填充"按钮，在展开的下拉列表中指向"渐变"选项，在右侧展开的库中选择渐变样式即可。使用相同的方法还可为图表区和绘图区填充纹理样式。

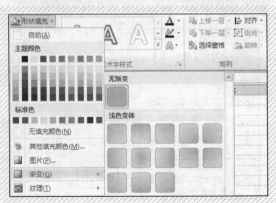

8.3.4 可视化筛选数据

与普通图表不同的是，在数据透视图中，用户还可以通过在图表中设置筛选条件来对数据进行可视化筛选。筛选后，图表中将只同步显示被筛选数据的图表表现形式。

01 Step 筛选销售店面

在数据透视图中单击"销售店面"字段，从展开的下拉列表中设置要在图表中显示的销售店面，例如勾选"平价店"和"奢华店"复选框，然后单击"确定"按钮。

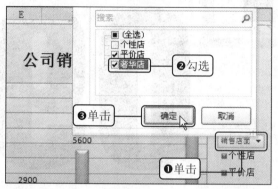

02 Step 筛选货品名称

在数据透视图中单击"货品名称"字段，从展开的下拉列表中设置要在图表中显示的货品名称，例如勾选"玻璃饰品"、"灯饰"和"花瓶"复选框，然后单击"确定"按钮。

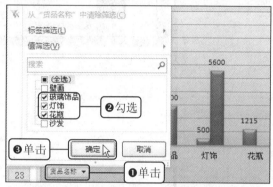

03 Step 显示筛选的效果图

执行上一步操作后，即可在数据透视图中看到筛选"销售店面"和"货品名称"后的显示效果。

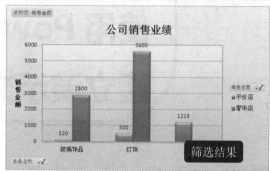

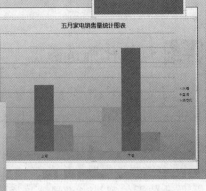

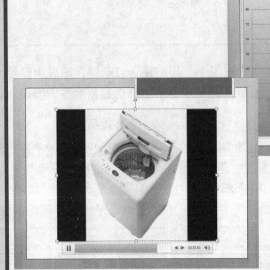

Chapter

09

使用 PowerPoint 快速
建立演示文稿

本章知识点

★ 新建与保存演示文稿　　　★ 新建幻灯片

★ 移动与复制幻灯片　　　　★ 更改文稿风格与主题

★ 添加幻灯片母版和版式　　★ 应用与设置主题

★ 设置母版格式　　　　　　★ 设计版式的布局

★ 添加图片与图形　　　　　★ 添加表格与图表

　　　演示文稿是由幻灯片组成的，主要通过制作幻灯片来创建一个良好的视觉效果，从而进行内容的展示。在演示文稿中不仅能进行图文编辑，还能插入音频、视频等对象，极大地丰富了内容的表现形式，人们常将其用于企业会议、课堂教学、产品展示等方面。本章介绍使用 PowerPoint 创建演示文稿的相关内容。

9.1 快速创建演示文稿

PowerPoint 创建的文件就是演示文稿，它由多张幻灯片组成。在创建演示文稿的过程中，用户可以随意新建、移动和复制这些幻灯片，除此之外，用户还可以使用 PowerPoint 2010 新增的节管理演示文稿中的幻灯片，以便有序地对它们进行组织。

知识要点：

★ 新建与保存演示文稿　　★ 新建幻灯片
★ 移动与复制幻灯片　　★ 使用节管理幻灯片

原始文件： 无

最终文件： 实例文件\第 9 章\最终文件\活力.pptx

9.1.1 新建与保存演示文稿

要学会如何应用 PowerPoint 2010 制作精美的幻灯片，首先要知道如何建立并保存演示文稿。新建演示文稿后，由于需要在其中添加幻灯片和插入文本、图片等对象，为了防止新建演示文稿中已编辑信息的丢失，还需要学会如何将演示文稿保存在计算机中。

1. 新建演示文稿

PowerPoint 2010 程序在启动后将自动新建空白演示文稿，而在实际工作中，往往会通过新建模板演示文稿来提高工作效率。下面介绍利用内置模板新建演示文稿的操作方法。

01 Step 新建演示文稿
启动 PowerPoint 2010 程序，打开其主界面窗口。单击"文件"按钮，在弹出的菜单中单击"新建"按钮，然后在"可用模板和主题"列表框中单击"主题"图标。

02 Step 选择样本模板
选择需要的模板样式主题，如选择"活力"主题，然后单击"创建"按钮。

03 Step 显示新建的演示文稿
此时可在窗口中看到以"活力"为主题创建的演示文稿，即文稿中的幻灯片自动应用了"活力"主题样式。

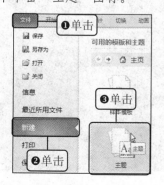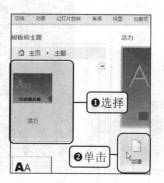

2. 保存演示文稿

新建的演示文稿不会直接保存在计算机中，它会随所在窗口的关闭而丢失。因此，为了避免丢失演示文稿中的重要信息，要在编辑之前将其保存到计算机的磁盘分区中。

01 Step 单击"保存"按钮

在要保存的演示文稿窗口中单击"文件"按钮，在弹出的菜单中单击"保存"按钮。

02 Step 设置保存路径及名称

弹出"另存为"对话框，在"保存位置"下拉列表中选择保存演示文稿的文件夹，在"文件名"文本框中输入文件名，这里输入"活力"，然后单击"保存"按钮。

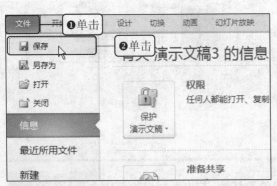

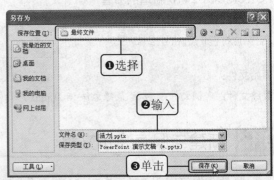

TIP 快速保存演示文稿

在编辑过程中，可以按【Ctrl+S】组合键，快速对当前演示文稿进行保存。如果是首次保存演示文稿，会弹出"另存为"对话框，要求用户设置保存路径及演示文稿的名称。

9.1.2 新建幻灯片

演示文稿的主要组成部分是幻灯片，因此在编辑演示文稿的过程中需要对幻灯片进行相关操作。其中，新建幻灯片是最基础的操作，其目的是增加演示文稿内幻灯片的数量。

01 Step 选择幻灯片样式

在"开始"选项卡下的"幻灯片"组中单击"新建幻灯片"按钮，在展开的库中选择幻灯片样式，例如选择"节标题"样式。

02 Step 查看新建幻灯片的显示效果

执行上一步操作后，可以看到演示文稿中新建了幻灯片，并且应用了所选择的幻灯片样式。

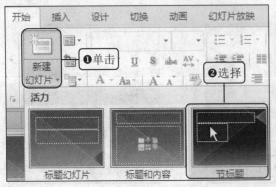

9.1.3 移动与复制幻灯片

移动和复制幻灯片也属于幻灯片的基础操作。移动幻灯片可以调整演示文稿内幻灯片的排列顺序，而复制幻灯片可以快速套用幻灯片格式和避免重复内容的反复输入。

1. 移动幻灯片

移动幻灯片就是调整幻灯片在演示文稿中的位置，即将选定的幻灯片从一个位置移至另一个位置。

01 Step 拖动幻灯片
在演示文稿窗口左侧的"幻灯片/大纲"窗格中的"幻灯片"选项卡下，选择需移动的幻灯片缩略图，按住鼠标左键不放向下拖动。

02 Step 显示移动幻灯片的效果
拖至目标位置后释放鼠标，此时可以看到上一步所选幻灯片的位置已经更改。

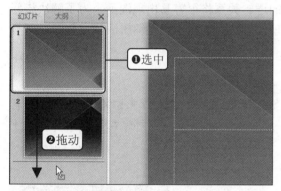

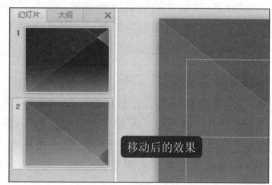

2. 复制幻灯片

复制幻灯片则是创建一个与所选幻灯片完全一样的幻灯片副本。与移动幻灯片的不同之处在于移动幻灯片后原位置的幻灯片将被移除，只在移动后的位置显示原幻灯片；而复制幻灯片则在原位置和复制到的位置显示一份原幻灯片的内容。

01 Step 复制选中的幻灯片
右击需要复制的幻灯片，在弹出的快捷菜单中单击"复制"命令。

02 Step 粘贴复制的幻灯片
选中第二张幻灯片，然后按【Ctrl+V】组合键，则第二张幻灯片后面显示了复制的幻灯片，并且序号为"3"。

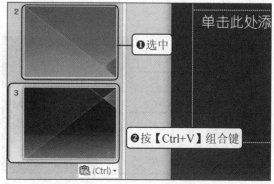

使用"复制幻灯片"命令复制幻灯片

　　复制幻灯片除了可以利用快捷菜单中的"复制"命令外，还可以利用"复制幻灯片"命令，利用"复制幻灯片"命令复制幻灯片后会自动将复制的幻灯片粘贴到当前幻灯片的下方，并紧挨着该幻灯片。右击要复制的幻灯片，在弹出的快捷菜单中单击"复制幻灯片"命令即可。

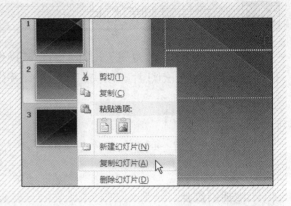

9.1.4 使用节管理幻灯片

　　当幻灯片包含的信息较繁杂时，幻灯片间的逻辑关系将很容易出现混乱。为了解决该问题，可将幻灯片组织为逻辑节，并使用节来管理幻灯片，这样用户在编辑演示文稿时，所能参考的框架结构就更加清晰了。

01 Step 单击"新增节"选项

　　选中需要插入节的幻灯片，例如选择第二张幻灯片，然后在"开始"选项卡下的"幻灯片"组中单击"节"下三角按钮，在展开的下拉列表中单击"新增节"选项。

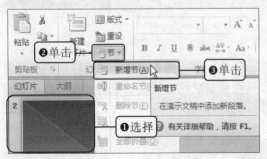

02 Step 查看新增的节

　　此时可以在第二张幻灯片上方看到新增的"无标题节"，同时在第一张幻灯片上方新增了"默认节"。

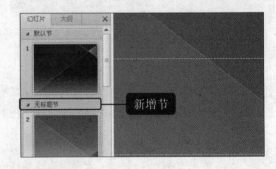

03 Step 重命名节名

　　右击"无标题节"选项，在弹出的快捷菜单中单击"重命名节"命令。

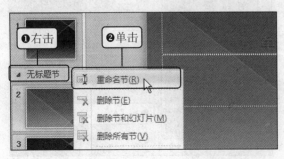

04 Step 设置节名称

　　弹出"重命名节"对话框，在"节名称"文本框中输入新的命名，例如输入"第二节"，再单击"重命名"按钮。

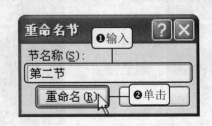

05 显示重命名后的效果
Step

返回演示文稿界面，此时可以看到第二张幻灯片上方显示了"第二节"，按照 Step3~4 的方法将第一张幻灯片上方的节重命名为"第一节"。

06 单击"幻灯片浏览"按钮
Step

切换至"视图"选项卡下，在"演示文稿视图"组中单击"幻灯片浏览"按钮。

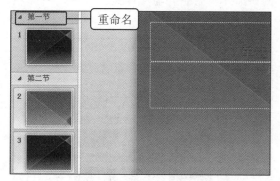

07 显示切换视图后的效果
Step

此时可在"幻灯片浏览"视图界面中看到分节显示的幻灯片，其中，第一节包含 1 张幻灯片，第二节包含两张幻灯片。

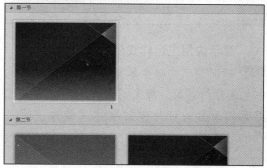

9.2 一次性更改演示文稿的风格与主题

通常，演示文稿中每张幻灯片的风格应与整个演示文稿的主题保持一致。为了简化操作，PowerPoint 为用户提供了幻灯片主题、母版和版式，利用它们可以一次性更改演示文稿的风格与主题，避免了对每张幻灯片进行重复、烦琐的设置操作。

知识要点：

★ 应用主题　★ 添加与设置幻灯片母版　★ 添加与设计版式

原始文件：实例文件\第 9 章\原始文件\公司年会节目安排.pptx、办公用品发放规定.pptx
最终文件：实例文件\第 9 章\最终文件\公司年会节目安排.pptx、办公用品发放规定.pptx

9.2.1 应用主题

主题是一组用相同设置的颜色、字体或图形等统一演示文稿外观的设计元素。PowerPoint

2010 中提供的内置主题样式精美且各具风格，用户可在其中挑选合适的样式，并应用于演示文稿中。下面通过应用"暗香扑鼻"主题来介绍应用内置主题样式的方法。

01 Step 单击"主题"组中的快翻按钮
打开随书光盘\实例文件\第 9 章\原始文件\公司年会节目安排.pptx，切换至"设计"选项卡下，单击"主题"组中的快翻按钮。

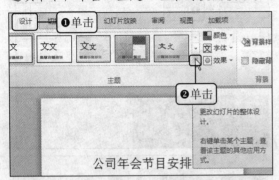

02 Step 选择"暗香扑面"主题样式
在展开的"主题"库中选择主题样式，例如选择"暗香扑面"样式。

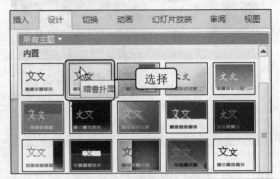

03 Step 显示应用主题样式后的效果
返回演示文稿主界面，可以看到应用选中主题后的效果，即幻灯片背景不仅填充了图案，而且幻灯片中的字体属性也发生了变化。

9.2.2 使用幻灯片母版

幻灯片母版是演示文稿模板中最常用的一种类型，主要用于存储有关演示文稿的主题和幻灯片版式信息。在一个演示文稿中可以添加多个幻灯片母版，而在每个幻灯片母版中可以添加多种不同的幻灯片版式。

1. 添加幻灯片母版

幻灯片母版存储了文本和对象在幻灯片上的放置位置、占位符的大小、文本样式、背景、颜色主题、效果和动画等信息。每个幻灯片母版都包含一个或多个版式集，因此，在演示文稿中添加幻灯片母版，可以使演示文稿拥有更多丰富的版式集以供选择。

01 Step 单击"幻灯片母版"按钮
打开随书光盘\实例文件\第 9 章\原始文件\办公用品发放规定.pptx，切换至"视图"选项卡下，在"母版视图"组中单击"幻灯片母版"按钮。

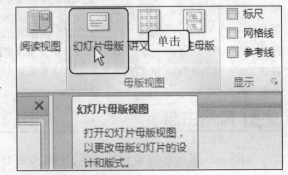

02 **显示幻灯片母版**
Step

切换至幻灯片母版视图界面, 在界面左侧
显示了母版所带的 11 个版式幻灯片的缩略图。

04 **显示插入母版的效果**
Step

此时可以看到, 在原来母版的最后一个
版式下方插入了新的母版。

03 **单击"插入幻灯片母版"按钮**
Step

在"幻灯片母版"选项卡下的"编辑母
版"组中单击"插入幻灯片母版"按钮。

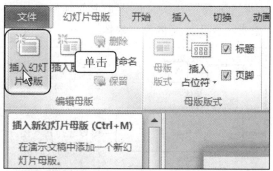

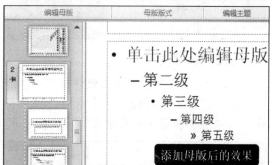

复制幻灯片母版

如果要添加与已存在的幻灯片母版
布局结构相似的幻灯片母版, 则可以利
用"复制幻灯片母版"命令来实现。

右击幻灯片母版中的第一张幻灯
片, 在弹出的快捷菜单中单击"复制幻
灯片母版"命令即可。

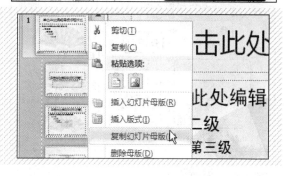

2. 设置母版格式

对幻灯片母版格式的更改将会统一应用在相同版式的幻灯片上, 所以在一次性更改相同
格式的项目符号、背景样式等内容时, 直接设置母版格式不失为一种快捷的方法。

01 **应用"波形"主题样式**
Step

进入幻灯片母版视图界面, 选中第一张
幻灯片缩略图, 单击"主题"下三角按钮,
在展开的库中选择主题样式, 例如选择"波
形"样式。

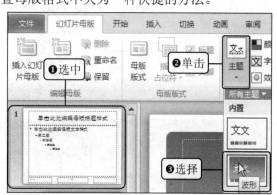

02 Step 更换幻灯片母版的主题字体

单击"编辑主题"组中的"字体"下三角按钮，从展开的库中选择主题字体，例如选择"流畅"样式，该样式中的标题字体为"隶书"、正文字体为"宋体"。

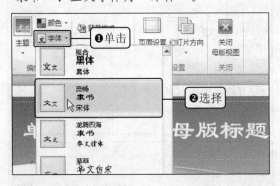

03 Step 应用背景样式

在"背景"组中单击"背景样式"下三角按钮，从展开的库中选择背景样式，例如选择"样式6"。

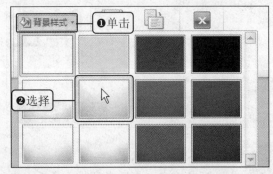

04 Step 更换项目符号

在幻灯片中拖动鼠标选中样式文本，然后右击，在弹出的快捷菜单中指向"项目符号"，接着在弹出的子菜单中选择项目符号➤。

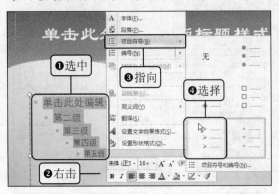

05 Step 查看更换项目符号后的显示效果

执行上一步操作后，母版幻灯片中各级标题对应的项目符号发生了变化，由以前的※变成了➤。

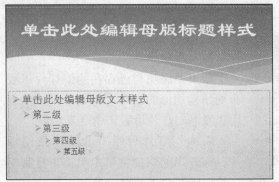

06 Step 关闭母版视图

在"关闭"组中单击"关闭母版视图"按钮。

07 Step 查看设置模板格式后的效果

返回普通视图界面，此时可看到幻灯片中的背景发生了变化，标题字体变成了"隶书"，正文字体变成了"宋体"。

3. 添加与设计版式

幻灯片版式是 PowerPoint 中的一种常规排版格式，通过应用幻灯片版式可以对文字、图片等进行更加合理简洁的编排完成布局。在幻灯片母版视图中，用户可以根据自己的需要添加与设计的幻灯片版式，然后在新建幻灯片时应用这些版式。

（1）添加版式

在 PowerPoint 2010 中，演示文稿自带的幻灯片母版包含了 11 个版式。如果要保留原有的母版版式并重新自定义新的版式，则可以在母版中通过添加版式来实现。

01 **插入版式**
Step 进入幻灯片母版视图界面，选中第一张幻灯片，单击"编辑母版"组中的"插入版式"按钮。

02 **显示插入版式的效果**
Step 此时可看到，在所选择的幻灯片母版的最后显示了一个新添加的版式。

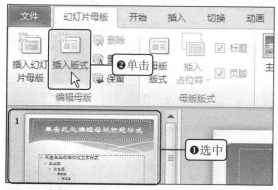

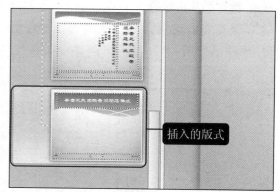

（2）设计版式

在添加版式后，为了设计出更符合实际需要的版式，用户还需要自行添加基于文本和对象的占位符，例如内容、文本、图表或剪贴画，并设置占位符的位置。

01 **插入"文本"占位符**
Step 自动选中插入的幻灯片版式，在"母版版式"组中单击"插入占位符"下三角按钮，从展开的下拉列表中选择占位符类型，例如选择"文本"占位符。

02 **绘制文本占位符**
Step 当指针呈十字形状时，将其移动至幻灯片中，按住鼠标不放并拖动，绘制文本占位符，然后拖动至合适位置释放鼠标。

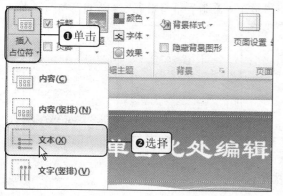

03 **Step** 查看绘制的文本占位符

此时可看见绘制的文本占位符，可以从该文本占位符中看到当前幻灯片中各级标题的样式。

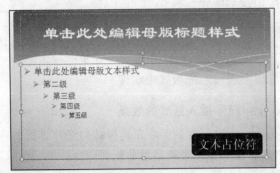

04 **Step** 插入"图片"占位符

再次单击"插入占位符"下三角按钮，从展开的下拉列表中选择占位符类型，例如选择"图片"占位符。

05 **Step** 绘制图片占位符

使用 Step03 的方法在幻灯片底部绘制两个图片占位符。

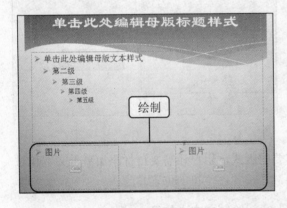

06 **Step** 查看自定义的幻灯片版式

单击"关闭"组中的"关闭母版视图"按钮保存退出，进入普通视图界面，在"版式"样式库中，看到自定义的幻灯片版式。

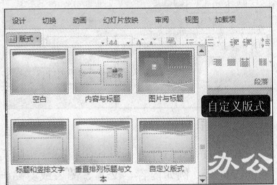

9.3 添加演示文稿内容

要使制作的演示文稿内容丰富多彩，可以在其中添加图片、形状、SmartArt 图形、表格、图表等对象，还可以添加音频、视频，使演示文稿达到绘声绘色的效果。

知识要点：

★ 添加图片与图形

★ 添加表格与图表

★ 添加音频与视频

原始文件：无

最终文件：实例文件\第 9 章\最终文件\五月家电销售统计.pptx

9.3.1 添加文本内容

默认情况下，在幻灯片中添加文本内容只需单击文本占位符直接输入即可。若是另外新建的空白幻灯片，要添加文本则需要另行插入文本框，文本框可放置在幻灯片的任意位置。

Step 01 新建空白幻灯片

创建以"奥斯汀"主题为模板的演示文稿，单击"新建幻灯片"下三角按钮，从展开的库中选择幻灯片，例如选择"空白"。

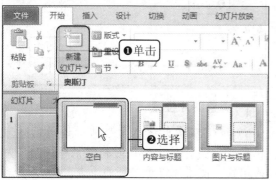

Step 02 选择插入横排文本框

删除第一张幻灯片，切换至"插入"选项卡下，单击"文本框"按钮，在展开的下拉列表中单击"横排文本框"选项。

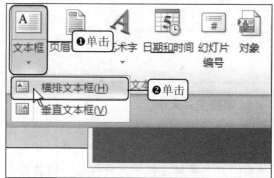

Step 03 绘制文本框

此时鼠标指针变为十字形状，按住鼠标左键不放，在幻灯片中拖动绘制文本框，绘制完成后释放鼠标。

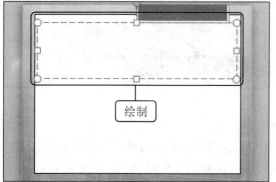

Step 04 显示添加文本内容的效果

在绘制的文本框内输入文本，例如输入"五月家电销售统计"，此时可以看到幻灯片中显示出添加的文本。

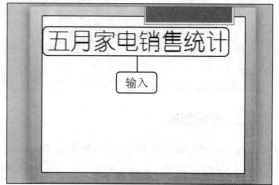

9.3.2 添加图片与图形

为了让制作的幻灯片更加精美，更加引人注意，可以尝试在幻灯片中插入精美的图片和 PowerPoint 内置的形状和 SmartArt 图形。

1. 添加图片

网络中拥有数不胜数的精美图片，用户可将这些精美图片保存在计算机中，然后选择合适的图片应用在自己的幻灯片中。在插入图片后，还可以对图片的大小、位置、样式等进行调整。

01 Step 单击"图片"按钮

切换至"插入"选项卡下,在"图像"组中单击"图片"按钮。

02 Step 选择图片

弹出"插入图片"对话框,在"查找范围"下拉列表中选择保存图片的文件夹,然后选择需要的图片,单击"插入"按钮。

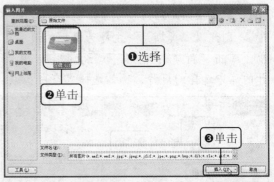

03 Step 调整图片大小

此时可看到插入的图片,将指针移至图片的对角控制点上,当指针变成双向箭头形状时,按住鼠标左键不放并拖动,调整图片至合适大小。

04 Step 调整图片位置

将指针移至插入图片所在区域的任意位置,当指针呈 形状时拖动鼠标调整图片的位置,使图片位于文字的下方。

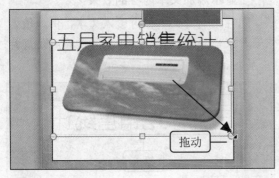

添加图片后的幻灯片

2. 添加图形

在演示文稿中经常使用图形来直观展示某些信息,常用的是自选图形,除此以外,还有具有专业级水准的SmartArt图形。下面介绍在幻灯片中添加自选图形和SmartArt图形的方法。

01 Step 选择圆角矩形

在"插入"选项卡下的"插图"组中单击"形状"按钮,在展开的下拉列表中选择要插入的自选图形,例如选择"圆角矩形"。

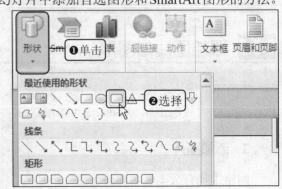

02 Step 绘制圆角矩形

　　按住鼠标不放，在幻灯片中拖动鼠标绘制圆角矩形，在目标位置处释放鼠标。

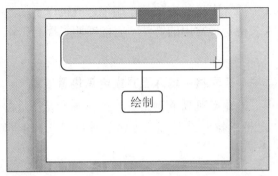

03 Step 单击"编辑文字"命令

　　右击绘制的圆角矩形，在弹出的快捷菜单中单击"编辑文字"命令。

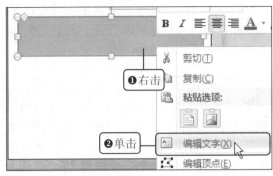

04 Step 输入文本

　　在圆角矩形中的光标插入点处输入文本，例如输入"家电销售种类"。

05 Step 单击 SmartArt 按钮

　　在幻灯片中插入 SmartArt 图形，在"插图"组中单击"SmartArt"按钮。

06 Step 选择"垂直框列表"样式

　　弹出"选择 SmartArt 图形"对话框，单击左侧的"列表"选项，在右侧的"列表"子集中选择 SmartArt 图形样式，例如选择"垂直框列表"。

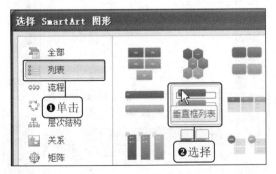

07 Step 在 SmartArt 图形中输入文本

　　单击"确定"按钮回到演示文稿主界面，在创建的 SmartArt 图形文本框中依次输入"冰箱"、"空调"和"洗衣机"，此时可以看到完成的 SmartArt 图形效果。

9.3.3 添加表格与图表

　　要想在幻灯片中简明直观地展示数据信息，可以通过在幻灯片中添加表格和图表来实现。插入的表格和图表除用于展示数据信息以外，还可以对这些数据进行对比和分析。

1. 添加表格

在 PowerPoint 中添加表格的方法与在 Word 中插入表格的方法基本相似，既可以手动绘制表格，也可以快速插入表格。其中，快速插入表格是最常用的方法，它能够明显提高工作效率，下面介绍快速插入表格的方法。

01 Step 快速插入表格

切换至"插入"选项卡下，在"表格"组中单击"表格"按钮，在展开的下拉列表中将指针移动到表格快速模板，在合适的表格尺寸位置处单击。

02 Step 在表格中输入五月家电销售量信息

此时可以看到幻灯片中插入了表格，在表格中输入五月份家电销售量的相关文本和数据。

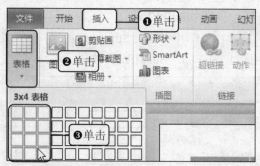

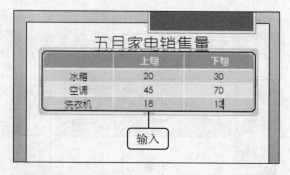

03 Step 应用表格样式

切换至"表格工具-设计"选项卡下，单击"表格样式"组中的快翻按钮，在展开的下拉列表中选择合适的样式，例如选择"中度样式 3-强调 1"样式。

04 Step 调整表格大小

将指针移至表格对角点上，当指针变成双向箭头形状时，按住鼠标不放并拖动，调整表格至合适的大小，并移至合适的位置。

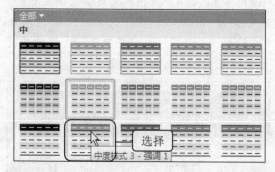

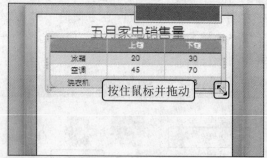

05 Step 查看调整后的表格

此时可以看到幻灯片中的表格应用了所选择的样式，并且大小和位置均发生了明显的变化。

> **TIP** **微调幻灯片中表格的位置**
> 在幻灯片中可使用鼠标随意拖动表格的位置，但位置的调动幅度较大，如果需要微调表格的位置，可以在选中幻灯片中的表格后通过键盘上的方向键进行调整。

06 Step 设置表格中文本对齐方式

选中表格，切换至"表格工具-布局"选项卡下，在"对齐方式"组中单击"垂直居中"按钮。

07 Step 显示设置对齐方式后的效果图

此时，可以看到表格中的文本更改为以"垂直居中"的方式进行显示。

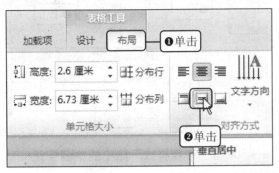

2. 添加图表

在幻灯片中添加图表需要用到 Excel 组件，选好图表类型后，在关联数据表中输入图表的数据源即可创建对应的图表。在创建图表后，还可根据幻灯片的背景来设置图表样式。

01 Step 单击"图表"按钮

切换至"插入"选项卡下，在"插图"组中单击"图表"按钮。

02 Step 选择图表样式

在弹出的"插入图表"对话框中单击左侧"柱形图"选项，在右侧子集中选择柱形图，例如选择"簇状柱形图"。

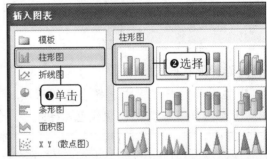

03 Step 输入图表数据

单击"确定"按钮弹出 Excel 窗口，在工作表中依次输入五月份家电销售量的数据信息。

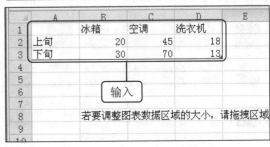

04 查看创建的图表
Step
返回演示文稿主界面，可以看到创建的图表，即图例位于图表右侧，包含了"冰箱"、"空调"和"洗衣机"三个图例项。

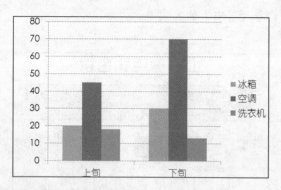

05 为图表插入标题
Step
选中图表，切换至"图表工具-布局"选项卡下，在"标签"组中单击"图表标题"按钮，在展开的下拉列表中设置图表标题的位置，例如单击"图表上方"选项，设置图表标题位于图表上方。

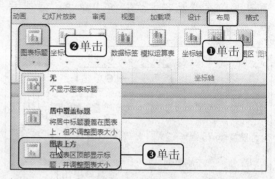

06 输入图表标题
Step
此时可以看到图表上方出现了一个文本框，在其中输入图表标题，例如输入"五月家电销售量统计图表"。

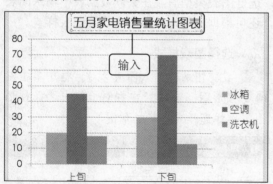

07 单击"形状样式"组中的快翻按钮
Step
选中图表，切换至"图表工具-格式"选项卡下，单击"形状样式"组中的快翻按钮。

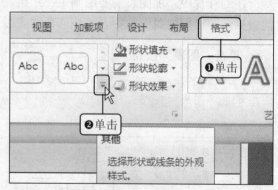

08 选择形状样式
Step
在展开的样式库中选择合适的形状样式，例如选择"细微效果-橄榄色"样式。

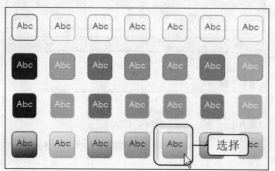

09 显示图表应用样式后的效果
Step
此时可以看到图表应用了背景样式后的效果。

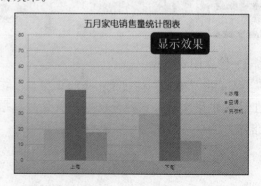

9.3.4 添加音频与视频

演示文稿提供了添加音频与视频文件的功能，用户在幻灯片中添加这些文件后，即可使幻灯片在播放时绘声绘色，更具感染力。

1. 添加音频

用户可以将计算机中保存的音频文件添加到幻灯片中，由于插入的音频文件可能过大，因此需要用户根据幻灯片的播放时间进行手动剪辑，剪辑后还可以将幻灯片中显示的扬声器图标设置为放映时隐藏。

01 Step 单击"音频"按钮

切换至"插入"选项卡下，在"媒体"组中单击"音频"按钮。

02 Step 选择音频文件

弹出"插入音频"对话框，在"查找范围"下拉列表中选择存有音频的文件夹，然后选中需要的音频文件，单击"插入"按钮。

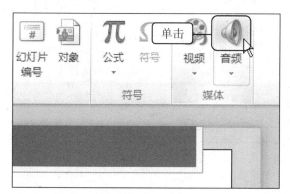

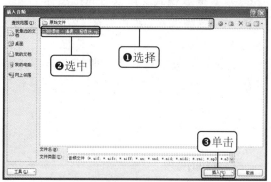

03 Step 显示插入音频的效果

此时可以在幻灯片中看到插入音频文件后所显示的扬声器图标和播放条。

04 Step 单击"剪裁音频"按钮

切换至"音频工具-播放"选项卡下，单击"编辑"组中的"剪裁音频"按钮。

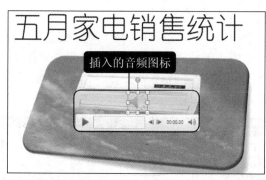

插入的音频图标

05 Step 剪裁音频

弹出"剪裁音频"对话框，拖动音频开始和结束时间控制手柄至合适的位置，单击"确定"按钮。

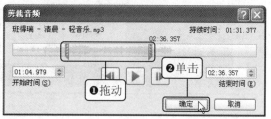

06 设置音频开始播放的方式
Step

单击"音频选项"组中"开始"右侧的下三角按钮，在展开的下拉列表中设置音频开始播放的方式，例如选择"自动"选项。

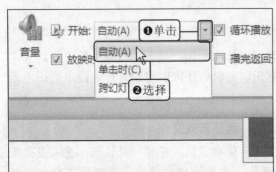

07 设置播放音量
Step

单击"音频选项"组中的"音量"按钮，在展开的下拉列表中设置播放音量，例如选择"低"选项。

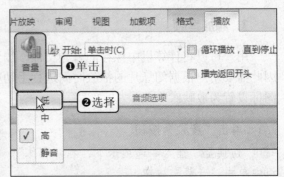

08 设置播放模式及播放时隐藏图标
Step

在"音频选项"组中勾选"放映时隐藏"和"循环播放，直到停止"复选框，按照上述方式设置后放映幻灯片，即可自动播放插入的音频文件。

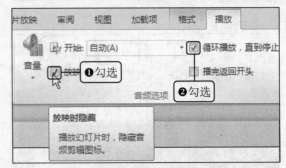

2. 添加视频

除了可以在幻灯片中添加音频文件以外，还可以在幻灯片中添加视频文件。在添加视频时，既可以添加计算机中保存的文件视频，也可以添加剪贴画视频，或者添加来自网站的视频。在将视频文件添加到幻灯片中后，还可以对文件进行剪裁、播放模式及格式设置等操作。

01 单击"视频"按钮
Step

切换至"插入"选项卡下，在"媒体"组中单击"视频"下三角按钮，在展开的下拉列表中添加视频文件，例如单击"文件中的视频"选项。

02 选择视频文件
Step

弹出"插入视频文件"对话框，在"查找范围"下拉列表中选择存有视频的文件夹，然后选中需要的视频文件，单击"插入"按钮。

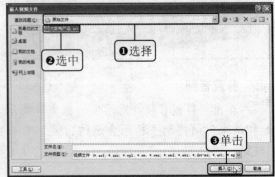

03 Step 显示插入视频后的效果图

执行上一步操作后，可以在幻灯片中看到插入的视频，并且在下方显示了视频播放条。

04 Step 设置视频样式

切换至"视频工具-格式"选项卡下，单击"视频样式"组中的快翻按钮，在展开的库中选择"发光矩形"样式。

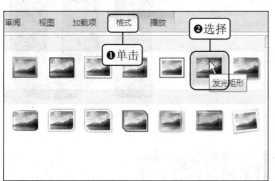

05 Step 显示设置视频格式后的效果

此时可以看到幻灯片中插入的视频显示出应用了"发光矩形"样式后的效果。

06 Step 设置视频淡入淡出时间

切换至"视频工具-播放"选项卡下，在"编辑"组中利用数字微调按钮调整"淡入"、"淡出"的时间。

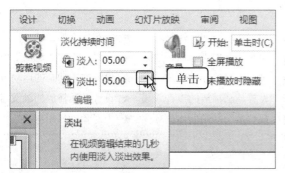

07 Step 显示设置淡入淡出后的效果

设置完毕后在幻灯片中单击"播放"按钮播放视频，可以看到所应用的淡入淡出效果。

办公用品使用的核对

☑ 1、核对用品领用传票与用品台账
☑ 2、核对用品申请书与实际使用情况
☑ 3、核对用品领用台账与实际用品台账
☑ 4、核对收支传票与用品实物台账
☑ 5、核对支付传票与送货单据

环境卫生管理制度

Chapter

10

增加演示文稿的活力

本章知识点

★ 为幻灯片添加转换效果　　★ 为对象添加"进入"动画
★ 为对象添加"强调"效果　　★ 为对象添加"退出"效果
★ 设置动画的计时选项　　　★ 设置文本动画的运动方式
★ 设置动画播放的声音效果　★ 设置动画播放的触发器
★ 调整多个动画的播放顺序　★ 为对象添加超链接

　　制作演示文稿的目的在于生动形象地展示制作者的思维及想要传达的信息，以达到预期目的。一份优秀的演示文稿不仅仅是将想要传达的信息放置在其中，还需要对文稿的内容增添一些效果，使其在放映中流畅且充满活力，例如为文稿添加动画效果、设置幻灯片转换效果等。

10.1 为幻灯片添加转换效果

在展示演示文稿时，需要进行幻灯片切换操作。为幻灯片添加转换效果，可以使幻灯片之间的过渡衔接得更加自然，避免突兀，从而增强演示文稿的感染力，有助于展示者的内容表达。

知识要点：

★添加切换效果　★设置切换的声音、换片方式

原始文件：实例文件\第 10 章\原始文件\公章使用办法.pptx
最终文件：实例文件\第 10 章\最终文件\公章使用办法.pptx

10.1.1 为幻灯片添加切换效果

幻灯片切换效果是在演示期间从一张幻灯片移到下一张幻灯片时在"幻灯片放映"视图中出现的动画效果。PowerPoint 2010 为用户提供了多种幻灯片切换效果，在添加转换效果时，用户需要根据不同的幻灯片背景和内容等来选择。

01 Step 选择幻灯片

打开随书光盘\实例文件\第 10 章\原始文件\公章使用办法.pptx，选择需要添加切换效果的幻灯片。

02 Step 选择切换效果

切换至"切换"选项卡下，单击"切换到此幻灯片"组中的快翻按钮，在展开的库中选择切换效果样式，例如选择"涟漪"。

03 Step 显示幻灯片切换效果

选中后可在下方的幻灯片中预览所添加的"涟漪"切换效果。

高效实用技巧

取消幻灯片切换效果

如果需要取消幻灯片之间的切换效果，可以通过设置切换效果为"无"来实现。

切换至"切换"选项卡下，单击"切换到此幻灯片"组中的快翻按钮，在展开的样式库中选择"无"样式即可。

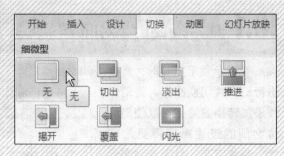

10.1.2 设置幻灯片切换的声音、换片方式

添加幻灯片切换效果后，用户还可以自由控制切换效果的速度、添加切换声音以及设置切换方式，PowerPoint 提供了爆炸、抽气、捶打等声音效果，而切换方式也有单击鼠标切换和自动切换两种方式可以选择。

01 Step 添加声音效果

在"切换"选项卡下的"计时"组中单击"声音"右侧的下三角按钮，在展开的下拉列表中选择声音效果，例如选择"风铃"。

02 Step 设置换片方式

在"计时"组中设置换片方式，勾选"设置自动换片时间"复选框，并利用右侧的数字微调按钮设置自动换片的时间，按【Shift+F5】组合键即可体验所设置的切换声音效果和换片方式。

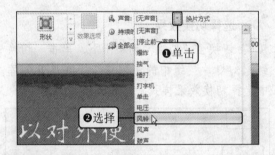

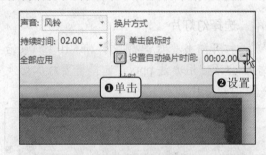

10.2 为幻灯片中的对象添加动画

在幻灯片内可以为某些文本、图片等对象添加动画效果，PowerPoint 提供了多种"进入"、"强调"、"退出"及自定义动作路径等动画效果，将这些效果添加到幻灯片中可以使画面更具流动性。

知识要点：

★添加"进入"动画　★添加"强调"动画　★添加"退出"动画　★添加"动作路径"动画

原始文件： 实例文件\第 10 章\原始文件\事业部定义.pptx

最终文件： 实例文件\第 10 章\最终文件\事业部定义.pptx

10.2.1 为对象添加"进入"动画

"进入"动画效果是指幻灯片中指定的内容在进入幻灯片时所使用的动画效果形式，包括"出现"、"淡出"等效果，下面介绍为对象添加"进入"动画效果的操作。

Step 01 选择"进入"动画样式

打开随书光盘\实例文件\第 10 章\原始文件\事业部定义.pptx，选中标题，切换至"动画"选项卡下，单击"高级动画"组中的"添加动画"按钮，在展开的库中选择"进入"组中的动画样式，例如选择"形状"。

Step 02 显示添加"进入"动画后的效果

此时，可以在幻灯片中预览标题应用"形状"动画后的显示效果。

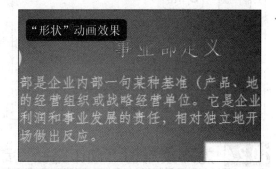

10.2.2 为对象添加"强调"动画

在幻灯片中添加"强调"动画，可以突出显示目标内容。"强调"动画效果通常添加在幻灯片的主要内容上，以引人注意。

Step 01 选择"强调"动画样式

选中幻灯片正文，单击"高级动画"组中的"添加动画"按钮，在展开的库中选择"强调"组中的动画样式，例如选择"下画线"。

Step 02 显示添加强调动画后的效果

此时可以在幻灯片中预览正文部分应用了"下画线"动画后的显示效果。

> **TIP** 选择更多动画效果
>
> 在选择动画样式时，除了列表中的动画效果外还可以选择更多更丰富的效果。单击"添加动画"按钮后，在展开的下拉列表下方可以看到三个选项："更多进入效果"、"更多强调效果"、"更多退出效果"，单击这些选项可以在弹出的对话框中选择更多的动画效果。

10.2.3 为对象添加"退出"动画

"退出"动画是指当幻灯片中的文本、图片等对象退出时所显示的动画效果，PowerPoint
提供了多种"退出"效果，下面通过添加"轮子"动画为例来介绍添加"退出"动画的操作。

01 Step 选择"退出"动画样式
选中幻灯片中插入的图片，单击"高级
动画"组中的"添加动画"按钮，在展开的库
中选择"退出"动画样式，例如选择"轮子"。

02 Step 显示添加退出动画后的效果
此时，可以在幻灯片中预览插入的图片
应用了"轮子"动画后的显示效果。

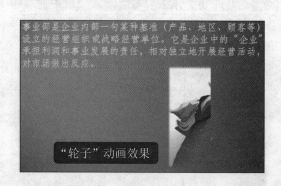

"轮子"动画效果

10.2.4 为对象添加"动作路径"动画

除了可以为幻灯片中的对象添加进入、强调、退出等动画效果外，用户还能在幻灯片中
添加自定义动作路径动画，让幻灯片中的对象按用户设置的路线移动。

01 Step 单击"其他动作路径"选项
选中幻灯片中的剪贴画为对象，单击
"高级动画"组中"添加动画"按钮，在展开
的下拉列表中单击"其他动作路径"选项。

02 Step 选择路径样式
在弹出的"添加动作路径"对话框中选
择动作路径，例如选择"飘扬形"。

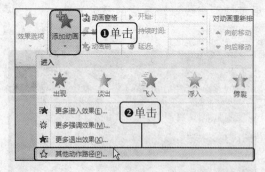

03 Step 显示幻灯片添加动作路径动画的效果
单击"确定"按钮返回演示文稿主界面，
此时可以看见，幻灯片中插入的剪贴画显示
出"飘扬形"动画效果的轨迹。

"动作路径"动画效果

TIP 删除动画效果

　　如果对添加的动画效果不满意或不再需要幻灯片中的动画效果，可以将其删除。删除方法与幻灯片转换效果的删除方法类似，在动画的样式库中选择"无"样式即可删除动画效果。

10.3 设置动画效果的播放规则

　　如果在幻灯片中设置了多个动画效果，那么为了使这些动画效果能够更好地按照"规定"播放，需要设置这些动画效果的播放"规则"。例如设置动画效果的播放顺序、时间、速度等。

知识要点：

★ 设置动画的计时选项　　★ 设置动画的运动方式
★ 设置动画播放的触发器　　★ 调整多个动画播放顺序

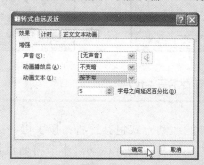 

原始文件： 实例文件\第 10 章\原始文件\办公用品使用的核对.pptx
最终文件： 实例文件\第 10 章\最终文件\办公用品使用的核对.pptx

10.3.1 设置动画的计时选项

　　设置动画的计时选项包括设置动画的开始计时时间以及动画的播放速度等，设置动画的开始计时时间是指选择开始播放动画的时间，而设置动画的播放速度是指调整整个动画播放的快慢程度，下面介绍设置动画开始时间以及播放速度的具体操作。

01 Step　选择动画开始时间

打开随书光盘\实例文件\第 10 章\原始文件\办公用品使用的核对.pptx，选中标题，切换至"动画"选项卡下，单击"高级动画"组中的"动画窗格"按钮。

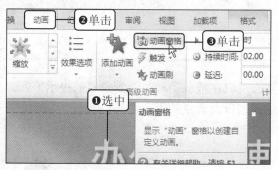

02 Step　单击"效果选项"命令

弹出"动画窗格"任务窗格，在列表框中右击幻灯片标题所对应的选项，例如右击"标题 3"选项，在弹出的快捷菜单中单击"效果选项"命令。

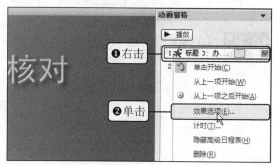

03 Step 设置计时选项

弹出以相应动画效果命名的对话框，切换至"计时"选项卡下，保持动画开始计时时间的默认设置为"单击时"，设置播放速度为"中速（2秒）"，单击"确定"按钮。

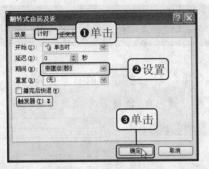

04 Step 显示设置计时选项后的效果

进入幻灯片放映视图，单击视图任意位置，可以看见动画开始播放。在播放的过程中，可通过单击幻灯片任意位置来查看设置后的效果。

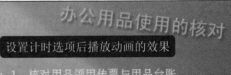

设置计时选项后播放动画的效果

1、核对用品领用传票与用品台账
2、核对用品申请书与实际使用情况
3、核对用品领用台账与实际用品台账
4、核对收支传票与用品实物台账
5、核对支付传票与送货单据

10.3.2 设置文本动画的运动方式

在幻灯片中，文本动画的运动方式包括三种：按字母、按字/词和整批发送，即设置选中文本以字符、词语、整段为运动单位进行运动。本节将通过设置"按字母"运动方式来介绍设置文本动画的具体操作。

01 Step 设置动画文本运动方式

打开某动画效果设置相应的对话框，如打开标题对应的动画效果设置对话框。在"动画文本"下拉列表中设置动画文本的运动方式，如设置为"按字母"，单击"确定"按钮。

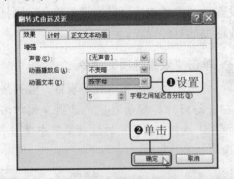

02 Step 显示设置动画运动方式后的效果

返回演示文稿主界面，可以看到设置的标题文本按照字母方式进入的效果。

设置文本动画运动方式后的效果

1、核对用品领用传票与用品台账
2、核对用品申请书与实际使用情况
3、核对用品领用台账与实际用品台账
4、核对收支传票与用品实物台账
5、核对支付传票与送货单据

10.3.3 设置动画播放的声音效果

如果在幻灯片中为动画设置了声音效果，那么可以在播放动画时听到设置的提示声音。在设置动画播放的声音效果时，可以选择声音的类型以及音量的大小。

01 **Step** 单击"效果选项"命令

打开"动画窗格"任务窗格，在列表框中右击"标题3"选项，在弹出的快捷菜单中单击"效果选项"命令。

02 **Step** 设置声音类型及音量

弹出以相应动画效果命名的对话框，设置声音类型为"打字机"，并单击右侧的"音量"按钮，在展开的下拉列表中拖动滑块调整声音音量，然后单击"确定"按钮保存退出。

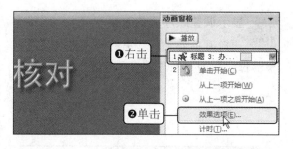

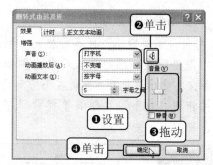

10.3.4 设置动画播放的触发器

动画播放的触发器是一种交互式的动画播放方式，即通过设置幻灯片中的某一对象，使其成为某一动画播放的触发条件。设置动画播放触发器的具体操作如下。

01 **Step** 设置动画播放的触发条件

选中幻灯片文本部分作为触发对象，在"动画"选项卡下单击"高级动画"组中的"触发"按钮，在展开的下拉列表中指向"单击"选项，在右侧展开的列表中设置触发条件，例如单击"图片5"选项。

02 **Step** 显示设置后的效果

在"动画窗格"任务窗格的列表框中可以看见，文本动画上方出现了"触发器：图片5"选项。这样当播放幻灯片时单击图片5，就会放映相应的文本动画。

高效实用技巧

通过对话框设置动画播放触发器

除了通过功能区设置动画播放的触发器外，还可以在以相应动画效果命名的对话框中设置动画播放的触发器。

打开以相应动画效果命名的对话框，在"计时"选项卡下单击选中"单击下列对象时启动效果"单选按钮，然后单击其右侧的下三角按钮展开下拉列表，在列表中选择触发条件即可。

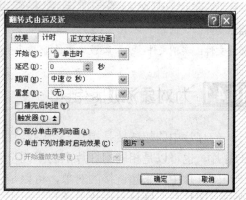

10.3.5 调整多个动画的播放顺序

在为幻灯片内的文本、图片等对象添加动画效果后，一般情况下设置的动画会依次排列在动画窗格中，如果用户有需要，可以在"动画窗格"任务窗格中调整动画的播放顺序，使幻灯片中各个动画有序地播放。

01 Step 调整动画间播放顺序
打开"动画窗格"任务窗格，在列表框中选中需要调整顺序的动画对象，例如选中第二条文本的动画选项，接着在下方利用"向上"按钮或"向下"按钮调整播放顺序，例如单击"向上"按钮。

02 Step 显示调整顺序后的效果
此时可以看见，选中的动画选项已经上移一位，即播放顺序调前了一步。

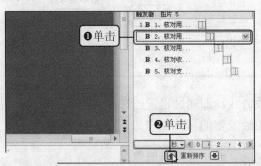

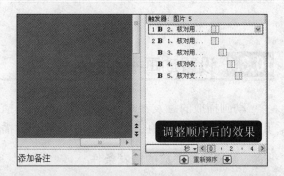

10.4 为对象添加交互式动作

为对象添加交互式动作，可以在单击某个对象时，触发设置好的与之相关的内容。例如为对象添加超链接，或为对象添加动作按钮，这类功能可以使用户在展示演示文稿时操作更方便。

知识要点：

★为对象添加超链接

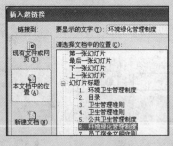

★为对象添加动作按钮

原始文件： 实例文件\第 10 章\原始文件\环境卫生管理制度.pptx
最终文件： 实例文件\第 10 章\最终文件\环境卫生管理制度.pptx

10.4.1 为对象添加超链接

幻灯片中的超链接是指从一个幻灯片指向一个目标的链接关系，这个目标可以是另一个幻灯片，也可以是相同幻灯片上的不同位置，还可以是一个电子邮件地址、一个文件。而在一个幻灯片中用来超链接的对象，可以是一段文本或者是一个图片。当用户单击已经链接的文字或图片后，链接目标将直接显示出来，并且根据目标的类型来打开或运行。

1. 超链接到同一演示文稿中的其他幻灯片

超链接到同一演示文稿中的其他幻灯片，是指用来超链接的对象与目标都在同一演示文稿内，只需要选定用来链接的对象，再通过"超链接"按钮指定演示文稿中的链接目标，即可在单击链接对象时直接跳转至其他指定幻灯片中。

01 Step 单击"超链接"按钮

打开随书光盘\实例文件\第 10 章\原始文件\环境卫生管理制度.pptx，选中需要设置超链接的对象，切换至"插入"选项卡下，单击"链接"组中的"超链接"按钮。

02 Step 选择本文档中的幻灯片

弹出"插入超链接"对话框，在"链接到"列表框中单击"本文档中的位置"选项，在"请选择文档中的位置"列表框中选择链接对象，例如选择"环境绿化管理制度"。

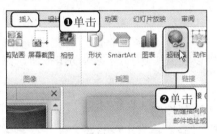

03 Step 显示添加超链接后的效果

单击"确定"按钮后返回演示文稿主界面，此时可以看见文本"环境绿化管理制度"显示了超链接格式。单击此行文本，即可跳转至相应幻灯片中。

2. 超链接到现有文件

在演示文稿中设置超链接到现有文件，即设置通过当前幻灯片中的对象直接链接到计算机中保存的其他文件，例如图片、文档等。

01 Step 选择链接到现有文件

选中第一张幻灯片中的"环境卫生管理制度"文本，打开"插入超链接"对话框，在"链接到"列表框中单击"现有文件或网页"选项，在"查找范围"下拉列表中选择目标文件所在的文件夹，再在下方选择链接对象，如选择"环境卫生管理制度.txt"文本文档。

02 Step 显示添加超链接到现有文件后的效果

单击"确定"按钮后返回演示文稿主界面，此时可以看见，添加了超链接的文本发生了变化，单击此文本即可链接到设置的文本文档中。

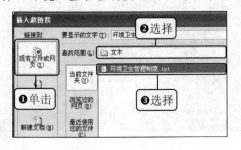

> **TIP** **取消幻灯片中的超链接**
> 如果需要取消幻灯片中已经添加的超链接，可以右击该幻灯片，在弹出的快捷菜单中的"取消超链接"命令。

10.4.2 为对象添加动作按钮

在幻灯片中，动作按钮的作用与超链接相似，都是通过单击目标自动跳转到链接位置，但动作按钮只能在演示文稿的幻灯片之间进行动作设置。添加动作按钮有两种方法，第一种是直接添加内置的动作按钮，第二种是将绘制的自选图形形状作为动作按钮。

1. 添加动作按钮

在形状库中有一些内置的基本动作按钮，用户可以在其中选择需要的动作按钮，然后在幻灯片中按住鼠标拖动绘制。

01 Step 选择形状

切换至"插入"选项卡下，单击"形状"按钮，在展开的下拉列表中选择动作按钮图形，例如单击"前进或下一项"图标。

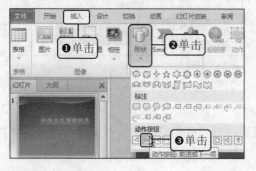

02 Step 绘制按钮

此时鼠标呈十字形状，按住鼠标左键不放并拖动，绘制动作按钮。

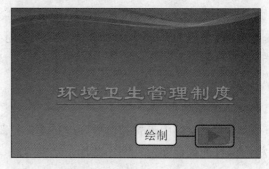

03 Step 设置按钮动作

释放鼠标后弹出"动作设置"对话框，此时可在"单击鼠标时的动作"选项组中看到默认设置为超链接到下一张幻灯片，这里保持默认设置，然后单击"确定"按钮。

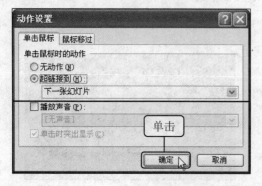

04 Step 显示设置完成的按钮

按【Shift+F5】组合键，进入幻灯片放映视图，将指针移至绘制的动作按钮上，可以看到指针变为手指形状，单击该按钮即可跳转到下一张幻灯片。

2. 绘制自选图形形状作为动作按钮

如果需要在动作按钮中添加对该按钮操作的解释性文本，可以通过绘制自选图形，然后在自选图形中添加文本并设置它所对应的操作。

01 Step 选择自选图形

在"插入"选项卡下单击"形状"按钮，在展开的下拉列表中选择自选图形，例如选择"左箭头"。

02 Step 绘制形状并输入文本

此时指针呈十字形状，按住鼠标左键不放并拖动，绘制"左箭头"形状，完成绘制后在形状中输入"返回首页"文本。

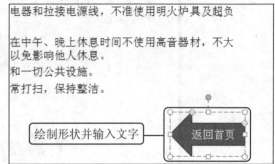

03 Step 单击"动作"按钮

选中绘制的左箭头，在"链接"组中单击"动作"按钮。

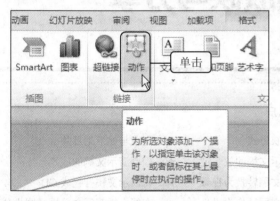

04 Step 设置单击鼠标时的动作

弹出"动作设置"对话框，单击选中"超链接到"单选按钮，并设置超链接到第一张幻灯片，单击"确定"按钮。

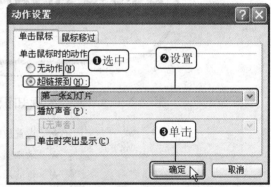

05 Step 显示设置完成的按钮

进入幻灯片放映视图，将指针移至绘制的自选图形按钮上，可以看见指针变为手指形状，单击按钮即可返回幻灯片首页。

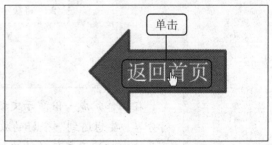

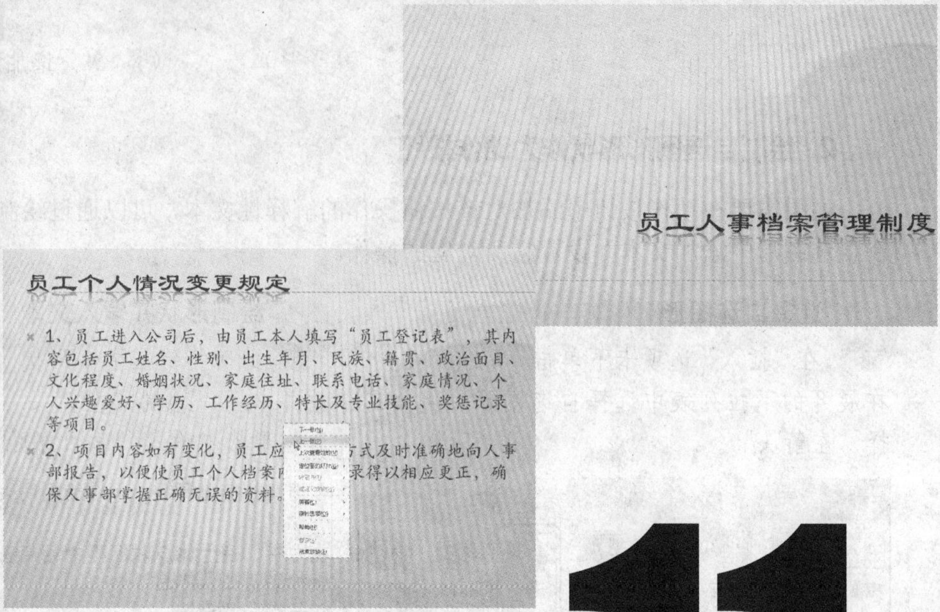

员工个人情况变更规定

× 1、员工进入公司后，由员工本人填写"员工登记表"，其内容包括员工姓名、性别、出生年月、民族、籍贯、政治面目、文化程度、婚姻状况、家庭住址、联系电话、家庭情况、个人兴趣爱好、学历、工作经历、特长及专业技能、奖惩记录等项目。

× 2、项目内容如有变化，员工应⋯⋯方式及时准确地向人事部报告，以便使员工个人档案⋯⋯录得以相应更正，确保人事部掌握正确无误的资料⋯⋯

Chapter

11

演示文稿的放映与分享

本章知识点

★ 设置放映方式　　　　　　★ 隐藏与显示幻灯片

★ 录制演示文稿的放映过程　★ 控制演示文稿的放映

★ 将演示文稿转换为视频　　★ 将演示文稿打包成 CD

★ 将演示文稿转换为讲义　　★ 在线广播演示文稿进行同步分享

　　在制作完成一份演示文稿后，通常将其通过放映或其他方式与他人进行分享。要想达到一个好的放映效果，在放映前对演示文稿的放映设置以及放映中对演示文稿的放映控制是必不可少的。除此之外，掌握各种分享演示文稿的方式能更广泛、更方便地向他人展示演示文稿的内容。

11.1 演示文稿的放映

为了使演示文稿拥有好的放映效果，必须对演示文稿的放映属性进行一定的设置。设置演示文稿的放映属性包括设置放映方式、录制放映过程、控制放映等。

知识要点：

★ 设置放映方式
★ 录制演示文稿放映过程
★ 隐藏与显示演示文稿
★ 控制演示文稿放映

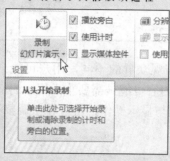
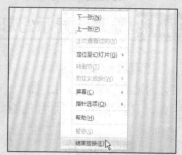

原始文件： 实例文件\第 11 章\原始文件\员工人事档案管理制度.pptx
最终文件： 实例文件\第 11 章\最终文件\员工人事档案管理制度.pptx

11.1.1 设置放映方式

设置放映方式主要包括设置放映类型、放映选项、放映内容三部分。其中，放映类型包括"演讲者放映（全屏幕）"、"观众自行浏览（窗口）"及"在展台浏览（全屏幕）"三种，以满足用户在不同场合使用；放映选项主要用于设置循环放映的终止方式以及放映过程中的一些操作；而放映内容则用于设置哪些幻灯片参与了放映。

01 Step 单击"设置幻灯片放映"按钮

打开随书光盘\实例文件\第 11 章\原始文件\员工人事档案管理制度.pptx，切换至"幻灯片放映"选项卡下，单击"设置"组中的"设置幻灯片放映"按钮。

02 Step 设置放映方式

弹出"设置放映方式"对话框，在"放映类型"组中任意选择一种放映类型，如选中"演讲者放映（全屏幕）"单选按钮，接着在"放映选项"组中选择需要设置的放映选项，如勾选"循环放映，按 ESC 键终止"复选框，再单击"确定"按钮保存退出。

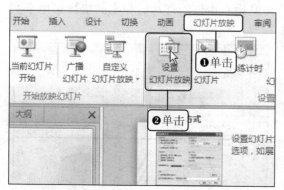
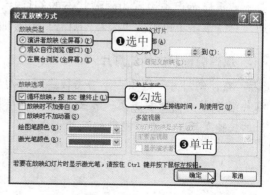

> **TIP** 认识三种放映类型
> 在选择放映类型时应对三种放映类型有一定的了解，其中，在最常见的"演讲者放映（全屏幕）"方式下，演讲者拥有完整的放映控制权（包括暂停播放、录制旁白等）；"观众自行浏览（窗口）"方式则是在指定的窗口中放映，适用于小规模演示；而"在展台浏览（全屏幕）"方式下演示文稿会自动放映，且默认为循环播放，适用于展览会场或会议。

11.1.2 隐藏与显示幻灯片

随着演示文稿的放映场合与观众群的不同，用户可能会在某些场合隐藏某些幻灯片内容，而随着场合的变化，隐藏的内容可能是需要重点展示的部分，这时就需要让其放映出来。因此，只要掌握了幻灯片的隐藏与显示操作，就可轻松调整演示文稿的放映内容。

1. 隐藏幻灯片

隐藏幻灯片可通过功能区中对应的功能按钮实现，被隐藏的幻灯片无法在放映过程中显示，但是在编辑演示文稿时却能看见它们，下面介绍隐藏幻灯片的操作。

01 Step 单击"隐藏幻灯片"按钮

在"幻灯片"选项卡下选中第一张幻灯片缩略图，切换至"幻灯片放映"选项卡下，在"设置"组中单击"隐藏幻灯片"按钮。

02 Step 显示隐藏后的效果

此时可以看到，在"幻灯片"选项卡下，第一张幻灯片缩略图的序号处出现了一个隐藏标志，即该幻灯片已被设置为隐藏。

2. 显示幻灯片

若想显示已被设置为隐藏状态的幻灯片，可利用右击该幻灯片时弹出的快捷菜单来实现，只需单击菜单中的"隐藏幻灯片"命令即可。

01 Step 取消隐藏状态的幻灯片

在"幻灯片"选项卡下右击被隐藏的幻灯片缩略图，例如右击第一张幻灯片，在展开的快捷菜单中单击"隐藏幻灯片"命令。

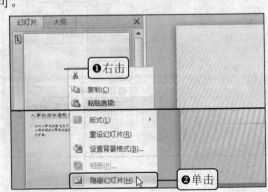

Step 02 查看设置后的显示效果

此时可在看到第一张幻灯片缩略图序号标志的隐藏标志已经消失，即该幻灯片已被设置为显示。

11.1.3 录制演示文稿的放映过程

在放映演示文稿时，为了能更好地展示演示文稿所包含的内容，通常需要演示者在旁讲解，随着录制幻灯片演示功能的出现，演示者完全可以通过录制演示文稿放映过程来取代现场讲解。在录制的过程中，可以自定义设置录制幻灯片和动画的计时、展示旁白解说及激光笔勾画。

Step 01 单击"录制幻灯片演示"按钮

切换至"幻灯片放映"选项卡下，单击"设置"组中的"录制幻灯片演示"按钮。

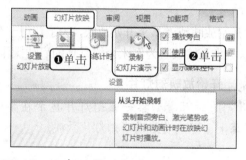

Step 02 选择需要录制的幻灯片内容

弹出"录制幻灯片演示"对话框，保持默认设置，单击"开始录制"按钮。

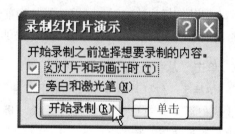

Step 03 进入幻灯片放映视图

进入幻灯片放映视图，出现了"录制"工具栏自动开始计时，用户可开始对着麦克风解说幻灯片内容和用激光笔做标记。录制完毕后单击"下一项"按钮进入下一张幻灯片，使用相同的方法继续录制。

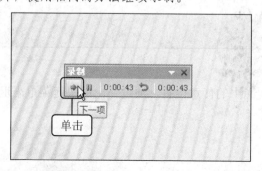

Step 04 退出录制

完成所有幻灯片的录制后按【Esc】键结束录制并退出放映视图，此时可以看见，在幻灯片浏览视图中，每张幻灯片缩略图的左下角显示了保存的旁白标志及切换时间。

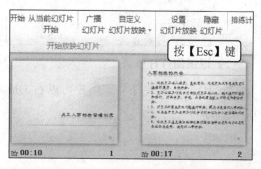

清除录制的幻灯片中的计时或旁白

完成幻灯片演示的录制后，如果发现某些幻灯片中的录制内容有错，可以将录制的计时或旁白清除，然后重新录制。

单击"录制幻灯片演示"下三角按钮，在展开的下拉列表中指向"清除"，在右侧展开的列表中选择需要清除的内容，可以清除计时，也可以清除旁白。

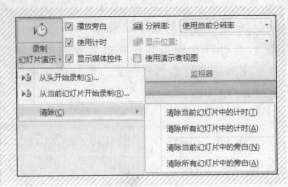

11.1.4 控制演示文稿的放映

在放映演示文稿时，为了让自己或他人能够更好地理解演示文稿的内容，需要对演示文稿的放映做合理的控制。控制演示文稿放映主要包括启动与退出幻灯片、跳转幻灯片、为幻灯片添加墨迹注释等操作。

1. 启动与退出幻灯片放映

放映演示文稿的第一步就是启动幻灯片放映，用户可根据幻灯片的内容选择放映的开始位置，待放映至最后一张幻灯片时便可退出幻灯片放映模式，即结束放映。

（1）启动幻灯片放映

在启动幻灯片放映时，可以选择从当前幻灯片开始放映或者从头开始放映，为了获得一个完整的展示效果，通常会从头开始放映，因此这里以从头开始放映为例来介绍具体的启动操作。

01 Step 单击"从头开始"按钮
切换至"幻灯片放映"选项卡下，在"开始放映幻灯片"组中选择放映的起点，例如单击"从头开始"按钮。

02 Step 开始放映幻灯片
此时可看到第一张幻灯片显示在整个屏幕上，即成功启动了幻灯片放映。

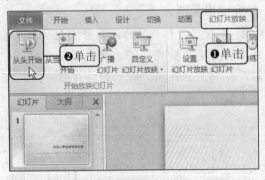

（2）退出幻灯片放映

当幻灯片放映完毕后，用户可以右击放映视图中的任意位置，通过弹出的快捷菜单来退出放映视图。

01 Step 单击"结束放映"命令

当放映至最后一张幻灯片时右击任意位置，在弹出的快捷菜单中单击"结束放映"命令。

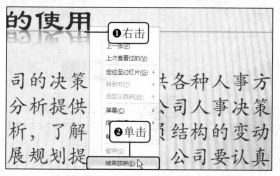

02 Step 退出放映

此时屏幕中显示了演示文稿窗口，不再显示整张幻灯片，即成功退出了幻灯片放映。

2. 跳转幻灯片

在幻灯片的放映过程中，如果没有设置自动换片的时间，则需要手动进行跳转，例如跳转到上一张、下一张幻灯片，也可以根据幻灯片标题选择跳转至指定的幻灯片。

01 Step 跳转至下一张幻灯片

从头开始播放幻灯片，右击幻灯片的任意位置，在弹出的快捷菜单中单击"下一张"命令，跳转至下一张幻灯片。

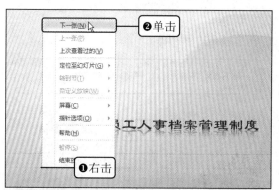

02 Step 跳转至指定的张幻灯片

进入下一张幻灯片，若想跳转至指定的幻灯片，则右击该幻灯片的任意位置，在弹出的菜单中单击"定位至幻灯片"命令，然后在弹出的子菜单中选择要查看的幻灯片，例如跳转至"员工个人情况变更规定"幻灯片。

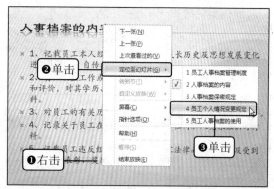

03 Step 跳转至上一张幻灯片

此时进入"员工个人情况变更规定"幻灯片，浏览完毕后若想跳转至上一张幻灯片，则右击幻灯片的任意位置，在弹出的快捷菜单中单击"上一张"命令，跳转至上一张幻灯片。

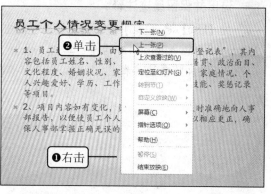

04 **查看跳转后的显示效果**
Step 此时可看到"人事档案保密规定"幻灯片的显示内容，接着使用相同的方法浏览其他幻灯片内容。

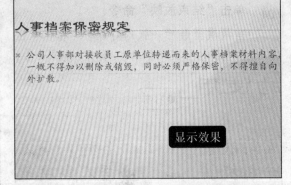

TIP **使用键盘跳转幻灯片**
在幻灯片放映中，如果需要在幻灯片的上一张、下一张之间进行跳转，除了使用快捷菜单中的命令，还可以使用键盘上的方向键【↑】、【↓】、【←】、【→】来完成幻灯片的跳转。

3. 为幻灯片添加墨迹注释

在放映幻灯片的过程中，如果需要对幻灯片中的某些内容进行特别标识，可以通过设置指针选项，利用鼠标为幻灯片添加墨迹注释。

01 **选择墨迹颜色**
Step 进入幻灯片放映视图，右击需要添加注释的幻灯片，如右击第 3 张幻灯片，在弹出的快捷菜单中单击"指针选项>荧光笔"命令。

02 **添加墨迹注释**
Step 此时可以看到，指针变成了黄色矩形块，按住鼠标左键不放并在幻灯片中拖动，即可添加墨迹注释。

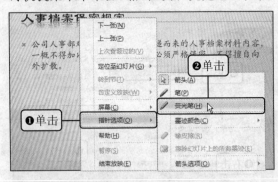

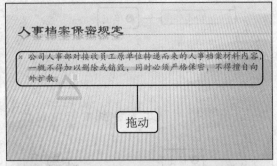

03 **退出并保留墨迹注释**
Step 按【Esc】键退出幻灯片放映视图，弹出"Microsoft PowerPoint"对话框，单击"保留"按钮保存添加的墨迹注释。

11.2 演示文稿的分享

演示文稿除了通过放映的方式与他人分享以外，还可以通过将其转换为视频、讲义或打包成 CD 后发送给他人，与他人一同分享。除此以外，还可以利用因特网在线广播制作的演示文稿。

知识要点：
★ 将演示文稿转换为视频　★ 将演示文稿打包成 CD
★ 将演示文稿转换成讲义　★ 在线广播演示文稿

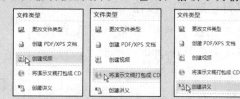

原始文件：实例文件\第 11 章\原始文件\公司各类会议程序.pptx
最终文件：实例文件\第 11 章\最终文件\"公司各类会议程序"文件夹、公司各类会议程序.wmv、公司各类会议程序.docx

11.2.1 将演示文稿转换为视频

将演示文稿转换为视频后，可以更方便地进行放映，不再局限于安装了 PowerPoint 的计算机。

01 Step 单击"创建视频"按钮

打开随书光盘\实例文件\第 11 章\原始文件\公司各类会议程序.pptx，单击"文件"按钮，从弹出的菜单中单击"保存并发送"命令，然后在"文件类型"下方选择创建的文件类型，例如单击"创建视频"选项，再单击右侧的"创建视频"按钮。

02 Step 保存视频文件

弹出"另存为"对话框，在"保存位置"下拉列表中选择视频文件的保存路径，然后单击"保存"按钮，开始创建视频。

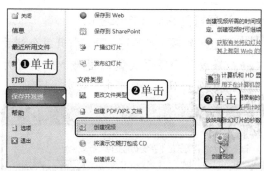

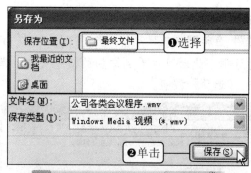

03 Step 显示转换为视频格式后的效果

完成视频的创建后，根据设置的保存路径打开转换后的视频文件。此时可以看到，演示文稿内容在播放器中播放的显示效果。

11.2.2 将演示文稿打包成 CD

将演示文稿打包成 CD，可以使演示文稿能更方便快捷地在多台计算机之间分享、传递。并且打包成 CD 后，即使计算机上没有安装 PowerPoint，也同样可以播放演示文稿。下面介绍将演示文稿打包成 CD 的具体操作。

01 Step 单击"打包成 CD"按钮

打开随书光盘\实例文件\第 11 章\原始文件\公司各类会议程序.pptx，单击"文件"按钮，从弹出的菜单中单击"保存并发送"命令，然后在"文件类型"列表中单击"将演示文稿打包成 CD"选项，再单击"打包成 CD"按钮。

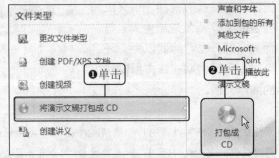

02 Step 单击"添加"按钮

弹出"打包成 CD"对话框，若要添加其他的演示文稿则单击"添加"按钮。

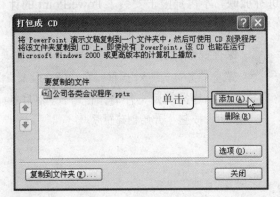

03 Step 选择添加的文件

弹出"添加文件"对话框，在"查找范围"下拉列表中选择存有目标文件的文件夹，然后选择需要的文件。

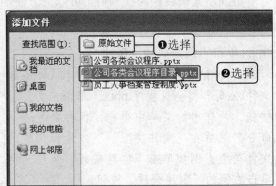

04 Step 单击"选项"按钮

单击"添加"按钮，返回"打包成 CD"对话框，此时可以看到添加的演示文稿，单击"选项"按钮。

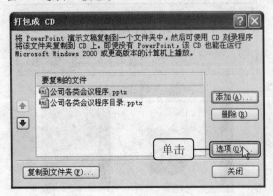

05 Step 设置打开密码和修改密码

弹出"选项"对话框，设置打开每个演示文稿和修改每个演示文稿的密码，如设置为"1234"、"4321"，再单击"确定"按钮。

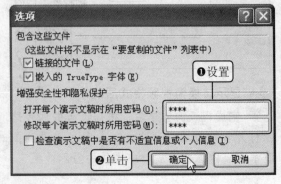

> **TIP** 删除要复制的文件
>
> 如果需要将"要复制的文件"列表框中的某些文件删除，可以选中需要删除的文件，然后单击"删除"按钮。

06 Step 确认打开权限密码

弹出"确认密码"对话框，在"重新输入打开权限密码"文本框中输入设置的打开文件的密码"1234"，单击"确定"按钮。

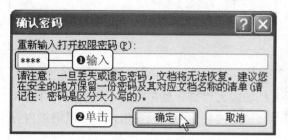

07 Step 确认修改权限密码

此时对话框切换至新的界面，在"重新输入修改权限密码"文本框中输入设置的修改文件的密码，然后单击"确定"按钮。

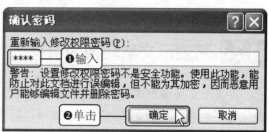

08 Step 将打包的 CD 复制到文件夹

返回"打包成 CD"对话框，单击"复制到文件夹"按钮。

09 Step 选择保存路径

弹出"复制到文件夹"对话框，在"文件夹名称"文本框中输入文件夹的名称，接着设置保存位置，然后单击"确定"按钮。

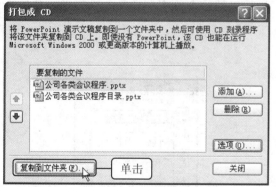

10 Step 选择是否保存链接文件到包中

弹出"Microsoft PowerPoint"对话框，询问用户是否将链接文件打包到 CD 中，若选择打包链接文件，单击"是"按钮。

11 Step 正在打包演示文稿

此时可以看到系统弹出的提示对话框，其显示了正在复制的文件及其路径。

12 Step **显示打包后的文件**
复制完成后自动打开文件夹，此时可在文件夹窗口中看见显示的 CD 的内容。

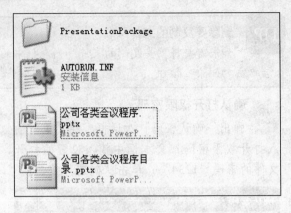

11.2.3 将演示文稿转换为讲义

讲义即是所编辑内容的总体概要，将演示文稿转换为讲义，就是将演示文稿的幻灯片和备注保存到一个 Word 文档中，这样可以将演示文稿的内容作为文档备份，也可以增加内容的展示和传播途径。

01 Step **单击"创建讲义"按钮**
打开随书光盘\实例文件\第 11 章\原始文件\公司各类会议程序.pptx，单击"文件"按钮，从弹出的菜单中单击"保存并发送"命令，然后在"文件类型"下方单击"创建讲义"选项，再单击右侧的"创建讲义"按钮。

02 Step **选择版式**
在弹出的"发送到 Microsoft Word"对话中选择讲义使用的版式，例如单击选中"备注在幻灯片旁"单选按钮，再单击"确定"按钮。

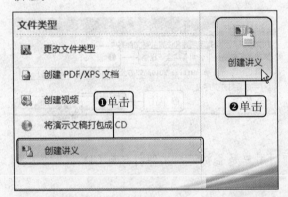

03 Step **添加备注**
执行完上一步操作后，会自动新建 Word 文档，此时可以在文档中的图片右侧输入备注内容。

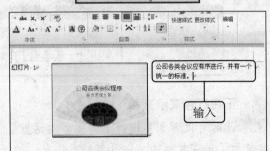

<table>
<tr><td>

04
Step
单击"保存"按钮

在 Word 文档界面中单击"文件"按钮，从弹出的菜单中单击"保存"按钮。

</td><td>

05
Step
保存讲义文档

弹出"另存为"对话框，在"保存位置"下拉列表中选择文件保存位置，并在"文件名"下拉列表框中输入文件名，然后单击"保存"按钮。

</td></tr>
</table>

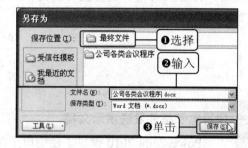

11.2.4 在线广播演示文稿进行同步分享

使用 PowerPoint 2010 的在线广播功能可以通过 Web 与其他用户在计算机中共享幻灯片放映，PowerPoint 2010 在设置在线广播的过程中会自动生成一个网址链接，用户只需向他人发送该链接，接收到该链接的用户就可以通过浏览器打开该网址，并观看幻灯片放映的同步视图，下面介绍在 PowerPoint 2010 中设置在线广播演示文稿的操作步骤。

01
Step
单击"广播幻灯片"按钮

打开随书光盘\实例文件\第 11 章\原始文件\公司各类会议程序.pptx，单击"文件"按钮，从弹出的菜单中单击"保存并发送"命令，然后在"保存并发送"下方单击"广播幻灯片"选项，再单击"广播幻灯片"按钮。

02
Step
启动广播

弹出"广播幻灯片"对话框，单击"启动广播"按钮。

03 Step 放映幻灯片广播

此时 PowerPoint 已为幻灯片放映建立了 URL，单击"复制链接"链接，将其发送给其他用户后单击"开始放映幻灯片"按钮，其他用户打开接收到的链接就可以同步共享当前计算机上放映的演示文稿了。

使用电子邮件发送演示文稿

PowerPoint 2010 提供了使用电子邮件发送演示文稿的功能，它将演示文稿以附件、PDF 等形式发送给对方。

打开"文件"菜单，单击"保存并发送"命令，在"保存并发送"下方单击"使用电子邮件发送"选项，在右侧选择发送演示文稿的方式，即可利用 Outlook 2010 将其发送给对方。

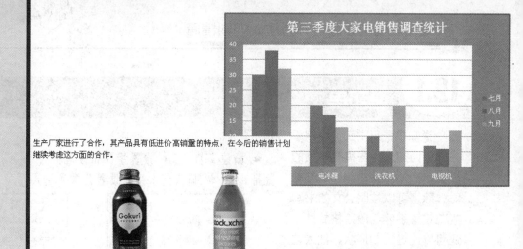

生产厂家进行了合作，其产品具有低进价高销量的特点，在今后的销售计划继续考虑这方面的合作。

Chapter

12

常用公文的编辑

本章知识点

★ 设置字符和段落格式   ★ 绘制形状并设置格式

★ 插入图片   ★ 调整图片的亮度与对比度

★ 应用图片样式   ★ 通过 Office.com 创建会议纪要

★ 使用形状绘制会议流程   ★ 使用项目符号和编号标识要点

★ 录入与计算数据   ★ 设置图表格式

    公文，又称公务文书，是指行政机关、社会团体和企事业单位在行政管理活动或处理公务活动中产生的具有传递信息和记录作用的载体文件，常见的公文主要有通知单、总结报告、会议纪要和调查报告，编辑这些公文可利用功能强大的 Word 来实现。

12.1 通知单

通知单是日常工作中用于告知被通知人一些重要事项的公文，在 Word 中编辑通知单时，除了可以按照公文的书写规范设置字体、段落格式外，还可以通过绘制形状、插入艺术字等操作制作公司印章。

知识要点：

★ 新建文档　★ 设置字符和段落格式　★ 绘制形状并设置格式　★ 插入艺术字并设置艺术字格式

原始文件：无

最终文件：实例文件\第 12 章\最终文件\复试通知单.docx

12.1.1 新建文档

制作通知单的第一步就是新建空白文档，由于在通常状况下，通知的文本内容都不会太多，所以为了使通知正文信息在页面中看起来更饱满，不妨在新建文档后将文档的页面调小。

01 Step 新建空白文档

启动 Word 2010 程序，单击"文件"按钮，从弹出的菜单中单击"新建"命令，在"可用模板"下方单击"空白文档"图标。

02 Step 设置纸张大小

切换至"页面布局"选项卡下，单击"页面设置"组中的"纸张大小"按钮，在展开的下拉列表中设置纸张的大小，如单击"大32 开"选项。

03 Step 输入通知单的内容信息

设置后便可将光标固定在编辑区中，利用输入法输入通知单的内容信息，输入完毕后将其保存到计算机中，并且设置文件名为"复试通知单"。

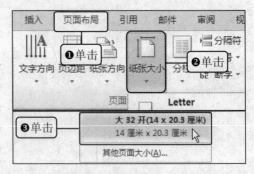

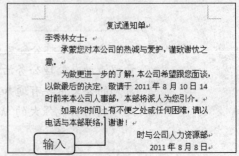

12.1.2 设置字符和段落格式

输入通知单的内容后，要使通知单的格式更符合公文规范性、整洁性的要求，还需对文档中的字符格式和段落格式进行适当地设置。

1. 设置字符格式

默认情况下，在 Word 中输入的字符的属性为宋体、五号，若是通知单的标题也应用这样的字体、字号，恐怕很难与通知正文区分开。这时用户最好通过增大标题字符的字号，让标题突出显示，而为了区分通知的内容，可以重新调整一下正文的字体。

01 Step 单击"字体"命令

选中需要进行字体格式设置的文本内容，右击选中文本的任意位置，在弹出的快捷菜单中单击"字体"命令。

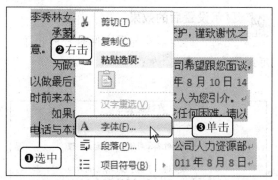

02 Step 设置字体和字号

在弹出的"字体"对话框中设置字体为"楷体_GB2312"、字号为"小四"。

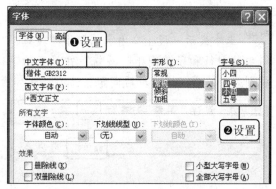

03 Step 显示设置后的效果

单击"确定"按钮后返回文档主界面。可以看到通知单中的正文字符已显示出设置后的效果。

04 Step 利用浮动工具栏设置标题字符

选中文档标题"复试通知单"，然后在出现的浮动工具栏中设置字号为"四号"，并单击"加粗"按钮，突出显示通知单的标题。

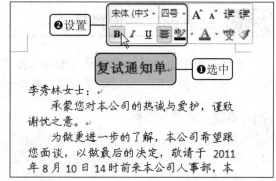

2. 设置段落格式

如果通知单中段与段之间的距离太过紧密，往往会影响通知内容的阅读，此时适当调整段落之间的间距，能使通知单信息的各部分更加一目了然。

01 单击"增加段前间距"选项
Step

选中正文第一段，切换至"开始"选项卡下，单击"段落"组中的"行和段落间距"按钮，在展开的下拉列表中单击"增加段前间距"选项。

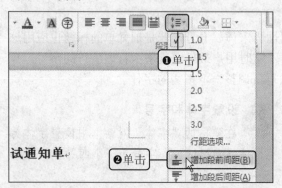

02 显示增加段前间距的效果
Step

执行上一步操作后可以看到文档中选中段落的段前间距已发生变化。此时，通知称呼与正文就明显区分开了。

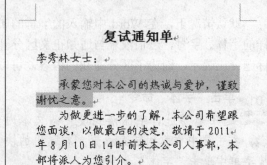

03 单击"增加段后间距"选项
Step

选中最后一段正文内容，单击"段落"组中的"行和段落间距"按钮，在展开的下拉列表中单击"增加段后间距"选项。

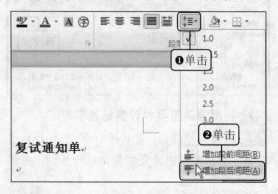

04 显示设置后的效果
Step

此时，通知落款与正文间也分隔出了一定距离。

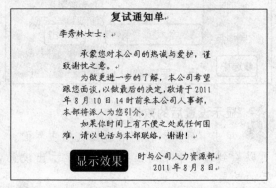

12.1.3 绘制形状并设置格式

在通知单中可以通过绘制形状来制作公司印章。在制作印章时，首先需要在通知单中绘制出一个合适的形状，并按印章的样式对绘制的形状设置相应的格式效果。

01 选择"椭圆"图标
Step

切换至"插入"选项卡下，单击"插图"组中的"形状"按钮，在展开的下拉列表中单击"椭圆"图标。

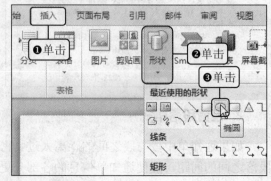

02 Step 绘制椭圆

此时指针变为十字形状，将指针移至文档的合适位置处，按住鼠标左键不放拖动鼠标绘制椭圆，绘制完成后，将其拖至合适的位置。

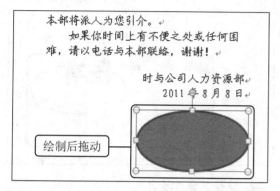

03 Step 为椭圆应用形状样式

切换至"绘图工具-格式"选项卡下，单击"形状样式"组中的快翻按钮，在展开的库中选择需要的样式，例如选择"彩色轮廓-红色，强调颜色2"样式。

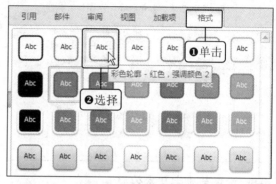

04 Step 设置椭圆为无填充颜色

单击"形状样式"组中的"形状填充"下三角按钮，在展开的下拉列表中单击"无填充颜色"选项。

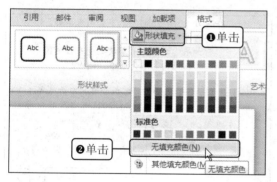

05 Step 显示设置后的形状效果图

此时可在文档中看见设置后的印章轮廓效果图。

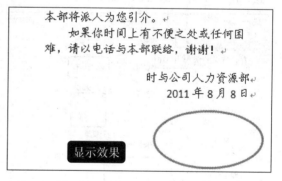

12.1.4 插入艺术字并设置艺术字格式

在印章形状绘制好后需要填充印章的内容，这里可以通过插入艺术字来填充公司名称，并按印章的样式，将公司名沿轮廓进行弯曲。

01 Step 选择艺术字样式

切换至"插入"选项卡下，单击"文本"组中的"艺术字"按钮，在展开的库中选中艺术字样式，例如选择"填充-红色，强调文字颜色2，暖色粗糙棱台"样式。

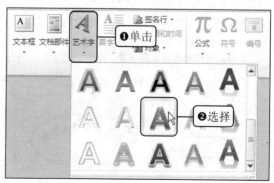

02 Step 显示插入艺术字的效果

返回文档主界面，此时可以看见文档中插入了所选择样式的艺术字，并在其中显示了提示文字。

03 Step 添加公司名称信息

删除艺术字中的提示文字，输入公司名称"时与广告有限公司"。

04 Step 设置艺术字文本效果

在"绘图工具-格式"选项卡下，单击"艺术字样式"组中的"文本效果"按钮，在展开的下拉列表中指向"转换"选项，并选择"转换"库中的"上弯弧"样式。

05 Step 调整艺术字大小

将指针移至艺术字的对角控制点上，当指针变成双向箭头形状时，按住鼠标左键拖动，调整艺术字的大小。

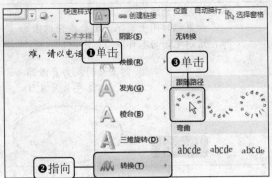

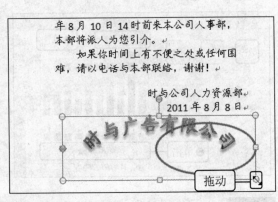

06 Step 移动艺术字

将指针移至选中的艺术字边框位置处，当指针变成 形状时，按住鼠标左键并拖动，将艺术字拖至椭圆形状的中间。

07 Step 选择"五角星"形状

切换至"插入"选项卡下，单击"插图"组中的"形状"按钮，在展开的下拉列表中单击"五角星"图标。

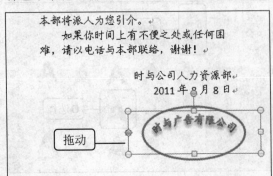

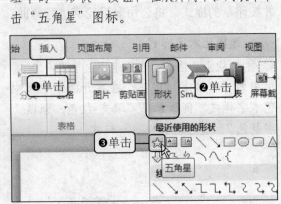

08 Step 绘制五角星

按 12.1.3 节介绍的方法在椭圆形状中艺术字的下方绘制五角星形状。

09 Step 为五角星应用形状样式

切换至"绘图工具-格式"选项卡下，单击"形状样式"组中的快翻按钮，在展开的库中选择需要的样式，例如选择"中等效果-红色，强调颜色2"样式。

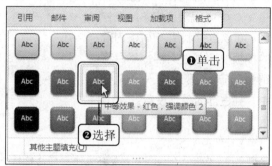

10 Step 显示设置样式后的五角星

返回文档主界面，此时可以看见应用样式后的五角星效果。

11 Step 组合形状

选中插入的两个形状和艺术字，右击选中的任一形状，在弹出的快捷菜单中依次单击"组合>组合"命令，将印章各部分进行组合。

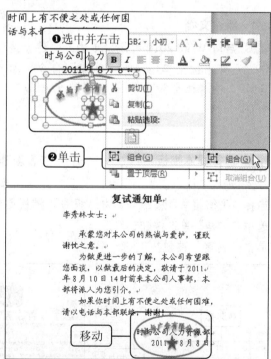

12 Step 移动绘制的公司印章

选中绘制的公司印章，然后将其移至通知单底部的日期信息所在的位置，此时可看到复制通知单制作完成的最终效果。

TIP 调整形状位置

调整形状在文档中位置的方法有两种，可以直接将形状拖至需要的位置，也可以选中形状，使用键盘上的方向键进行微调。

12.2 销售总结报告

销售总结报告用于对一段时期内的销售工作进行总结，肯定成功之处，反思不足之处。在 Word 中编辑销售总结报告时，可以直接利用 Word 内置的模板快速创建文档，然后将销售的产品图片放入到文档中，并进行简单地设置。

知识要点：

★ 根据模板创建报告　★ 插入图片　★ 应用图片样式

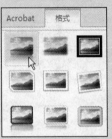

原始文件： 无

最终文件： 实例文件\第 12 章\最终文件\销售总结报告.docx

12.2.1 根据模板创建报告

为了提高编辑的效率，在 Word 中制作销售总结报告时，可以直接利用 Word 内置的模板来创建，例如可利用"平衡报告"模板来创建销售报告。

01 Step 新建文档
启动 Word 2010 程序，单击"文件"按钮，从弹出的菜单中单击"新建"命令，然后在"可用模板"下方单击"样本模板"图标。

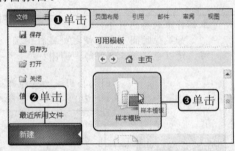

02 Step 选择样本模板
进入"样本模板"界面，选择"平衡报告"模板，单击选中"文档"单选按钮，然后单击"创建"按钮。

03 Step 查看新建的模板文档
此时可看见根据"平衡报告"模板所创建的新文档。

04 Step 输入标题文本
删除模板中的文本内容，然后输入销售总结报告的文档标题及内容。

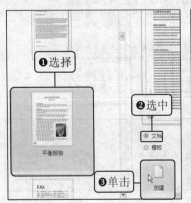

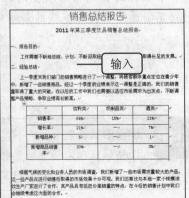

12.2.2 插入图片

　　图片不仅可以丰富文档的内容，而且还能对文档中的内容进行展示、说明。销售总结报告用于展示一段时期内产品的销售情况，为了让该报告的内容更生动，可以在其中插入一些销售商品图片，下面介绍插入图片的具体操作步骤。

01 Step 单击"图片"按钮

　　将光标置于文档中需要插入图片的位置，切换至"插入"选项卡下，单击"插图"组中的"图片"按钮。

02 Step 选择图片

　　弹出"插入图片"对话框，在"查找范围"下拉列表中选择图片的保存位置，并按住【Ctrl】键同时单击选中两张图片，再单击"插入"按钮。

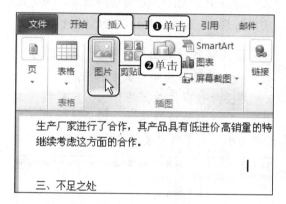

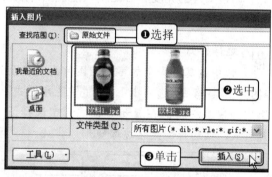

03 Step 显示插入图片的效果

　　返回文档主界面，此时可以看见文档中插入了选中的销售商品图片。

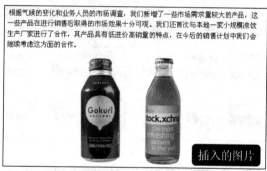

12.2.3 调整图片的亮度与对比度

　　编辑图片，大家通常会想到利用 PS 之类的图片处理工具。其实，在 Word 中，用户同样可以对商品图片进行亮度与对比度调整，插入图片后即可直接调整。

01 Step 调整亮度与对比度

　　选中图片，切换至"图片工具-格式"选项卡下，单击"调整"组中的"更正"按钮，在展开的库中调整图片的亮度和对比度，例如选择"亮度:0%(正常)对比度:+20%"样式。

02 **显示调整亮度与对比度后的效果**
Step
此时可以看见图片设置后的显示效果，使用相同的方法设置另一张图片的亮度与对比度为"亮度:0%(正常)对比度:+20%"。

继续考虑这方面的合作。

设置

12.2.4 应用图片样式

调整图片的亮度和对比度只能让图片显得更加清晰，但是无法达到美观的效果，为了让商品图片更具视觉传达力，最好再为这些图片应用图片样式，让它们更具有立体感和美感。

01 **选择样式**
Step
选中销售报告中的第一张图片，切换至"图片工具-格式"选项卡下，单击"图片样式"组中的快翻按钮，在展开的样式库中选择图片样式，如选择"柔化边缘矩形"样式。

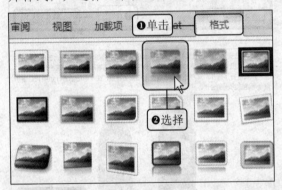

❶单击 格式

❷选择

02 **应用样式后的图片效果**
Step
此时可看见应用样式后的图片，为另一张产品图片也应用该图片样式，应用该样式后若图片出现跳版的现象，则手动调整至合适的大小，调整后可看见对应的效果图。

生产厂家进行了合作，其产品具有低进价高销量的特点，在今后的销售计划继续考虑这方面的合作。

显示效果

12.3 会议纪要

会议纪要是用于记载、传达会议情况和议定事项的公文。在 Word 中编辑会议纪要时，可以利用形状绘制会议流程，以确保其内容简洁、流程清晰；同时也可以使用项目符号和编号标识要点，使内容有序呈现，同时要点明确。

知识要点：

★ 创建会议纪要 ★ 绘制会议流程 ★ 添加项目符号和编号

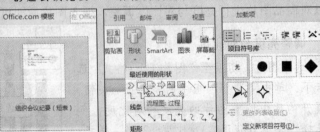

原始文件：无

最终文件：实例文件\第 12 章\最终文件\运营会议纪要.docx

12.3.1 通过 Office.com 创建会议纪要

Office.com 为用户提供了大量的模板、图像等实用工具，用户可以通过 Office.com 提供的"会议纪要"模板来创建会议纪要，这样既节省了调整页面版式的时间，也能使制作出来的会议纪要文档更具专业性。

01 Step 选择"会议纪要"模板集

启动 Word 2010 程序，单击"文件"按钮，从弹出的菜单中单击"新建"命令，然后在"Office.com 模板"下方单击"会议纪要"图标。

02 Step 选择"会议纪要"模板

进入"会议纪要"列表中，选择所需的会议纪要模板样式，如单击"组织会议纪要（短表）"图标，然后单击"下载"按钮。

03 Step 查看新文档的显示效果

Word 根据选定的样本模板创建了新的文档，此时可看见新建文档的显示效果。

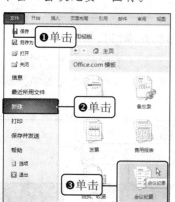
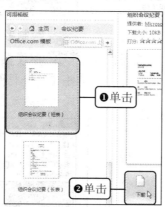
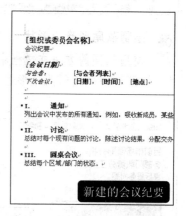

12.3.2 使用形状绘制会议流程

在会议纪要中，如果使用纯文字记述会议流程会显得十分冗长枯燥，不仅会增加编辑人员的工作量，也会使浏览者在面对一大段的文字时缺乏阅读欲望。为了避免此类情况出现，可以在编辑会议纪要时利用自选形状组合绘制会议流程，以便于快速阅读和了解表达的内容。

01 Step 重新编辑会议纪要内容

删掉模板文档中的文本内容，重新编辑会议纪要内容。

02 Step 选择"流程图：过程"图标

切换至"插入"选项卡下，单击"插图"组中的"形状"按钮，在展开的下拉列表中选择形状样式，如单击"流程图：过程"图标。

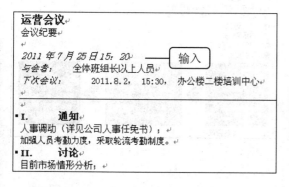
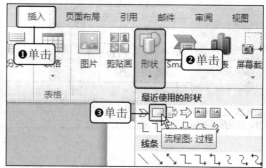

03 Step 绘制"流程图：过程"图形

此时可以看见文档中的指针变成了十字形状，按住鼠标左键不放并拖动，绘制"流程图：过程"图形，并拖至合适位置处释放鼠标。

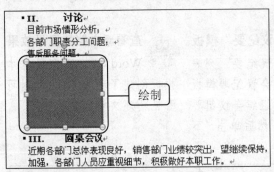

04 Step 选择"燕尾形"图标

再次单击"插图"组中的"形状"按钮，在展开的下拉列表中单击"燕尾形"图标。

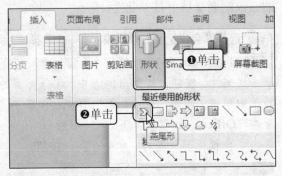

05 Step 绘制燕尾形箭头形状

使用相同的方法在文档中的"流程图：过程"图形右侧绘制燕尾形箭头。

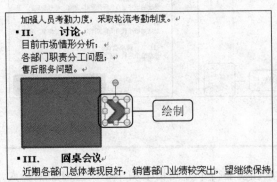

06 Step 绘制多个形状并添加文字

继续在燕尾形箭头右侧绘制多个形状，并在"流程图：过程"图形中输入文字，构成完整的流程图。

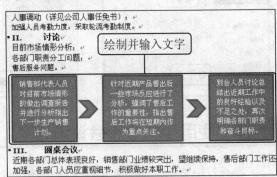

07 Step 组合绘制的自选图形

选中绘制的所有图形，右击任意选中的图形，在弹出的快捷菜单中依次单击"组合>组合"命令。

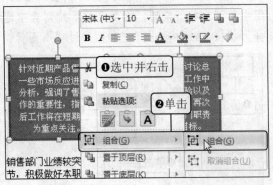

08 Step 显示组合形状后的效果

此时可以在文档中看到绘制的所有图形组合成一个整体。

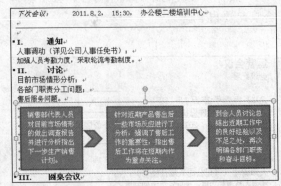

09 为自选图形应用形状样式
Step 　切换至"绘图工具-格式"选项卡下，单击"形状样式"组中的快翻按钮，在展开的库中选择所需样式，例如选择"细微效果-紫色，强调颜色4"样式。

10 显示设置样式后的图形效果
Step 　此时可以看见，文档中绘制的图形显示出设置的样式效果。

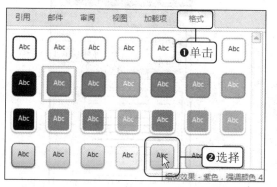

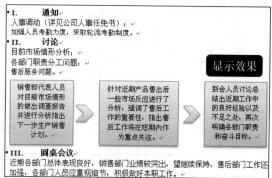

12.3.3 使用项目符号和编号标识要点

　　为了强调文档中的某些要点，可在这些要点前添加项目符号和编号。添加项目符号和编号后，会议纪要的层次结构显得更加清晰、更有条理。在会议纪要中，可以为通知要点和讨论要点分别添加项目符号和项目编号，使整个会议纪要层次分明、结构清晰。

01 插入项目符号
Step 　选中需插入项目符号的段落，切换至"开始"选项卡下，单击"段落"组中的"项目符号"右侧的下三角按钮，在展开的库中选择合适的符号样式。

02 显示插入项目符号的效果
Step 　此时可以看到，在文档中所选段落前插入了相应的项目符号。

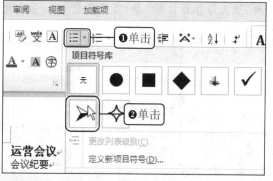

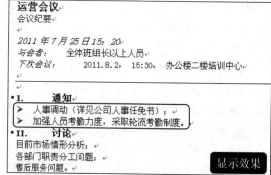

TIP 利用快捷菜单添加项目符号
　　添加项目符号除了可以利用功能区中对应的按钮实现之外，还可以利用快捷菜单实现，右击选中的段落，在弹出的快捷菜单中指向"项目符号"右侧的三角按钮，从展开的子菜单中选择所需的项目符号即可。

03 Step 单击"定义新编号格式"选项

选中需要插入编号的段落，单击"段落"组中"编号"右侧的下三角按钮，在展开的下拉列表中单击"定义新编号格式"选项。

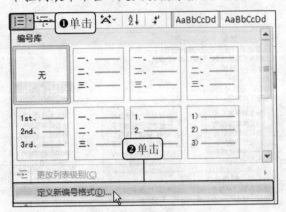

04 Step 设置编号格式

在弹出的"定义新编号格式"对话框中设置需要的编号样式，并设置对齐方式为左对齐，然后单击"确定"按钮。

05 Step 显示添加编号后的效果

此时可以看到，在所选段落前也添加了相应的编号。

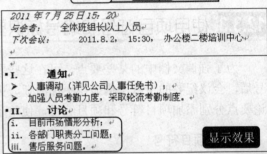

12.4 调查报告

调查报告是一种用于传递调查研究成果的应用文体。它是通过对特定对象的深入考察和了解，并经过准确归纳和科学分析所得出的符合实际的理论。因此，在 Word 中编辑调查报告可利用表格来展示数据，利用图表分析数据。

知识要点：

★ 插入表格　★ 录入与计算数据　★ 排序数据　★ 插入图表　★ 设置图表格式

原始文件：无

最终文件：实例文件\第 12 章\最终文件\第三季度商场大家电销售调查报告.docx

12.4.1 插入表格

为了使制作的调查报告文档能更直观地展示调查结果，用户可以将调查所搜集的数据录入到表格中，因此首先要插入表格。插入表格后，为了使表格看上去更专业，还可以为插入的表格套用表格样式。

01 Step 居中显示调查报告的标题

新建空白文档，在编辑区中输入标题文本"第三季度商场大家电销售调查报告"，并设置为居中对齐。

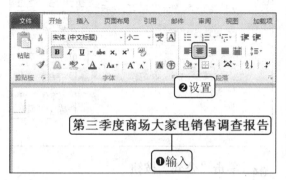

02 Step 快速插入表格

切换至"插入"选项卡下，单击"表格"组中的"表格"按钮，在展开的下拉列表中将指针移动到表格快速模板，在合适的表格尺寸位置处单击鼠标。

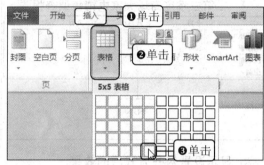

03 Step 显示插入的表格

此时可以看到，文档中显示出了所选的表格效果。

04 Step 设置表格样式

切换至"表格工具-设计"选项卡下，单击"表格样式"组中的快翻按钮，在展开的库中选择所需样式，例如选择"浅色网格-强调文字颜色5"样式。

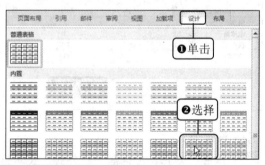

05 Step 显示设置表格样式后的效果

此时可以看到插入的表格套用了相应样式后的效果。

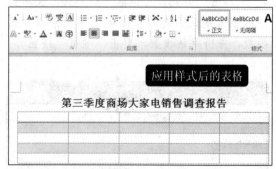

12.4.2 录入与计算数据

Word 表格虽不能使用复杂的函数，但是简单的计算还是可以的。在表格中录入第三季度商场大家电销售调查报告数据后，便可以利用公式直接计算第三季度的商品销售量总和。

01 Step 在表格中录入数据

将光标置于表格的单元格中，依次输入七、八、九月电视机、电冰箱、洗衣机和空调的销售量。

第三季度商场大家电销售调查报告

	七月	八月	九月	总计
电视机	7	6	12	
电冰箱	20	17	13	
洗衣机	10	5	20	
空调	30	38	32	

输入

02 Step 设置单元格对齐方式

选中表格，切换至"表格工具-布局"选项卡下，单击"对齐方式"组中的"水平居中"按钮。

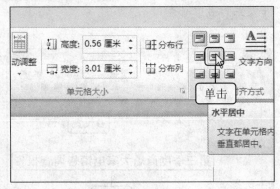

03 Step 显示设置对齐方式后的效果

此时可以看见，表格中所有文本的对齐方式均更改为了水平居中。

第三季度商场大家电销售调查报告

	七月	八月	九月	总计
电视机	7	6	12	
电冰箱	20	17	13	
洗衣机	10	5	20	
空调	30	38	32	

显示效果

04 Step 单击"公式"按钮

将光标置于电视机销售总计的单元格中，单击"数据"组中的"公式"按钮。

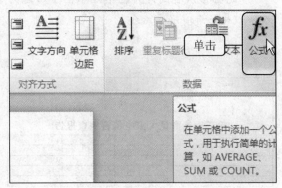

05 Step 设置公式

弹出"公式"对话框，"公式"文本框中的公式默认为对其左侧数据单元格求和的函数，保持默认设置，单击"确定"按钮。

公式

公式(F)：
=SUM(LEFT)

编号格式(N)：

粘贴函数(U)：

单击

确定 取消

06 Step 显示计算结果

返回文档主界面，目标单元格已显示出计算的结果，即计算出第三季度电视机的销量总和。

第三季度商场大家电销售调查报告

	七月	八月	九月	总计
电视机	7	6	12	25
电冰箱	20	17	13	
洗衣机	10	5	20	
空调	30	38	32	

07 计算其他数据结果
Step

使用同样的方式计算出电冰箱、洗衣机、空调第三季度的销售总和，计算后可看见显示的数据分别为50、35、100。

第三季度商场大家电销售调查报告

	七月	八月	九月	总计
电视机	7	6	12	25
电冰箱	20	17	13	50
洗衣机	10	5	20	35
空调	30	38	32	100

计算结果

12.4.3 排序数据

在调查报告表格中输入数据后，为了方便对其中的数据进行分析、总结，需要对表格中的数据进行排序，例如对各种商品销售量进行降序排列，这样就能从表格中看出销售量最好的商品和销售量最差的商品，从而分析造成产品销售量较差的原因，找到解决的办法。

01 单击"排序"按钮
Step

选中计算出的"总计"列数据，将其作为排序对象，单击"数据"组中的"排序"按钮。

02 排序设置
Step

弹出"排序"对话框，单击选中右侧的"降序"单选按钮，然后单击"确定"按钮。

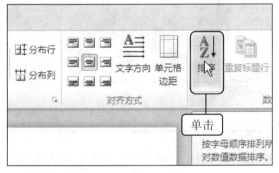

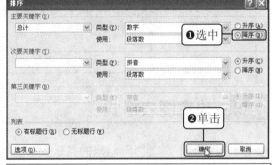

03 显示排序后的效果
Step

返回文档主界面，此时可以看到"总计"列的数据已按降序排列。

第三季度商场大家电销售调查报告

	七月	八月	九月	总计
空调	30	38	32	100
电冰箱	20	17	13	50
洗衣机	10	5	20	35
电视机	7	6	12	25

显示效果

12.4.4 插入图表

将调查所搜集的数据录入表格后，为了能更直观地分析这些数据，用户可以以这些数据为源创建图表。图表不仅能够直观地展示数据，还能便于对数据的分析和预测。下面介绍在调查报告中插入第三季度家电销售柱形图表的操作步骤。

01 Step 单击"图表"按钮

切换至"插入"选项卡下，单击"插图"组中的"图表"按钮。

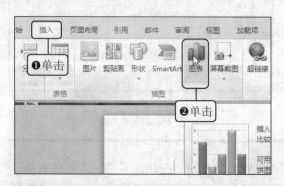

02 Step 选择图表样式

弹出"插入图表"对话框，在右侧的"柱形图"子集中单击"簇状柱形图"图标，然后单击"确定"按钮。

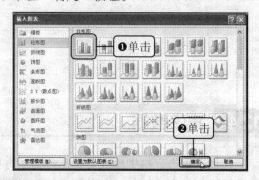

03 Step 输入图表数据源

弹出 Excel 工作表窗口，在 A1:D5 单元格区域中输入第三季度各商品的销售量。

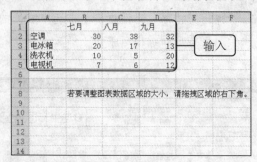

04 Step 显示图表效果

返回文档主界面，此时可以看到根据第三季度商品销售量所创建的柱形图。

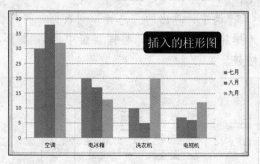

12.4.5 设置图表格式

一般情况下，文档所创建的默认图表并不美观，而一般呈现给客户看的专业调查报告，需要借助专业性的外观来赢得客户的信任。所以在创建图表后，设置图表格式显得非常重要。

01 Step 选择样式

选中图表，切换至"图表工具-格式"选项卡下，单击"形状样式"框右侧的快翻按钮，在展开的库中选择形状样式，例如选择"彩色填充-水绿色，强调颜色5"样式。

02 Step 显示应用样式后的效果

返回文档主界面，此时可看见柱形图在应用所选形状样式后的显示效果。

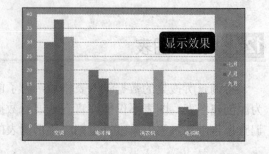

03 设置图表标题位于图表上方
Step

切换至"图标工具-布局"选项卡下，单击"标签"组中的"图表标题"按钮，在展开的下拉列表中单击"图表上方"选项。

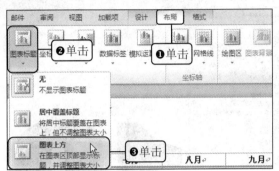

05 输入图表标题
Step

删除标题中的提示文字，输入能代表图表含义的标题，例如输入"第三季度大家电销售调查统计"，按【Enter】键后可看见设置图表格式后的最终效果。

04 显示插入标题效果
Step

此时可以看见，图表上方插入了标题，并在其中显示了提示文本"图表标题"。

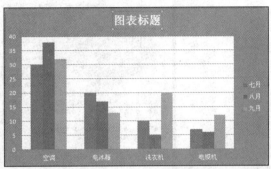

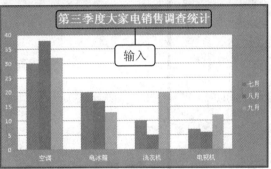

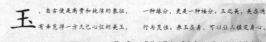

Chapter

13

产品广告、海报和说明书的制作

本章知识点

- ★ 设置页面背景及边框
- ★ 调整图片环绕方式
- ★ 设置文本分栏
- ★ 设置艺术字格式
- ★ 使用样式格式化文档

- ★ 插入屏幕截图
- ★ 插入文本框并设置格式
- ★ 插入艺术字
- ★ 插入封面
- ★ 自动生成目录页

在使用 Word 制作产品广告、海报和说明书时，对于格式并无严格的要求，只需要以独特的风格来吸引人们的眼球就可以了。制作独特风格的文档可以通过调整插入图片的环绕方式、添加艺术字等方式来实现，本章将介绍在 Word 中制作房屋转租广告、促销海报和产品使用说明书的相关内容。

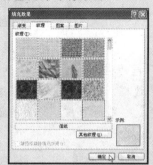

13.1 房屋转租广告

房屋转租广告是指将房屋转租信息以广告的形式传播出去。在利用 Word 制作房屋转租广告时，首先要考虑如何让他人一眼就能关注到自己的广告信息，例如可尝试让制作的广告版式新颖，让图片和页面背景别具特色。

知识要点：

★ 设置页面背景及边框　　★ 插入屏幕截图

★ 调整图片环绕方式　　　★ 插入文本框并设置格式

原始文件： 实例文件\第 13 章\原始文件\房屋转租广告.docx
最终文件： 实例文件\第 13 章\最终文件\房屋转租广告.docx

13.1.1 设置页面背景及边框

页面背景是指 Word 文档编辑区的背景，在默认情况下，页面背景是白色的。为了满足不同人的需求，Word 提供了纹理、图案和图片填充功能，不同的人可选择不同的填充方式。在设置房屋转租广告的页面背景时可选择纹理填充，这样不仅能使文档更吸引人，还能很好地陪衬文档内容。为文档添加双线边框，能使文档看上去更加整齐和规范。

01 Step 单击"填充效果"选项

打开随书光盘\实例文件\第 13 章\原始文件\房屋转租广告.docx，切换至"页面布局"选项卡下，单击"页面背景"组中的"页面颜色"按钮，在展开的下拉列表中单击"填充效果"选项。

02 Step 设置背景填充效果

将弹出的"填充效果"对话框切换至"纹理"选项卡下，在"纹理"列表框中单击"信纸"选项，再单击"确定"按钮。

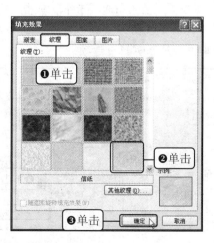

03 单击"页面边框"按钮
Step 返回文档主界面,单击"页面背景"组
中的"页面边框"按钮。

04 设置边框
Step 弹出"边框和底纹"对话框,在"页面
边框"选项卡下选择"方框"边框,设置样
式为"双线"、颜色为"茶色"、线条宽度
为"0.75 磅",单击"确定"按钮。

05 显示设置背景与边框后的文档效果
Step 返回文档主界面,此时可以看见"房屋
转租广告"文档中应用了设置页面背景与边
框后的显示效果。

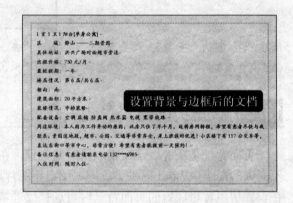

13.1.2 插入屏幕截图

图片有利于增强文档的生动性,也能更吸引阅读者的目光。在制作房屋转租广告时,可以将要转租房屋的外观拍摄下来并传输到计算机中,再利用屏幕截图功能在照片中截取需要的部分插入到文档中。

01 单击"屏幕剪辑"选项
Step 切换至"插入"选项卡下,单击"插图"
组中的"屏幕截图"按钮,在展开的下拉列
表中单击"屏幕剪辑"选项。

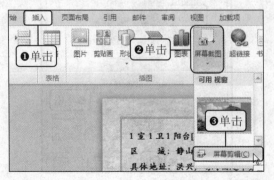

02 截取图片
Step 执行上一步操作后,屏幕中出现了可截图
区域,在需要截取图片的开始位置按住鼠标左
键进行拖动,当拖动至合适位置处释放鼠标。

03 Step 调整插入图片大小

返回文档主界面，这时可以看见文档中插入了截取的图片。将指针移至图片对角控制点上，当指针变成双向箭头形状时，按住鼠标左键不放并拖动，调整图片至合适的大小。

拖动调整

13.1.3 调整图片的环绕方式

在房屋转租广告中插入的房屋图片由于其显示范围较大，能够在第一时间吸引他人的注意，因此可以将其设置为四周环绕型并置于文档左上角，以便于人们浏览，同时为了使人通过图片就能产生阅读的兴趣，可以为图片应用图片样式。

01 Step 选择环绕方式

切换至"图片工具-格式"选项卡下，单击"排列"组中的"自动换行"按钮，在展开的下拉列表中单击"四周型环绕"选项。

02 Step 显示设置环绕方式后的效果

此时可以看见，文档中的文字围绕在了图片的四周。

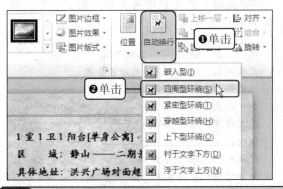

> **TIP 图片各环绕方式的含义**
>
> Word 2010 提供了8种图片环绕方式，分别是嵌入型、四周型环绕、紧密型环绕、穿越型环绕、上下型环绕、衬于文字下方、浮于文字上方和编辑环绕顶点。
>
> - **嵌入型**：插入的图片占用了字符的位置，位置相对固定，无法通过拖动鼠标来移动它。
> - **四周型环绕**：无论图片是否为矩形图片，文字都以矩形方式环绕在图片四周。
> - **紧密型环绕**：如果插入的图片是矩形图片，则文字以矩形方式环绕在图片周围；如果插入的图片是不规则图形，则文字将紧密环绕在图片四周。
> - **穿越型环绕**：如果插入的图片是矩形图片，则文字以矩形方式环绕在图片四周；如果插入的图片是不规则图形，则文字将显示在图片四周和图片中的空白处。
> - **上下型环绕**：文字环绕在图片的上方和下方。
> - **衬于文字下方**：分为文字和图片两层，图片在下方，文字在上方，文字将覆盖图片。
> - **浮于文字上方**：分为文字和图片两层，图片在上方，文字在下方，文字将覆盖图片。
> - **编辑环绕顶点**：编辑环绕图片周围的黑色顶点，自定义环绕效果。

03 **Step** 为图片设置样式

单击"图片样式"组中的快翻按钮,在展开的库中选择"柔化边缘椭圆"样式。

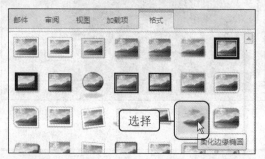

选择

柔化边缘椭圆

04 **Step** 显示设置图片样式后的效果

返回文档主界面,此时可以看见图片应用了"柔化边缘椭圆"样式后的效果。

插入图片后的效果

13.1.4 插入文本框并设置格式

文本框是 Word 中一种特殊的框格,用户可以将其放置在文档编辑区的任何位置,并且在文本框中输入文本。在制作房屋转租广告时,可以利用文本框来展示标题——房屋转租,并且为该标题文本应用艺术字样式,以区分广告内容。

01 **Step** 单击"文本框"按钮

切换至"插入"选项卡下,单击"文本框"按钮,在展开的库中选择"装饰型引述"样式。

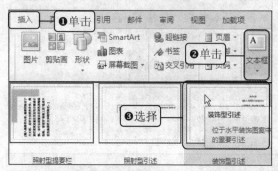

02 **Step** 插入文本框并输入文本

此时可在文档中看见插入的文本框,将光标固定在文本框内,输入"房屋转租"。

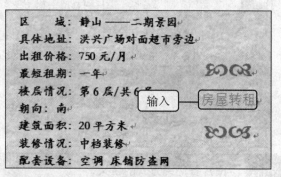

03 **Step** 设置文本框内文字方向

切换至"绘图工具-格式"选项卡下,单击"文本"组中的"文字方向"按钮,在展开的下拉列表中选择"垂直"选项。

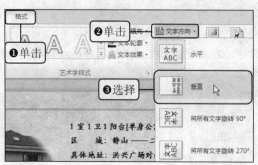

04 **Step** 显示设置文字方向后的效果

此时可以看见,文本框内的文字方向呈垂直显示状态。

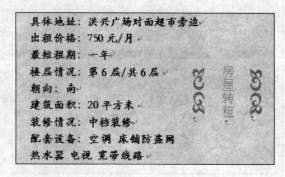

05 选择文本样式
Step

单击"艺术字样式"组中的快翻按钮，在展开的库中选择"填充-红色，强调文字颜色2，暖色粗糙棱台"样式。

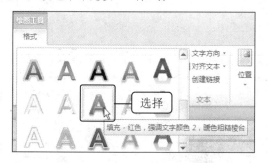

06 设置字号
Step

选中文本框内的文字，然后在出现的浮动工具栏中单击"字体"右侧的下三角按钮，从展开的下拉列表中单击"小二"选项。

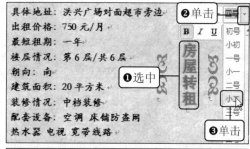

07 显示最终效果
Step

此时可以看见，文档中插入的文本框以及设置文本框格式后的最终效果。

13.2 促销海报

促销海报即宣传用的促销类读物，在通常情况下，促销海报的形象简单、颜色清晰、重点突出，例如生活中随处可见的各个超市、商场的促销海报。下面以国庆促销海报的制作为例来介绍在 Word 中制作促销海报的方法。

知识要点：

★ 设置文本分栏　　★ 设置段落首字下沉
★ 设置艺术字　　　★ 设置艺术字格式

原始文件：实例文件\第13章\原始文件\玉.docx
最终文件：实例文件\第13章\最终文件\玉.docx

13.2.1 设置文本分栏

促销海报的排版通常要求内容简洁、一目了然。在文本内容较多的情况下，海报的文本设计还不能使用横向通排，因为这样的方式不利于读者的阅读。而适当地将文本内容进行分栏设置，阅读效果会好很多。

01 Step **设置分栏**

打开随书光盘\实例文件\第 13 章\原始文件\玉.docx，将光标插入到需要分栏的段落，切换至"页面布局"选项卡下，单击"页面设置"组中的"分栏"按钮，在展开的下拉列表中选择划分的栏数，例如单击"两栏"选项。

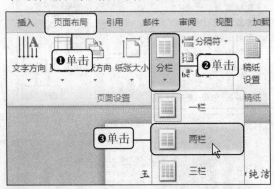

02 Step **显示分栏后的效果**

此时可以看到该段落文字划分为两栏进行显示。

利用对话框设置文本分栏

除了 13.2.1 节介绍的文本分栏方式外，另一种就是利用"分栏"对话框设置文本分栏。单击"分栏"按钮，在展开的下拉列表中单击"更多分栏"选项，弹出"分栏"对话框，应用预设的分栏样式，或自行设置分栏数据，并在下方设置每栏的宽度和间距，设置后可在右侧的"预览"选项组中预览设置后的文本分栏效果。

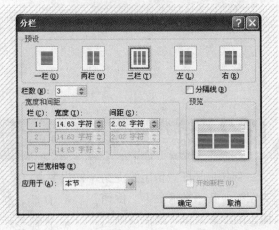

13.2.2 设置段落首字下沉

首字下沉，是指将指定段落第一行中的第一个字变大，并且下沉一定距离，而段落的其他部分保持原样。在制作海报时，可以利用段落首字下沉来突出显示海报中宣传的产品，例如将海报中第一段的第一个字——玉设置为首字下沉，以便让人一看就知道宣传的产品是玉。

01 Step **单击"首字下沉选项"选项**

切换至"插入"选项卡下，将光标置于需设置首字下沉的段落中，单击"文本"组中的"首字下沉"按钮，在展开的下拉列表中单击"首字下沉选项"选项。

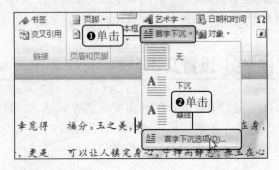

02 **Step** 设置下沉行数

在弹出的"首字下沉"对话框中设置下沉行数,例如设置为2,单击"确定"按钮。

03 **Step** 显示设置首字下沉的效果

返回文档主界面,此时可以看见文档中选中段落显示出设置首字下沉后的效果。

13.2.3 插入艺术字

在促销海报中,主题鲜明是非常重要的,既然是促销,就必须让看到这则海报的人的视线立刻移到促销的内容上。在 Word 中,可以考虑使用艺术字来达到此目的。

01 **Step** 选择艺术字样式

在"插入"选项卡下,单击"文本"组中的"艺术字"按钮,在展开的库中选择需要的样式,例如选择"填充-红色,强调文字颜色2,双轮廓-强调文字颜色2"样式。

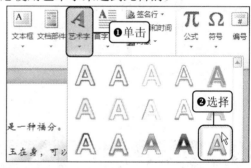

02 **Step** 插入艺术字文本框

返回文档主界面,此时可以看见文档中插入了所选择样式的艺术字,并在其中显示了提示文字。

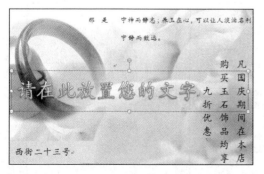

03 **Step** 添加艺术字

删除艺术字中的提示文字,然后输入需要突出显示的促销主题,如输入"国庆酬宾"。

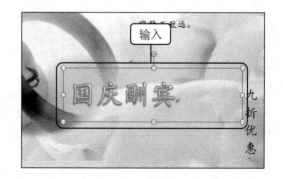

13.2.4 设置艺术字格式

在促销海报中,所添加的"国庆酬宾"4 个艺术字是以图形对象的形式放置在文档中的,为了使它们更符合版式的编排要求，还可以对它们进行一些诸如更改文字方向、应用内置样式等的设置。

01 Step 设置艺术字方向

选中"国庆酬宾"艺术字，切换至"绘图工具-格式"选项卡下，单击"文本"组中的"文字方向"按钮，在展开的下拉列表中单击"垂直"选项。

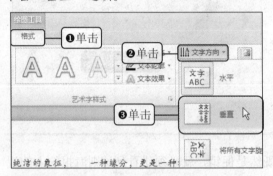

02 Step 设置艺术字形状样式

单击"形状样式"组中的快翻按钮，在展开的库中选择需要的样式，例如选择"浅色 1 轮廓，彩色填充-红色，强调颜色 2"样式。

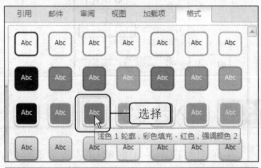

03 Step 显示设置艺术字格式后的效果

返回文档主界面，此时可以看见文档中的"国庆酬宾"艺术字在设置文字方向及套用形状样式后的显示效果。

设置完成的促销宣传单

13.3 产品使用说明书

使用说明书是向人们介绍关于某产品具体使用方法和步骤的说明文件。在商品经济的今天，人们在日常生活中的消费品多多少少会包含科技成分，为了使人们能更好地使用这些产品，各生产厂家均会准备一份通俗易懂的使用说明书，给用户以指导和帮助，下面介绍在 Word 中制作立体声耳机说明书的操作步骤。

知识要点：

★ 插入封面　　★ 使用样式格式化文档　　★ 自动生成目录页

★ 添加页眉和页脚

原始文件：实例文件\第 13 章\原始文件\立体声耳机使用说明书.docx

最终文件：实例文件\第 13 章\最终文件\立体声耳机使用说明书.docx

13.3.1 插入封面

多页的产品使用说明书通常会有一个封面，封面内容主要包括产品名称、公司标志等。用户在 Word 2010 中制作产品说明书封面时，可以选择性地插入 Word 2010 内置的封面样式，在插入封面时可根据厂家及产品的风格等作为依据来选择，以节省自行设计封面的时间。下面介绍在 Word 中利用内置封面样式制作立体声耳机产品说明书封面的方法。

01 Step 选择封面样式

打开随书光盘\实例文件\第 13 章\原始文件\立体声耳机使用说明书.docx，切换至"插入"选项卡下，单击"页"组中的"封面"按钮，在展开的库中选择符合内容的封面样式，如选择"奥斯汀"样式。

02 Step 显示插入封面的效果

此时可以看到，文档首页显示出了插入的"奥斯汀"封面样式效果。

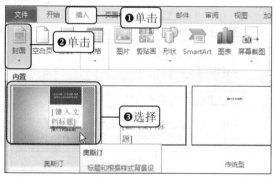

03 Step 输入封面内容

在封面中的"键入文档标题"区域中输入"立体声耳机"，然后在其下方和上方分别输入"使用说明书"、"SNY"，完成封面的简单制作。

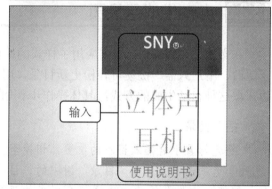

13.3.2 使用样式格式化文档

使用样式格式化文档，可以一次性应用多种格式效果，省去了多次设置的烦琐步骤。例如在编辑使用说明书时，需要将每一节的标题都应用相同的格式组合，此时可以使用样式快速格式化每个标题。Word 中有多种内置样式，用户在使用时可根据实际文档的字体、对齐方式等需要在内置样式中进行选择，也可以对其中与需求样式稍有差距的部分进行修改。

01 选择并修改标题样式
Step

切换至"开始"选项卡下，在样式框中右击"标题2"样式，在弹出的快捷菜单中单击"修改"选项。

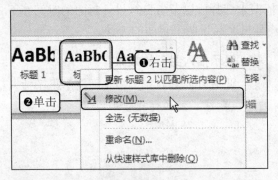

02 修改标题2样式
Step

弹出"修改样式"对话框，重新修改标题2的字体为"宋体"、字号为"四号"、对齐方式为"左对齐"。

03 应用"标题2"样式
Step

单击"确定"按钮后返回文档主界面，将使用说明书中的每一个标题都应用"标题2"样式。

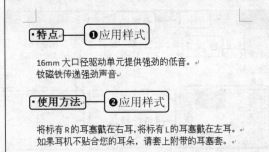

13.3.3 自动生成目录页

在文档中，Word会根据应用了样式的标题自动生成目录，如果文档中的标题部分发生了更改，用户只需一键便可轻松更新目录。用户在设置生成立体声耳机说明书的目录时就可以采取这种自动生成的方式，具体操作步骤如下：

01 插入目录
Step

将光标置于需插入目录的位置，切换至"引用"选项卡下，单击"目录"组中的"目录"按钮，在展开的库中选择符合要求的目录样式，例如选择"自动目录1"样式。

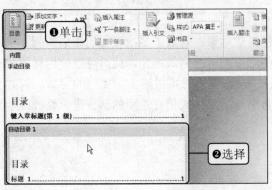

02 显示插入的目录效果
Step

此时可以看见，在立体声耳机说明书中自动生成了目录，并且该目录套用了"自动目录1"样式。

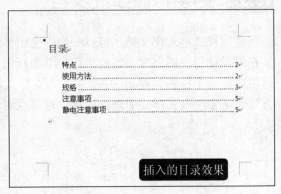

插入的目录效果

设置目录级别

在 Word 文档中如果有多级标题，可以在生成目录时对显示的目录级别进行设置，还可以对每一级目录的样式进行设置。在"引用"选项卡下单击"目录"组中的"目录"按钮，在展开的下拉列表中单击"插入目录"选项，弹出"目录"对话框，然后在"显示级别"文本框中输入需要的目录级别。如需对每一级目录进行样式设置可单击"修改"按钮，在弹出的对话框中根据提示进行操作。

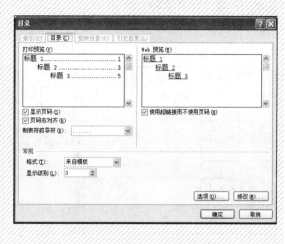

13.3.4 添加页眉和页脚

页眉和页脚通常用于显示文档的附加信息，在产品使用说明书中，页眉、页脚内容可以包括制造商名称、标志或产品的名称、缩略图等，这样不仅能使说明书看起来更美观，也能起到宣传推广的作用。

01 Step 选择页眉页脚样式

切换至"插入"选项卡下，单击"页眉和页脚"组中的"页眉"按钮，在展开的库中选择"空白"样式。

02 Step 显示插入的页眉页脚区域

此时可以看到，文档中显示出页眉和页脚的编辑区域。

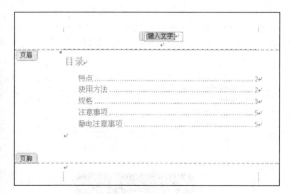

03 Step 输入页眉

将光标固定在页眉区域中的"编辑文字"处，输入"SNY 立体声耳机使用说明书"。然后按【Ctrl+R】组合键，设置页眉右对齐。

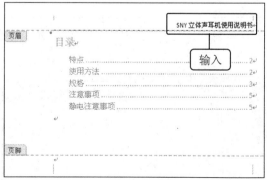

04 Step 单击"转至页脚"按钮

切换至"页眉和页脚工具-设计"选项卡下，单击"导航"组中的"转至页脚"按钮。

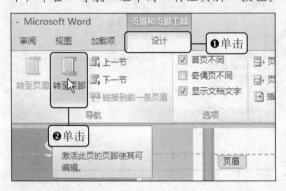

05 Step 单击"图片"按钮

单击"插入"组中的"图片"按钮。

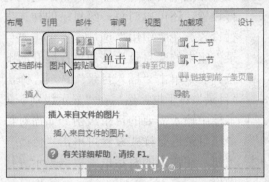

06 Step 选择图片

弹出"插入图片"对话框后，在"查找范围"下拉列表中选择图片所在的文件夹，在列表框中单击选定图片，再单击"插入"按钮。

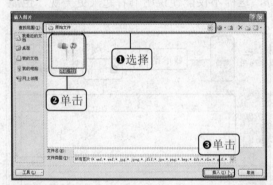

07 Step 调整插入图片的大小

此时可以看见，页脚区域中显示出了插入的图片，将指针移至图片对角控制点上，当指针变成双向箭头形状时，按住鼠标左键不放并拖动，调整图片至合适的大小。

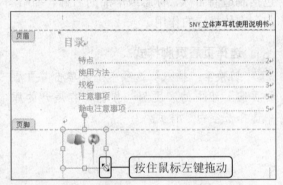

08 Step 设置页眉、页脚区域大小

在"位置"组中设置页眉顶端距离与页脚底端距离分别为 1.4 厘米、1.4 厘米。

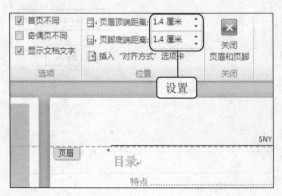

09 Step 关闭页眉和页脚

选中页脚图片后按【Ctrl+R】组合键，然后单击"关闭"组中的"关闭页眉和页脚"按钮，可以看到说明书中添加了页眉和页脚效果。

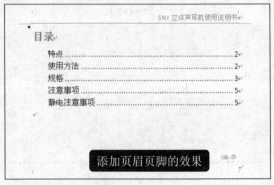

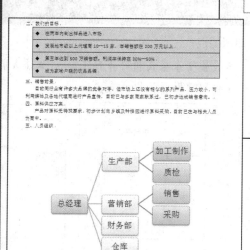

Chapter

14

高质量企划书的撰写

本章知识点

★ 插入剪贴画
★ 设置段落格式
★ 添加项目符号
★ 应用 SmartArt 样式及颜色
★ 绘制自选图形并设置格式

★ 设置剪贴画的环绕方式
★ 添加边框和底纹
★ 插入 SmartArt 图形
★ 插入表格
★ 设置表格对齐方式

企划书是创业者或企业主与潜在投资者的一种最有效的沟通方式，因此制作一份高质量的企划书是奠定一项计划成功的基石。一份完整的企划书通常包括封面、正文、细化内容、附件几个部分，因此应从这几个方面的细节进行企划书的设计与撰写。

14.1 企划书的封面

企划书的封面非常重要，封面的精美程度将会直接影响阅读者对该企划书的第一印象。一份设计精美的企划书封面能使阅读者产生愉悦的阅读心情，从而促使企划目的的快速达成。下面介绍在 Word 中制作企划书封面的方法。

知识要点：
- ★ 设置文本格式和对齐方式
- ★ 设置剪贴画环绕的方式
- ★ 插入剪贴画

原始文件：实例文件\第 14 章\原始文件\企划书.docx
最终文件：实例文件\第 14 章\最终文件\企划书.docx

14.1.1 设置文本格式和对齐方式

要得到一份美观、整洁的企划书封面，合理设置封面文本是必不可少的，例如设置封面文本的字体、颜色和对齐方式等，具体操作如下：

01 Step 单击"字体"命令
打开随书光盘\实例文件\第 14 章\原始文件\企划书.docx，选中封面页中需要设置格式的文本，然后右击，在弹出的快捷菜单中单击"字体"命令。

02 Step 设置字体格式
在弹出的"字体"对话框中设置字体为"华文楷体"、字号为"四号"、字体颜色为"蓝色"。

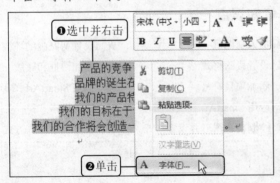

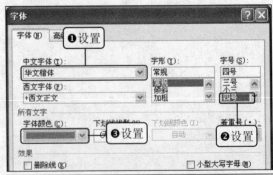

03 Step 显示设置后的封面文本
单击"确定"按钮后返回文档主界面，此时可以看到设置文本格式后的封面文本。

04 Step **设置文本左对齐**

选中需要设置的文本，然后在"开始"选项卡下单击"段落"组中的"文本左对齐"按钮。

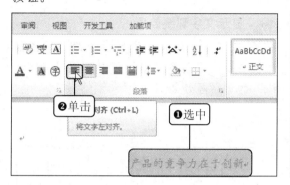

05 Step **显示设置后的效果**

此时可以看到，选中文本都显示出左对齐的效果。

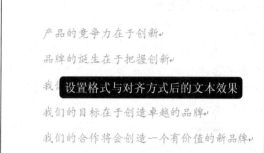

14.1.2 插入剪贴画

由于封面的文字较少，会使页面留下许多空白区域。适当的留白是可以的，但是过多的留白，会给人比较空洞的感觉。此时要在页面中插入一些其他元素，以使页面显得更丰富，更有活力，例如可以在其中插入剪贴画。

01 Step **单击"剪贴画"按钮**

切换至"插入"选项卡下，单击"插入"组中的"剪贴画"按钮。

02 Step **选择剪贴画**

弹出"剪贴画"任务窗格，在"搜索文字"文本框中输入关键字"人"，单击"搜索"按钮，在显示搜索结果的列表框中选择需要的剪贴画。

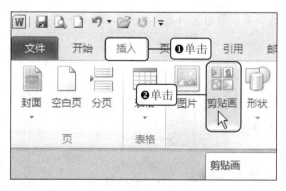

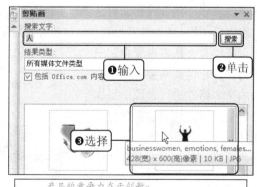

03 Step **显示插入剪贴画的效果**

此时，可以看见文档中插入了所选的剪贴画。

14.1.3 设置剪贴画的环绕方式

默认插入的剪贴画在文本中显得比较突兀，这时需要合理设置剪贴画的摆放位置，即更改其环绕方式，让剪贴画与周围文字配合得更好。

01 Step 选择环绕方式

在"图片工具-格式"选项卡下，单击"排列"组中的"位置"按钮，在展开的下拉列表中选择合适的环绕方式，例如单击"文字环绕"选项组中的"中间居中，四周文字环绕"选项。

02 Step 显示文字环绕效果

完成文字环绕的设置后微微调动图片的位置，可以看到"中间居中，四周文字环绕"的剪贴画效果。

14.2 企划书内容页

对于制作一份优秀的企划书来说，一个精美的封面只是迈出的第一步。因为涉及投资，所以阅读者会认真查看企划书的内容页，这就需要对内容页中的文本格式进行合理、层次分明的设置，让阅读者感受到制作者的逻辑与心思。

知识要点：

★ 设置段落格式　★ 添加边框和底纹　★ 添加项目符号

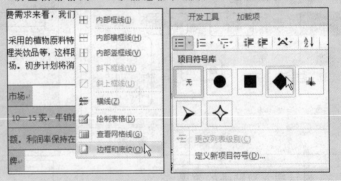

14.2.1 设置段落格式

为了使企划书的内容页美观、整洁，首先应从文本段落的格式开始设置，包括对段落的对齐方式、缩进值、间距等格式的设置。适当地加宽段落之间的间距，可以让企划书阅读起来更轻松。

01 单击"段落"命令
Step
选中需要进行格式设置的段落，然后右击，在弹出的快捷菜单中单击"段落"命令。

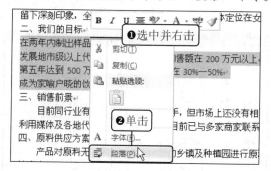

02 设置段落格式
Step
在弹出的"段落"对话框中设置段落左侧缩进"2字符"、行距为"1.5倍行距"。

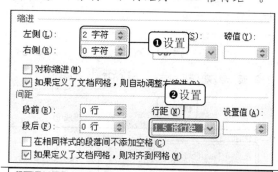

03 显示设置段落格式后的效果
Step
此时可以在企划书内容页中看到设置段落格式后的效果。

> 留下深刻印象，全面把握市场。初步计划将消费群体定位在女性及
> 二、我们的目标
> 　　在两年内制出样品进入市场
> 　　发展地市级以上代理商 10—15 家，年销售额在 200 万元以上
> 　　第五年达到 500 万销售额。利润率保持在 30%—50%
> 　　成为家喻户晓的饮品品牌
> 三、销售前景
> 　　目前同行业有许多大品牌的竞争对手，但市场上还没有相似的
> 利用媒体及各地代理商进行产品宣传，目前已与多家商家联系过，

设置段落格式的效果

14.2.2 添加边框和底纹

对于文本内容较多的文档，阅读者通常没有太多兴趣或是太多时间仔细阅读其中的内容，尤其是企划书这一类文档，阅读者由于事务太多无法细看，因此只能挑选其中的重要内容进行翻阅，在这种情况下策划者应该考虑实际情况，尽量在编辑时使文档内容条理清晰、重点突出，这既是对阅读者的尊重，也能使企划案被接受的概率增大。为文档中的部分文字添加边框和底纹有突出重点、吸引阅读者注意的功能。

01 单击"所有框线"选项
Step
选中需要添加框线的文本，单击"段落"组中"下框线"右侧的下三角按钮，在展开的下拉列表中单击"所有框线"选项。

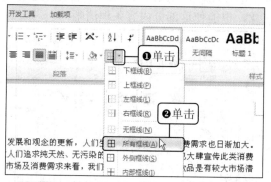

02 查看添加框线后的效果
Step
此时可以看见文档中选中的段落显示出应用了所选框线的效果。

> 我们根据每一款产品所采用的植物原料特性生产出一系列不同功效的饮
> 解墨、清热饮品，冬季的调理类饮品等，这样既避免了单一品种的竞争激烈、
> 留下深刻印象，全面把握市场。初步计划将消费群体定位在女性及学生群体
> 二、我们的目标
> 　在两年内制出样品进入市场
> 　发展地市级以上代理商 10—15 家，年销售额在 200 万元以上
> 　第五年达到 500 万销售额。利润率保持在 30%—50%
> 　成为家喻户晓的饮品品牌
> 三、销售前景
> 　目前同行业有许多大品牌的竞争对手，但市场上还没有相似的系列产品，
> 利用媒体及各地代理商进行产品宣传，目前已与多家商家联系过，已初步达

03
Step 单击"边框和底纹"选项

选中之前的文本，单击"下框线"右侧的下三角按钮，在展开的下拉列表中单击"边框和底纹"选项。

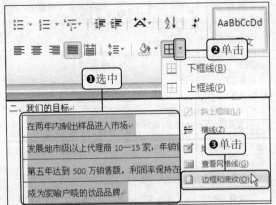

04
Step 设置边框样式

弹出"边框和底纹"对话框，在"边框"选项卡下设置边框颜色为"蓝色"、宽度为"1 磅"。

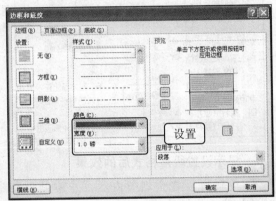

05
Step 设置底纹颜色

切换至"底纹"选项卡下，设置底纹的填充颜色为"浅蓝色"，然后单击"确定"按钮。

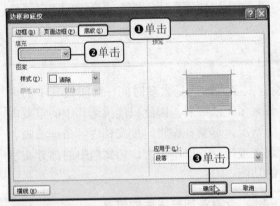

06
Step 显示设置底纹和边框后的效果

返回文档主界面，此时可以看见目标文本显示出设置底纹和边框后的效果。

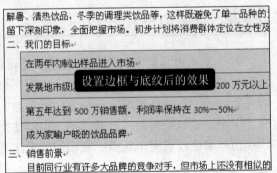

14.2.3 添加项目符号

项目符号通常应用于段落开头，有标记和提示的作用。在企划书中为某些希望引起阅读者注意的段落添加项目符号，既能提醒阅读者注意，也能使这部分内容条理清晰。

01
Step 选择项目符号

选中需要添加项目符号的段落，单击"段落"组中"项目符号"右侧的下三角按钮，在展开的项目符号库中选择需要的项目符号样式。

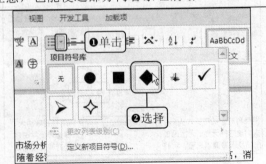

02 显示添加项目符号后的效果
Step

此时可以看见选中段落应用了所选项目符号的效果。

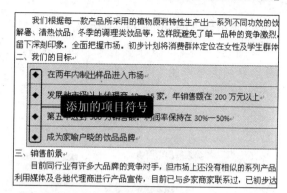

我们根据每一款产品所采用的植物原料特性生产出一系列不同功效的饮解暑、清热饮品，冬季的调理类饮品等，这样既避免了单一品种的竞争激烈，留下深刻印象，全面把握市场。初步计划将消费群体定位在女性及学生群体

二、我们的目标

◆ 在两年内制出样品进入市场

◆ 发展地市级以上代理商 10～15 家，年销售额在 200 万元以上

◆ 第五年达到 500 万元销售额，利润率保持在 30%—50%

◆ 成为家喻户晓的饮品品牌

添加的项目符号

三、销售前景

目前同行业有许多大品牌的竞争对手，但市场上还没有相似的系列产品利用媒体及各地代理商进行产品宣传，目前已与多家商家联系过，已初步达

14.3 参与人员组织结构图

在企划书中应给出策划项目的细化内容，如人员组织结构。这一部分内容通常需要借助结构示意图来进行展示说明，Word 2010 提供了SmartArt 图形样式，用户可以根据需要展示的人员组织关系结构挑选合适的样式，再进行设置。

知识要点：

★ 插入 SmartArt 图形　　★ 应用 SmartArt 图形样式及颜色

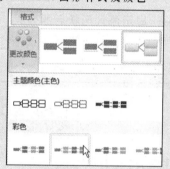

14.3.1 插入 SmartArt 图形

在企划书中应用 SmartArt 图形展示策划项目的人员组织结构，可以使参与人员的工作职责、相互间的关系通过简化、明了的图形方式表现出来，避免了复杂、烦琐的文字描述，既能节省编辑者和阅读者的时间，也能使整个文档内容看起来更丰富多彩、清晰易懂。

01 单击"SmartArt"按钮
Step

将光标置于文档中需要插入人员组织结构图的位置，切换至"插入"选项卡下，单击"插图"组中的"SmartArt"按钮。

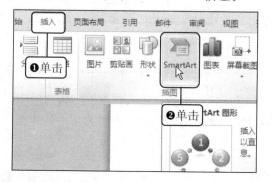

02 选择 SmartArt 图形样式
Step

弹出"选择 SmartArt 图形"对话框，单击左侧的"层次结构"选项，在右侧的"层次结构"子集中单击"水平层次结构"图标。

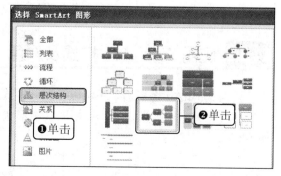

03 Step 显示插入的 SmartArt 图形效果

单击"确定"按钮后返回文档主界面，可以看到文档中指定位置显示出了所选中的 SmartArt 图形。

04 Step 在第一个形状下方新增形状

选中第一个形状，在"SmartArt 工具-设计"选项卡下单击"创建图形"组中的"添加形状"下三角按钮，在展开的列表中单击"在下方添加形状"选项。

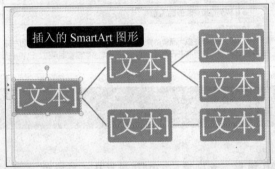

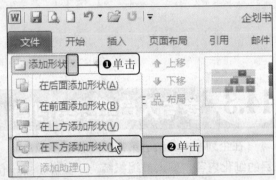

05 Step 显示添加形状后的效果

此时可以看见 SmarArt 图形中的指定位置添加了一个形状。

06 Step 添加多个形状

按上一步操作继续添加形状，直到满足组织结构图形状数量的需要。

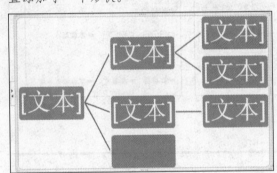

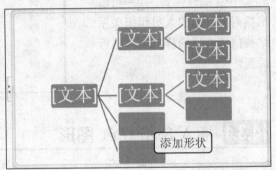

07 Step 添加文字

依次在 SmartArt 图形的形状中输入各职位及部门名称，完成人员组织结构图的创建。

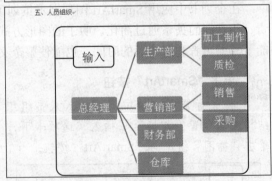

14.3.2 应用 SmartArt 样式及颜色

插入 SmartArt 图形后，还可以设置其样式及颜色，例如为插入的人员组织结构图形应用三维样式、突出轮廓样式等，并根据其中形状的级别设置不同的颜色来表明关系，具体操作如下。

01 Step 选择 SmartArt 样式

选中文档中的 SmartArt 图形，切换至 "SmartArt 工具-设计"选项卡下，单击"SmartArt 样式"组中的快翻按钮，在展开的库中选择需要的样式，例如选择"细微效果"样式。

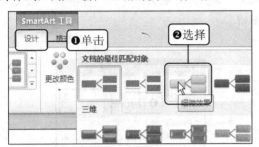

02 Step 显示应用 SmartArt 样式后的效果

此时可以看见文档中的人员组织结构图显示出应用所选样式后的效果。

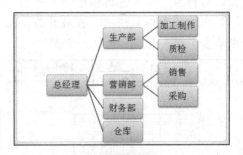

03 Step 选择彩色样式

选中 SmartArt 图形，单击"SmartArt 样式"组中的"更改颜色"按钮，在展开的库中选择"彩色"组中的"彩色范围-强调文字颜色 2 至 3"样式。

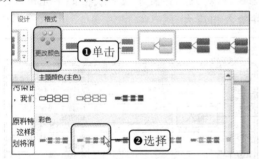

04 Step 显示应用颜色后的效果

此时可以看见文档中的 SmartArt 图形显示出了应用所选颜色样式后的效果。

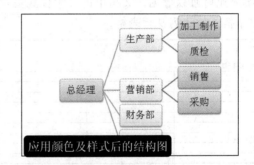

应用颜色及样式后的结构图

14.4 企划投资预算表

企划书有邀约投资的目的，那么在企划书中必然会有关于策划项目的投资预算统计数据供阅读者参考，这一部分数据通常会以表格的形式展示。将预算表的格式设置得工整、美观，可以让阅读者对策划者的工作态度有一个良好的印象。

知识要点：

★ 建立表格　　★ 调整表格行高与列宽　　★ 设置表格对齐方式

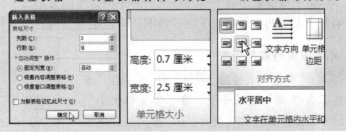

14.4.1 建立预算表

建立预算表的方式有很多，可以先在文档中输入预算内容，再将文字转化为表格形式，也可以先在文档中插入表格，再根据预算表的内容多少设置列数与行数。这里用直接插入表格的方式介绍企划书中预算表的建立，具体操作如下。

01 Step 单击"插入表格"选项

将光标置于文档中需要建立预算表的位置，切换至"插入"选项卡下，单击"表格"组中的"表格"按钮，在展开的下拉列表中单击"插入表格"选项。

02 Step 设置插入表格的行数与列数

在弹出的"插入表格"对话框中设置列数为"3"、行数为"9"，再单击"确定"按钮。

03 Step 显示插入的表格

此时可以看见，文档中的目标位置显示出了插入的3列9行表格。

04 Step 在表格中输入文字

依次将光标置于预算表格的单元格内，并输入相应内容。

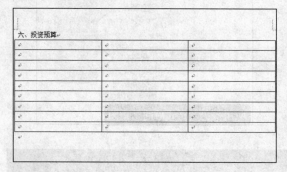

六、投资预算

项目	预算费用	备注
硬件设施	3900000	包括厂房、机器设备的购置
燃料动力	20000	生产时运行设备所需
原料采购	60000	包含生产原料及运输费用
直接人工	210000	按当地工人及管理人员工资标准预算
直接材料	800000	日常生产所需水电等
宣传费用	700000	包含制作宣传海报、电台广告等预算
其他费用	50000	不可预见费用
合计	5740000	

14.4.2 调整行高和列宽

由于预算表中每个单元格的内容不同，可能会造成不同单元格的大小出现差异，从而影响整个表格的效果。对于这种情况，可以根据其内容设置行高和列宽来调整。

01 Step 设置行高与列宽

选中插入表格的"项目"列，切换至"表格工具-布局"选项卡下，在"单元格大小"组中设置预算表的高度为"0.7厘米"、宽度为"2.5厘米"。

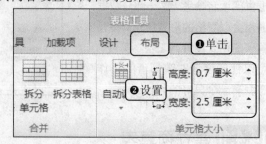

02 设置另外两列的行高与列宽
Step

按照上一步的操作方式，设置"预算费用"与"备注"两列的行高不变，列宽分别设为 3.7 厘米、9 厘米，之后可在文档中看见对应的显示效果。

六、投资预算	预算费用	**设置行高与列宽后的预算表**
硬件设施	3900000	包括厂房、机器设备的购置
燃料动力	20000	生产时运行设备所需
原料采购	60000	包含生产原料及运输费用
直接人工	210000	按当地工人及管理人员工资标准预算
直接材料	800000	日常生产所需水电等
宣传费用	700000	包含制作宣传海报、电台广告等预算
其他费用	50000	不可预见费用
合计	5740000	

14.4.3 设置表格的对齐方式

在表格中，文本内容的统一对齐可以使整个表格显得整洁清晰，默认的文本对齐方式为靠上两端对齐。这里可以根据预算表的内容将其设置为其他的对齐方式，例如设置为水平居中，使单元格中的空白部分对称。

01 单击"水平居中"按钮
Step

选中表格，在"表格工具-布局"选项卡下单击"对齐方式"组中的"水平居中"按钮。

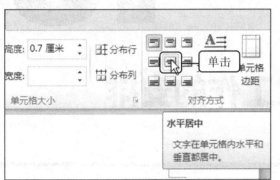

02 显示设置对齐方式后的表格效果
Step

此时可以看见，文档中的表格显示出了应用对齐方式的效果。

六、投资预算	预算费用	备注
项目	预算费用	备注
硬件设施	3900000	包括厂房、机器设备的购置
燃料动力	20000	生产时运行设备所需
原料采购	60000	包含生产原料及运输费用
直接人工		**设置对齐方式后的预算表**
直接材料	800000	日常生产所需水电等
宣传费用	700000	包含制作宣传海报、电台广告等预算
其他费用	50000	不可预见费用
合计	5740000	

会议室安排登记表				
日期 ＼ 会议内容	第一会议室	第二会议室	第三会议室	第四会议室
2011-9-6	员工大会			
2011-9-7			职业经理人演讲	
2011-9-8		销售经理述职报告		
2011-9-9				销售代表培训
2011-9-12	新员工基础培训			
2011-9-13	销售技能培训			
2011-9-14			生产技能培训	
2011-9-15		售后服务培训		
2011-9-16			设计经理述职报告	
2011-9-19	软件系统培训			
2011-9-20				新员工技能培训
	绩效系统评估	财务经理述职报告		
		员工职能评估		

办公用品领用单

制表日期：2011.9.2　　制表人：李霞

领用时间	领用部门	领用人	用品名称	规格	数量	单价（元）	总价（元）
2011-9-5	销售部	王莹	A4纸	包	2	￥20.00	￥40.00
2011-9-6	运营部	吴清	胶带	卷	2	￥8.00	￥16.00
2011-9-7	人事行政部	谢郝	A4纸	包	8	￥20.00	￥160.00
2011-9-9	仓储部	谢排	16K笔记本	本	15	￥2.50	￥37.50
2011-9-9	销售部	崔凯	剪刀	把	5	￥4.00	￥20.00
2011-9-10	仓储部	龙晨	鼠标	个	10	￥31.00	￥310.00
2011-9-11	仓储部	张博	键盘	个	5	￥32.00	￥160.00
2011-9-12	运营部	陈倩	图钉	盒	1	￥1.00	￥2.00
2011-9-14	销售部	李叶繁	图钉	盒	2	￥1.00	￥2.00
2011-9-14	销售部	崔凯	拉杆夹	个	5	￥1.00	￥5.00
2011-9-15	仓储部	范鹏	档案袋	个	10	￥0.25	￥2.50
2011-9-15	运营部	邹萍	鼠标	个	1	￥31.00	￥31.00
2011-9-17	销售部	张志贵	鼠标	个	1	￥31.00	￥31.00
2011-9-18	人事行政部	谢郝	A4纸	包	3	￥20.00	￥60.00

Chapter

15

办公室日常工作的安排

本章知识点

- ★ 创建登记簿表格
- ★ 建立"来访方式"下拉列表
- ★ 设置日期格式
- ★ 自动填充工作日
- ★ 应用单元格样式
- ★ 保存来访记录登记簿
- ★ 限制电话位数
- ★ 自定义斜线表头
- ★ 自动调整列宽
- ★ 设置字体与数字样式

在公司的日常办公中，经常会使用 Excel 来制作一些常用的工作安排表，例如来访记录登记簿等。本章将以工作中常用的来访记录表、会议室安排登记表和办公用品领用表为例，来介绍如何在 Excel 中创建和设置它

15.1 来访记录登记簿

来访记录登记簿主要用于登记访问公司的外部人员，利用来访记录登记簿可以合理地安排来访人员的访问时间。在创建登记簿的过程中，用户可以根据需求对工作表中的数据进行格式设置和有效性限制，以节约登记的时间。

知识要点：

★ 创建登记录表格　★ 保存来访记录登记簿

★ 建立下拉列表　★ 限制电话位数

原始文件：无

最终文件：实例文件\第 15 章\最终文件\来访记录登记簿.xlsx

15.1.1 创建登记簿表格

来访记录登记簿主要用于记录拜访公司的外来人员信息，由于 Excel 中已经有现成的单元格行列框架，所以只需在已有的 Excel 工作表中直接添加边框就能构建一个登记表的简单表格。

01 Step 启动 Microsoft Excel 2010 程序

单击"开始"按钮，在弹出的"开始"菜单中依次单击"所有程序>Microsoft Office>Microsoft Excel 2010"命令。

02 Step 重命名工作表

在新建的"工作簿 1"中双击 Sheet1 工作表标签，然后输入新的工作表名称"登记簿表格"。

03 Step 查看重命名后的显示效果

按【Enter】键或单击工作表中的任意位置，即可看见创建的"登记簿表格"。

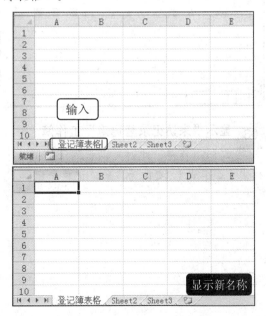

04 Step 添加边框

选中 A2:H20 单元格区域，在"字体"组中单击"边框"右侧的下三角按钮，在展开的下拉列表中单击"所有框线"选项。

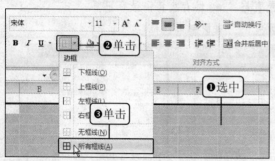

05 Step 显示"来访记录登记簿"工作簿

返回工作簿，在表格中输入如下图所示的内容。

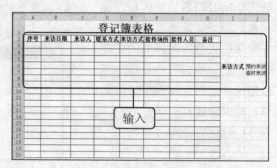

15.1.2 保存来访记录登记簿

登记簿表格在建立后，为防止因某些偶然因素（例如突然断电、蓝屏等）而导致表格数据的丢失，首先要对建立的工作簿进行保存，其具体操作步骤如下。

01 Step 单击"保存"按钮

单击快速访问工具栏中的"保存"按钮，对工作簿进行保存。

02 Step 设置工作簿名称

首次保存会弹出"另存为"对话框，在"保存位置"下拉列表中选择保存位置，在"文件名"文本框中输入文件名"来访记录登记簿"，然后单击"保存"按钮。

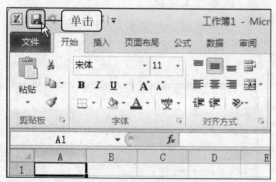

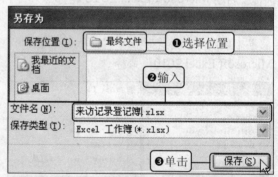

03 Step 显示"来访记录登记簿"工作簿

返回工作簿，此时可以看到工作簿的名称由"工作簿1"更改为"来访记录登记簿"。

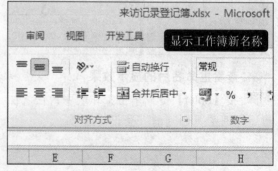

15.1.3 使用数据有效性建立"来访方式"下拉列表

常见的来访方式包括临时来访和预约来访两种，为了方便快速输入，可以利用数据有效性建立"来访方式"下拉列表，直接在下拉列表中选择来访方式。创建来访方式列表的具体操作步骤如下。

01 Step 选择要设置数据有效性的单元格区域

选择要设置数据有效性的单元格区域，例如选择 E2:E20 单元格区域。

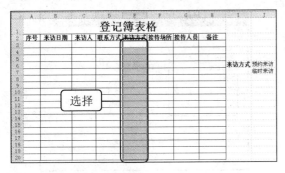

02 Step 单击"数据有效性"选项

切换至"数据"选项卡下，单击"数据工具"组中的"数据有效性"按钮。

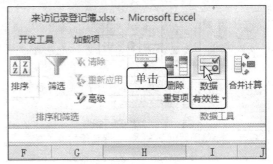

03 Step 设置有效性条件

弹出"数据有效性"对话框，在"设置"选项卡下的"允许"下拉列表中选择"序列"选项，然后单击"来源"右侧的展开按钮。

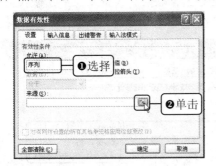

04 Step 设置来源

在工作表中选择"来访方式"的数据源，例如选择 J6:J7 单元格区域，然后单击"数据有效性"对话框的展开按钮。

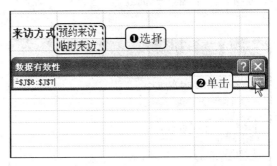

05 Step 单击"确定"按钮

返回"数据有效性"对话框，确认无误后单击"确定"按钮。

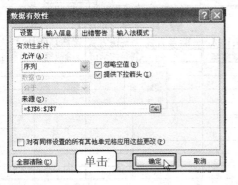

06 Step 显示"来访方式"下拉列表

返回工作表，选中 E3 单元格，单击右侧的下三角按钮，即可看见创建的下拉列表。

15.1.4 使用数据有效性限制电话位数

一般情况下，来访人员留下的联系方式最好是手机号，这样会更方便联络。而手机号的文本长度固定为 11 位，此时可使用数据有效性限制其位数，以保证记录的准确性。

01 Step 单击"数据有效性"选项

选择 D3:D20 单元格区域，单击"数据有效性"下三角按钮，在展开的下拉列表中单击"数据有效性"选项。

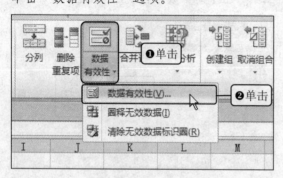

02 Step 设置数据有效性

弹出"数据有效性"对话框，在"设置"选项卡下分别设置"允许"为"文本长度"、"数据"为"等于"、"长度"为 11。

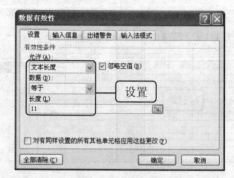

03 Step 设置提示信息

切换至"输入信息"选项卡下，在"标题"文本框中输入"提醒"，在"输入信息"下方输入"请输入手机号！"。

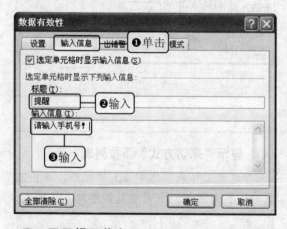

04 Step 设置出错警告信息

切换至"出错警告"选项卡下，设置"样式"为"停止"，在"标题"文本框中输入"出错！"，在"错误信息"下方输入"请输入 11 位的手机号码！"，单击"确定"按钮。

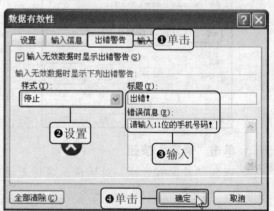

05 Step 显示提示信息

返回工作表后，当指针指向 D3 单元格时，就会在下方显示设置的提示信息内容。

登记簿表格

来访人	联系方式	来访方式	接待场所	接待人员
张幼斌		预约来访	洽谈室	销售经理
	提醒 请输入手机号！			

06 显示出错警告
Step 当在 D3 单元格中输入非 11 位手机号码时，按【Enter】键后会出现"出错警告"对话框，单击"重试"按钮即可重新输入。

07 显示重新输入的结果
Step 重新输入 11 位号码的联系方式后按【Enter】键，即可看见该联系方式被成功录入到登记簿表格中。

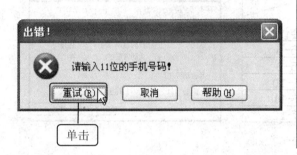

单击

登记簿表格

来访人	联系方式	来访方式	接待场所	接待人员
	13965824562			
	显示输入结果			

15.1.5 输入来访日期并设置日期格式

当需要对登记簿中日期的输入范围进行限制时，同样可以利用数据有效性来实现。例如在登记簿中只需要记录 9 月份来访者的信息，具体操作步骤如下。

01 单击"数据有效性"选项
Step 选中 B3:B20 单元格区域，切换至"数据"选项卡下，在"数据工具"组中单击"数据有效性"下三角按钮，在展开的下拉列表中单击"数据有效性"选项。

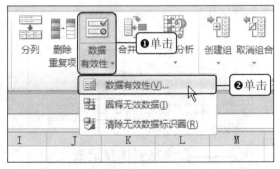

02 设置日期范围
Step 弹出"数据有效性"对话框，在"设置"选项卡中设置"允许"为"日期"、"数据"为"介于"、"开始日期"为"2011-9-1"、"结束日期"为"2011-9-30"，单击"确定"按钮。

03 显示设置效果
Step 返回工作表后，按照设置的有效性条件输入来访登记信息，可以看到数据按照设置要求显示了出来。若输入的日期不在 2011 年 9 月 1 日至 2011 年 9 月 30 日之间，则会自动弹出警告对话框，阻止用户输入，单击"重试"按钮即可关闭对话框重新输入正确的来访日期。

登记簿表格

序号	来访日期	来访人	联系方式	来访方式	接待场所	接待人员	备注
1	2011年9月4日	张幼斌	13965824562	预约来访	洽谈室	销售经理	
2	2011年9月5日	李梦晓	13562865985	临时来访	洽谈室	销售经理	
3	2011年9月8日	吴晗	13546856432	预约来访	洽谈室	销售经理	
4	2011年9月10日	孙阳	13332562541	临时来访	洽谈室	销售经理	
5	2011年9月11日	李如	13741205624	预约来访	行政部	行政经理	面试人员
6	2011年9月12日	孟昭兰	13024568562	预约来访	洽谈室	销售经理	
7	2011年9月16日	王阳	13314578596	预约来访	洽谈室	销售经理	
8	2011年9月18日	周欣	13856243014	临时来访	洽谈室	销售经理	
9	2011年9月20日	陈丽	13966582102	预约来访	洽谈室	销售经理	
10	2011年9月20日	刘琴	13214056589	预约来访	洽谈室	销售经理	
11	2011年9月21日	许洁	13562486953	临时来访	行政部	行政经理	面试人员
12	2011年9月21日	张亮	13686954521	预约来访	洽谈室	销售经理	
13	2011年9月24日	孙晨希	13654854562	预约来访	洽谈室	销售经理	
14	2011年9月24日	李文	13254565852	预约来访	洽谈室	销售经理	
15	2011年9月26日	杨琳	13451262546	预约来访	行政部	行政经理	面试人员
16	2011年9月27日	杜敏	13968633362	预约来访	行政部	行政经理	
17	2011年9月29日	陈曦	13988585520	预约来访	洽谈室	销售经理	
18	2011年9月30日	萧萧	13702100213	预约来访	洽谈室	销售经理	

显示设置效果

15.2 会议室安排登记表

公司会议室的使用会根据
参加会议的人数和时间进行合
理安排，为了能清晰地显示各
会议室的具体安排情况，可以
建立一个会议室安排登记表，
登记近期会议的安排场地和内
容。

知识要点：

★自定义斜线表头 ★自动填充工作日 ★自动调整列宽

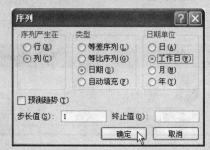

原始文件：实例文件\第 15 章\原始文件\会议室安排登记表.xlsx
最终文件：实例文件\第 15 章\最终文件\会议室安排登记表.xlsx

15.2.1 自定义斜线表头

在制作会议室安排登记表时，用户可以通过自定义斜线表头来区分登记表的项目标题，
其具体操作步骤如下。

01 Step 单击"直线"图标
打开随书光盘\实例文件\第 15 章\原始
文件\会议室安排登记表.xlsx，切换至"插入"
选项卡下，在"插图"组中单击"形状"下
三角按钮，在展开的下拉列表中单击"线条"
组中的"直线"图标。

02 Step 选择"细线-深色 1"样式
在 A2 单元格中绘制斜线，绘制完成后
切换至"绘图工具-格式"选项卡下，在"形
状样式"图表框中选择"细线-深色 1"样式，
改变斜线样式。

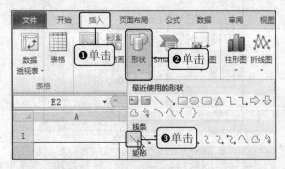

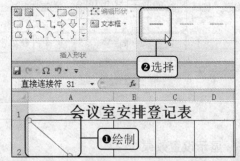

03 Step 继续建立斜线表头
使用相同的方法，在 A2 单元格中绘制
第二条斜线，然后应用相同的"细线-深色 1"
样式。

15.2.2 自动填充工作日

在定义斜线表头之后，可以通过插入文本框插入标题，并在日期列中自动填充工作日来确定会议安排时间，具体操作步骤如下。

01 **Step** 单击"横排文本框"选项

在 B2:E2 单元格区域中输入登记表标题内容，切换至"插入"选项卡下，单击"文本"组中的"文本框"下三角按钮，在展开的下拉列表中单击"横排文本框"选项。

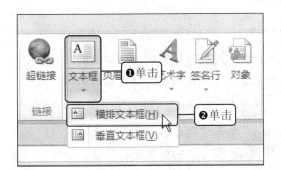

02 **Step** 输入文本内容

在 A2 单元格的左下角和右上角绘制文本框并分别输入"日期"和"会议室"文本，设置 A2 单元格的对齐方式为底部对齐，然后通过输入空格将光标移至右下角，并输入"会议内容"文本。

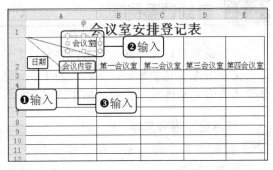

03 **Step** 单击"系列"选项

在 A3 单元格中输入"2011-9-6"，然后选择 A3:A16 单元格区域，在"开始"选项卡下的"编辑"组中单击"填充"下三角按钮，在展开的下拉列表中单击"系列"选项。

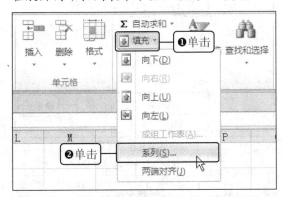

04 **Step** 设置序列

弹出"序列"对话框，在"类型"选项组中单击选中"日期"单选按钮，在"日期单位"选项组中单击选中"工作日"单选按钮，然后单击"确定"按钮。

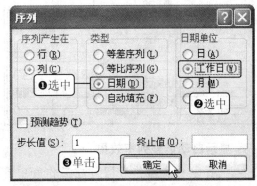

05 **Step** 显示自动填充工作日

此时，在 A3:A16 单元格区域中显示了按工作日填充的日期效果。

3	2011-9-6
4	2011-9-7
5	2011-9-8
6	2011-9-9
7	2011-9-12
8	2011-9-13
9	2011-9-14
10	2011-9-15
11	2011-9-16
12	2011-9-19
13	2011-9-20
14	2011-9-21
15	2011-9-22

显示填充效果

高
效
实
用
技
巧

通过填充柄填充工作日

除了可以利用"序列"自动填充工作日之外，用户还可以利用填充柄填充工作日。在单元格中输入日期后，选中此单元格，并将指针移至该单元格右下角，当指针呈十字形状时，按住鼠标左键向下拖动至目标单元格处，单击"自动填充选项"按钮，从展开的列表中单击选中"以工作日填充"单选按钮即可。

15.2.3 自动调整列宽

在会议室登记表中输入相关内容时，若输入的文本过长会导致超出单元格的默认宽度，此时文本将无法完全显示。因此，为了登记表的工整和美观，用户可以设置自动调整列宽，使文本内容完整地显示在单元格中，具体操作步骤如下。

01 Step 输入会议内容文本

在工作表中输入九月份工作日中会议内容的文本数据。

02 Step 单击"自动调整列宽"选项

选择 A2:E16 单元格区域，切换至"开始"选项卡下，单击"单元格"组中的"格式"下三角按钮，在展开的下拉列表中单击"自动调整列宽"选项。

03 Step 显示自动调整列宽效果

执行上一步操作后即可在工作表中看到自动调整列宽后的数据显示效果，可见所有的文本数据都完整地显示在对应的单元格中，保存退出即可。

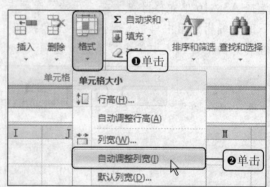

15.3 办公用品领用单

办公用品领用单主要用于记录领用办公用品的相关信息，该表单主要包括领用时间、领用物品、领用人员、用品名称等内容。创建办公用品领用单比较简单，这里就不再介绍，本节主要介绍利用单元格样式、边框和底纹样式来美化办公用品领用单的相关内容。

知识要点：

★ 应用单元格样式 ★ 设置字体与数字样式
★ 设置边框和底纹样式

领用时间	领用部门
2011-9-5	销售部
2011-9-6	运营部
2011-9-7	人事行政部
2011-9-9	仓储部
2011-9-9	销售部
2011-9-10	仓储部
2011-9-11	仓储部
2011-9-12	运营部
2011-9-14	销售部

领用时间	领用部门
2011-9-5	销售部
2011-9-6	运营部
2011-9-7	人事行政部
2011-9-9	仓储部
2011-9-9	销售部
2011-9-10	仓储部
2011-9-11	仓储部
2011-9-12	运营部
2011-9-14	销售部

原始文件：实例文件\第 15 章\原始文件\办公用品领用单.xlsx
最终文件：实例文件\第 15 章\最终文件\办公用品领用单.xlsx

15.3.1 应用单元格样式

在数据输入完整的办公用品领用单上，用户可以对单元格应用样式，以突出显示该单元格中的内容，下面介绍具体的操作步骤。

01 Step 选择"强调文字颜色 1"样式

打开随书光盘\实例文件\第 15 章\原始文件\办公用品领用单.xlsx，选择 A3:H3 单元格区域，切换至"开始"选项卡下，在"样式"组中单击"单元格样式"下三角按钮，在展开的下拉列表中选择"主题单元格样式"选项组中的"强调文字颜色 1"样式。

02 Step 显示应用单元格样式效果

返回工作表，此时可以看到 A3:H3 单元格区域已应用了所选择的"强调文字颜色 1"样式。

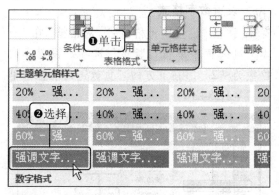

15.3.2 设置字体与数字格式

对于办公用品领用单内容的字体和数字，用户同样可以进行设置，例如设置"办公用品领用单"标题的字体样式，为"单价"、"总价"列的数值设置货币符号，以及设置数据的对齐方式等，使整张表格更加工整、美观，具体操作步骤如下。

01 Step 单击"字体"组对话框启动器

选择 A2:H21 单元格区域，在"开始"选项卡下的"字体"组中单击对话框启动器。

02 Step 设置字体样式

弹出"设置单元格格式"对话框，切换至"字体"选项卡下，设置"字体"为"仿宋"、"字形"为"常规"、"字号"为"12"。

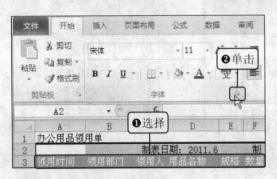

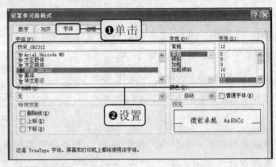

03 Step 设置标题字体样式

单击"确定"按钮后返回工作表，选中 A1 单元格，在"字体"组中设置字体为"宋体"，设置字号为"24"，然后单击"加粗"按钮。

04 Step 显示设置效果

返回工作表后，可以看到工作表在设置字体设置后的效果。

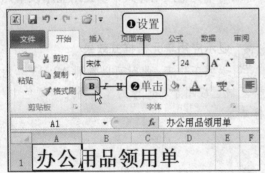

05 Step 单击"设置单元格格式"命令

右击所选择的 G4:H21 单元格区域，在弹出的快捷菜单中单击"设置单元格格式"命令。

06 Step 设置数字格式

弹出"设置单元格格式"对话框，在"分类"列表框中单击"货币"选项，设置小数位数为"2"，在下方的"负数"列表框中单击"￥1,234.10"选项。

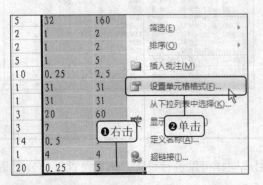

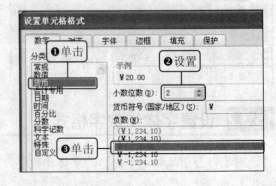

07 设置对齐方式

Step 单击"确定"按钮返回工作表中，合并 A1:H1 单元格区域，并设置标题居中对齐，然后设置工作表中其他文本的对齐方式为"居中"。

15.3.3 设置边框与底纹

在完成单元格样式和字符格式的设置后，可为办公用品领用单添加边框和底纹样式，让领用单的外观更加美观。设置领用单边框和底纹的具体操作步骤如下。

01 单击"设置单元格格式"命令

Step 选择 A4:H21 单元格区域，右击该单元格区域中的任一单元格，在弹出的快捷菜单中单击"设置单元格格式"命令。

02 设置边框样式

Step 弹出"设置单元格格式"对话框，切换至"边框"选项卡下，选择所需的边框样式，设置线条颜色为"深蓝色"，然后添加外边框和内部框线。

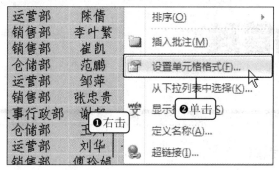

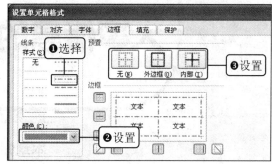

03 设置底纹样式

Step 切换至"填充"选项卡，在"背景色"下方选择"橙色，强调文字颜色6，淡色40%"选项。

04 显示设置边框和底纹效果

Step 单击"确定"按钮返回工作表，此时可看到办公用品领用单设置边框和底纹后的效果，最后将其保存退出。

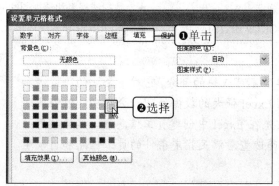

序号	姓名	毕业院校	任职岗位	入职日期	合同签订时间	合同签订年限	合同到期日期
4	陈凯	C大学	片区销售经理	2007-5-4	2007-8-31	2	2009-8-31
5	刘磊	D大学	行政副总经理	2006-6-7	2006-9-30	3	2009-9-30
6	龙星	C学院	行政助理	2007-5-9	2007-8-31	5	2012-8-31
7	李敏	A学院	片区销售经理	2005-8-22	2005-11-30	3	2008-11-30
8	陈浩	A大学	技术总监	2007-2-25	2007-5-31	2	2009-5-31
9	刘涛	A大学	技术主管	2008-4-5	2008-7-31	1	2009-7-31
10	谢强	F大学	宣传部部长	2009-6-2	2009-9-30	2	2011-9-30
11	刘刚	E大学	法律顾问	2008-6-9	2008-9-30	3	2011-9-30
12	郑熙	A大学	采购经理	2009-12-15	2010-3-31	1	2011-3-31
13	刘东	B大学	市场顾问	2008-11-6	2009-2-28	2	2011-2-28
14	黄丽	C学院	销售代表	2007-10-10	2008-1-31	3	2011-1-31
15	赵艳	G大学	销售主管	2007-12-11	2008-3-31	4	2012-3-31
16	张惠	F学院	销售代表	2007-2-23	2007-5-31	5	2012-5-31
17	何东	H大学	销售代表	2007-6-18	2007-9-30	3	2010-9-30
18	陈润	H大学	广告策划员	2008-3-21	2008-6-30	1	2009-6-30
19	钢钢	F大学	技术员	2009-6-29	2009-9-30	3	2012-9-30
20	李可	B大学	人力资源总监	2006-10-6	2007-1-31	2	2009-1-31
		C大学	财务总监	2008-8-19	2008-11-30	1	2009-11-30
		D大学	销售代表	2009-3-20	2009-6-30	3	2012-6-30

个人简历单

姓名	陈凯	性别	男	出生日期	1986-02-07
学历	本科	毕业院校		C大学	
任职岗位	片区销售经理	入职日期		2007-5-4	
合同签订时间	2007-8-31	合同签订年限	2	合同到期日期	2009-8-31

Chapter 16

人事信息的管理

本章知识点

★ 数据有效性限制　　　★ IF 函数的应用

★ MOD 函数的应用　　　★ MID 函数的应用

★ EOMONTH 函数的应用　★ EDATE 函数的应用

★ 新建公式条件规则　　　★ 冻结窗格

★ 自动筛选　　　　　　★ 数据透视表和透视图的应用

★ VLOOKUP 函数的应用　★ ISERROR 函数的应用

　　　人事信息管理是企事业单位不可或缺的部分，它对于企业的决策者和管理者来说都非常重要。使用 Excel 强大的数据处理和分析功能能够实现高效管理人事信息的目的，首先在 Excel 中创建员工信息表，然后利用筛选、数据透视表和函数等功能筛选查看满足指定条件的员工信息和自动生成个人简历单。

16.1 创建人力资源信息表

人力资源信息表主要用于记录员工的基本信息。在 Excel 中创建人力资源信息表时，用户可以借助数据有效性、函数和条件格式等命令提高数据录入的速度及正确性。

知识要点：

★设置数据有效性　★MID、MOD、EOMONTH 和 EDATE 函数的应用　★设置条件格式

原始文件：实例文件\第 16 章\原始文件\人力资源信息表.xlsx、个人简历.xlsx
最终文件：实例文件\第 16 章\最终文件\人力资源信息表.xlsx、个人简历.xlsx

16.1.1 使用数据有效性限制身份证号码位数

在人力资源信息表中，用户可以使用数据有效性限制身份证的号码位数为 18 位，以确保身份证号码的高效录入。使用数据有效性限制身份证号码位数的具体操作如下：

01 Step　选择单元格区域

打开随书光盘\实例文件\第 16 章\原始文件\人力资源信息表.xlsx，选择 C3:C24 单元格区域。

02 Step　单击"数据有效性"按钮

切换至"数据"选项卡下，在"数据工具"组中单击"数据有效性"按钮。

	A	B	C
1			
2	序号	姓名	身份证号码
3	1	陈锋	
4	2	刘莉	
5	3	王宇	
6	选择	陈凯	
7	5	刘蕊	
8	6	龙星	
9	7	李敏	

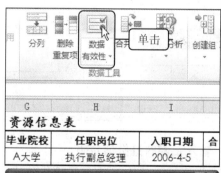

03 Step　设置数据有效性条件

弹出"数据有效性"对话框，在"设置"选项卡下设置"允许"为"文本长度"、"数据"为"等于"，并在"长度"文本框中输入"18"。

04 设置提示信息
Step

切换至"输入信息"选项卡下，在"标题"文本框中输入"输入身份证号码"，在"输入信息"文本框中输入"请输入18位身份证号码！"。

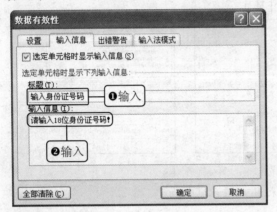

05 设置出错警告信息
Step

切换至"出错警告"选项卡下，在"样式"下拉列表中选择"停止"选项，在"标题"和"错误信息"文本框中输入标题文本和错误提示信息，单击"确定"按钮。

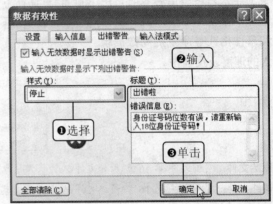

06 设置后单元格提示信息
Step

返回工作表中，当选择包含有数据有效性格式的单元格时，会自动显示"数据有效性"的提示信息。

	A	B	C
1			
2	序号	姓名	身份证号码
3	1	陈锋	
4	2	刘莉	
5			输入身份证号码 请输入18位身份证号码！
6	4	陈凯	
7	5	刘蕊	
8	6	龙星	
9	7	李敏	

数据有效性的提示信息

07 错误警告提示
Step

在 C3 单元格中输入身份证号码，如果输入的号码位数不足或超出（这里输入"1*****198208"），按【Enter】键，将弹出"出错啦"对话框进行警告提示，单击"取消"按钮。

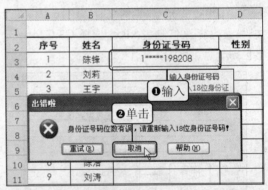

08 输入正确的身份证号码
Step

完成身份证号码所在单元格的有效性设置后，用户可以根据员工实际的身份证号码进行输入，以完成身份证号码的有效输入，并提高录入的正确性。

	A	B	C	D
1				
2	序号	姓名	身份证号码	性别
3	1	陈锋	1*****19820826314X	
4	2	刘莉	2*****198304233546	
5	3	王宇	1*****198507243117	
6	4	陈凯	3*****198602072675	
7	5	刘蕊	5*****198702133447	输入
8	6	龙星	5*****197902243676	
9	7	李敏	1*****198304183468	
10	8	陈浩	5*****198507283117	
11	9	刘涛	4*****198709253579	
12	10	谢强	6*****198605233558	

16.1.2 使用函数自动提取性别、出生月日

公民的身份证号码由 6 位行政区划分代码、8 位出生日期码、3 位顺序码和 1 位校验码组成。因此，在 Excel 中填写员工的性别、出生日期时，可以借助 MID 函数和 TEXT 函数来提取，以保证输入的员工性别和出生日期正确。

01 Step 输入提取性别的公式

单击 D3 单元格，输入提取性别的公式"=IF(C3="","",IF(MOD(MID(C3,17,1),2)=0,"女","男"))"。

输入公式

02 Step 利用填充柄复制计算公式

输完后按【Enter】键，然后移动指针至 D3 单元格右下角，当指针呈十字形状时，按住左键向下拖动至 D24 单元格处释放鼠标左键。

拖动

03 Step 选择填充选项

单击"自动填充选项"按钮，在展开的下拉列表中单击选中"不带格式填充"单选按钮。

❶单击
❷选中

○ 复制单元格(C)
○ 仅填充格式(F)
● 不带格式填充(O)

04 Step 显示提取出的各员工性别值

此时在鼠标经过的单元格中仅填充了复制公式提取的各员工性别值。

不带格式填充的数据

TIP IF、MOD 和 MID 函数的解析

IF 函数用于判断指定表达式的计算结果是否为真，当为真时返回第 1 个参数值，反之返回第 2 个参数值，其语法结构为：IF(logical_test,[value_if_true],[Value_if_false])。其中，logical_text 为计算结果可能是 TRUE 或 FALSE 的任意值或表达式；value_if_true 为计算结果为 TRUE 时返回的值；value_if_False 为计算结果为 FALSE 时返回的值。

MOD 函数用于求两个数值表达式进行除法运算后的余数。其语法结构为：MOD(number, divisor)。其中，number 为被除数，divisor 为除数，如果 divisor 为零，函数 MOD 将返回错误值#DIV/0!。

MID 函数用于返回文本字符串从指定位置开始的特定数目的字符，该数目由用户指定。其语法结构为：MID(Text,start_num,num_chars)。其中，text 为包含要提取字符的文本字符串；start_num 为文本中要提取的第一个字符的位置。文本中第一个字符的 start_num 为 1，依此类推；num_chars 为指定希望 MID 从文本中返回字符的个数。

05 Step 输入公式提取出生日期

在 E3 单元格中输入公式"=TEXT(MID(C3,7,8),"0000-00-00")"。

06 Step 利用自动填充功能复制公式

输完后按【Enter】键，然后移动指针至 E3 单元格右下角，当指针呈十字形状时，按住左键向下拖动至 E24 单元格处释放鼠标左键。

B	C	D	E	F
				人 力
姓名	身份证号码	性别	出生日期	学历
陈锋	1*****19820826314X		=TEXT(MID(C3,7,8),"0000-00-00")	
刘莉	2*****198304233546	女		专科
王宇	1*****198507243117	男	输入公式	本科
陈凯	3*****198602072675	男		本科
刘蕊	5*****198702133447	女		本科
龙星	5*****197902243676	男		专科
李敏	1*****198304183468	女		专科
陈浩	5*****198507283117	男		硕士研究生
刘涛	4*****198709253579	男		本科
谢强	6*****198605233558	男		本科

fx =TEXT(MID(C3,7,8),"0000-00-00")

B	C	D	E
姓名	身份证号码	性别	出生日期
陈锋	1*****19820826314X	女	1982-08-26
刘莉	2*****198304233546	女	
王宇	1*****198507243117	男	拖动
陈凯	3*****198602072675	男	
刘蕊	5*****198702133447	女	
龙星	5*****197902243676	男	
李敏	1*****198304183468	女	

07 Step 选择自动填充选项

单击"自动填充选项"按钮，在展开的下拉列表中单击选中"不带格式填充"单选按钮。

08 Step 显示提取出的各员工出生日期

此时鼠标经过单元格中填充了复制公式时提取出了各员工的出生日期值。

男	1987-05-17	本科	F大学
女	1983-05-27	硕士研究生	B大学
男	1987-05-24	硕士研究生	C大学
男	1986-05-24	本科	D大学

❶单击

- 复制单元格(C)
- 仅填充格式(F)
- ❷选中 ⦿ 不带格式填充(O)

刘刚	1*****198502173636	男	1985-02-17	硕士研究生
郑熙	1*****198908264358	男	1989-08-26	本科
刘东	2*****199004253557	男	1990-04-25	本科
黄丽	3*****198602143489	女	1986-02-14	专科
赵艳	4*****198708241649	女	1987-08-24	专科
张惠	5*****198402146587	女	1984-02-14	本科
何东	6*****198705204357	男	1987-05-20	本科
陈闫			1986-04-18	本科
柯锐	不带格式填充的数据		1987-05-17	本科
李可	5*****198305275889	女	1983-05-27	硕士研究生
刘展	6*****198705243879	男	1987-05-24	硕士研究生
龙昊	4*****198605243779	男	1986-05-24	本科

TIP TEXT 函数解析

TEXT 函数用于将数值转换为用户指定的显示格式的特殊字符串文本。其语法结构为：TEXT（Value,Format_text），其中，Value 为数值、计算结果为数值的公式，或对包含数值的单元格引用；Format_text 为使用双引号括起来作为文本字符串的数字格式，例如"m/d/yyyy"或"#,##0.00"。本实例中的公式"=TEXT(MID(C3,7,8),"0000-00-00")"的"0000-00-00"表示将数值转换为常用的日期格式"YYYY-MM-DD"形式。

16.1.3 使用条件格式设置劳动合同到期提醒

一般企业在员工合同即将到期时，会根据员工在职期间的工作表现，决定是否继续与员工续签劳动合同，这就需要人事部门及时反馈即将到期员工的信息。假设在人力资源表中记录的员工有些已经到期但没有续签合同，或者还差 10 天合同到期，若要将这些信息突出显示出来，可以借助 Excel 2010 的条件格式来实现。

01 Step 单击"插入函数"按钮

假设合同签订时间为入职日期之后第 3 个月的月末，因此选择 J3:J24 单元格区域，在编辑栏中单击"插入函数"按钮。

02 Step 选择函数

弹出"插入函数"对话框，在"或选择类别"下拉列表中选择"日期与时间"选项，在"选择函数"列表框中单击"EOMONTH"选项。

03 Step 设置函数参数

单击"确定"按钮，弹出"函数参数"对话框，在"Start_date"文本框中输入"I3"，在"Months"文本框中输入"3"。

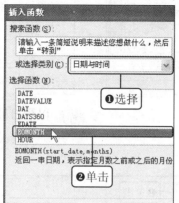

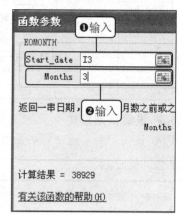

04 Step 更改日期格式

在函数参数设置完成后，按【Ctrl+Enter】组合键，计算出各员工合同签订时间。为了让数字以日期格式显示，可在"数字"组中单击"数字格式"右侧的下三角按钮，在展开的下拉列表中单击"短日期"选项。

05 Step 显示各员工合同签订时间

此时 J3:J24 单元格中的数值以"短日期"格式显示，且是入职日期之后第 3 个月的月末日期。

入职日期	合同签订时间	合同签订年限	合同到期日期
2006-4-5	2006-7-31	3	
2006-12-10	2007-3-31	3	
2007-12-2	2008-3-31	5	
2007-5-4	2007-8-31	2	
2006-6-7	2006-9-30	3	
2007-5-9	2007-8-31	5	
2005-8-22	2005-11-30		
2007-2-25	2007-5-31		

计算出的合同签订时间

TIP EOMONTH 和 EDATE 函数解析

EOMONTH 函数用于返回某个月份最后一天的序列号。该月份与 start_date 相隔（之前或之后）指示的月份数。其语法结构为：EOMONTH（start_date,Months），其中 start_date 为代表开始日期的日期；Months 为 start_date 之前或之后的月份数，Months 为正值将生成未来日期，即 start_date 之后的日期；若 Months 为负值，则生成过去日期，即 start_date 之前的日期。

EDATE 函数用于返回某个日期的序列号，该日期与指定日期相隔指示的月份数。其语法结构为：EDATE（start_date,Months），其参数的用法与 EOMONTH 函数的参数用法一致。

06 Step 计算合同到期日期

选择 L3:L24 单元格区域，在其中输入"=EDATE(J3,K3*12)"。

07 Step 按【Ctrl+Enter】组合键确认

输入完成后，按【Ctrl+Enter】组合键计算出各员工的合同到期日期。

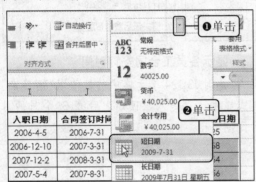

08 Step 设置日期格式

单击"数字格式"右侧的下三角按钮，单击"短日期"选项。

09 Step 以短日期格式显示合同到期日

此时各员工的合同到期日均以短日期格式显示。

10 Step 新建条件规则

选择 L3:L24 单元格区域，在"样式"组中单击"条件格式"按钮，在展开的下拉列表中单击"新建规则"选项。

11 Step 设置格式规则

在"选择规则类型"列表框中单击"使用公式确定要设置格式的单元格"选项，在"为符合该公式的值设置格式"文本框中输入"=TODAY()+10>=L3"，然后单击"格式"按钮。

12 Step 设置字体格式

弹出"设置单元格格式"对话框，在"字体"选项卡中设置"字形"为"加粗"、"字体颜色"为"红色"。

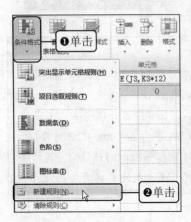

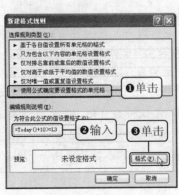

13 设置填充颜色
Step

切换至"填充"选项卡下，在"背景色"列表框中选择需要的颜色，这里单击"红色，强调文字颜色 2，淡色 80%"图标。

14 突出显示到期和即将到期的合同日期
Step

设置完成后，依次单击"确定"按钮，返回到工作表中，可见以淡红色填充红色加粗文本显示了合同到期日期和差 10 天的到期日期。

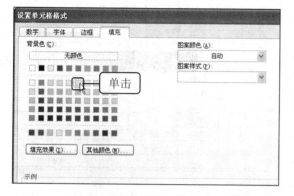

	I	J	K	L
	入职日期	合同签订时间	合同签订年限	合同到期日期
	2006-4-5	2006-7-31	3	2009-7-31
	2006-12-10	2007-3-31	3	2010-3-31
	2007-12-2	2008-3-31	5	2013-3-31
	2007-5-4	2007-8-31	2	2009-8-31
	2006-6-7	2006-9-30	3	2009-9-30
	2007-5-9	2007-8-31		2012-8-31
	2005-8-2			2008-11-30
	2007-2-25	2007-5-31	2	2009-5-31
	2008-4-5	2008-7-31	1	2009-7-31

到期或即将到期的合同日期

16.2 人事信息数据的分析与查询

在输入完人力资源信息表的信息后，用户就可以根据需要对员工的信息进行分析与查询了。本节将介绍如何使用冻结窗格、自动筛选及数据透视表来分析与查询员工信息。

知识要点：

★ 冻结窗格　★ 自动筛选　★ 数据透视表与透视图
★ 切片器的使用　　★ VLOOKUP 函数应用

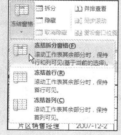

16.2.1 冻结窗格查询数据

在查看人力资源信息表时，随着用户拖动滚动条，资源表中的标题行会随着滚动条的滚动而滚动，在查看位于表格底部的信息时非常不方便。为了能让标题行始终显示在工作表中，用户可以冻结标题行，具体操作方法如下：

01 选中作为窗口冻结基准的单元格
Step

选择需要作为窗格冻结基准的单元格，这里选中 C3 单元格。

	A	B	C	D
1			选中	
2	序号	姓名	身份证号码	性别
3	1	陈锋	1*****19820826314X	女
4	2	刘莉	2*****1983	女
5	3	王宇	1*****1985	男
6	4	陈凯	3*****1986	男
7	5	刘蕊	5*****198702133447	女
8	6	龙星	5*****197902243676	男

输入身份证号码
请输入18位身份证号码！

Office 2010 高效办公从入门到精通

02
Step 单击"冻结拆分窗格"选项

切换至"视图"选项卡下，在"窗口"组中单击"冻结窗格"按钮，在展开的下拉列表中单击"冻结拆分窗格"选项。

03
Step 冻结窗格效果

此时 C3 单元格上方或左侧的数据被冻结在了屏幕上，拖动垂直或水平滚动条，这些数据均显示在屏幕中。

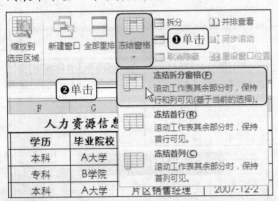

TIP	冻结首列和冻结窗格的区别

如果只是想让某一行或者某一列一直显示在屏幕上，则可以单击"冻结窗格"下拉列表中的"冻结首行"或"冻结首列"选项；如果想让表格中某个单元格的左侧和上方单元格区域始终显示在屏幕上，则需要先选定该单元格，然后选择"冻结窗格"下拉列表中的"冻结拆分窗格"选项。

16.2.2 使用自动筛选功能查询

当要查看某个或某个特殊信息时，可以使用 Excel 中提供的筛选功能来查看，这比拖动滚动条手动翻阅的速度更快，且更准确。例如要查看销售部的员工信息，用户可以在"任职岗位"列中利用搜索框自动筛选包括"销售"文本的信息，具体操作如下：

01
Step 复制工作表

右击 Sheet1 工作表标签，在弹出的快捷菜单中单击"移动或复制"命令。

02
Step 设选择复制到的位置

在"下列选定工作表之前"列表框中单击"Sheet2"选项，勾选"建立副本"复选框，然后单击"确定"按钮。

03
Step 重命名工作表

复制生成一个与 Sheet1 完全相同的工作表，然后将工作表的名称重命名为"销售部员工"。

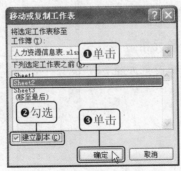

<table>
<tr><td>

04 Step 启动筛选功能

选中数据区域中的任意单元格，这里选中 F4 单元格，切换至"数据"选项卡下，在"排序和筛选"组中单击"筛选"按钮。

</td><td>

05 Step 设置筛选条件

单击"任职岗位"右侧的下三角按钮，在"搜索"框中输入"销售"，然后单击"确定"按钮。

</td><td>

06 Step 显示筛选结果

此时在当前工作表中仅显示了"任职岗位"列中含有"销售"文本的员工信息记录。

</td></tr>
</table>

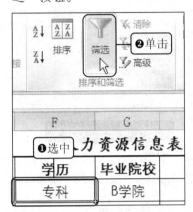

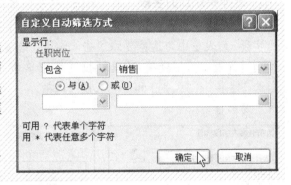

筛选出的销售部员工

高效实用技巧

自定义筛选

除了可以使用筛选列表框自动筛选外，还可以在筛选列表中单击"文本筛选>包含"选项，弹出"自定义自动筛选方式"对话框，在"包含"右侧文本框中输入包含的文本（这里输入"销售"），然后单击"确定"按钮，完成销售部员工信息的查阅。

16.2.3 使用数据透视表快速汇总、查询数据

数据透视表不仅具有筛选功能，而且具有快速汇总的功能。用户在利用人力资源信息表创建对应的数据透视表之后，可以在数据透视表中添加和重组字段，然后筛选查看汇总的结果。例如要查阅人力资源表中男、女员工的学历分布情况，即可使用数据透视表来分析，具体操作如下：

01 Step 创建数据透视表

切换至 Sheet1 工作表中，选中数据区域中的任意单元格，这里选中 B3 单元格，切换至"插入"选项卡下，在"表格"组中单击"数据透视表"下三角按钮，在展开的下拉列表中单击"数据透视表"选项。

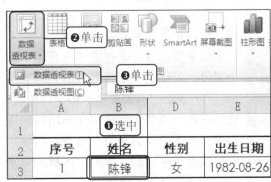

Office 2010 高效办公从入门到精通

02 Step 设置数据区域和透视表的放置位置

弹出"创建数据透视表"对话框，单击选中"选择一个表或区域"单选按钮，Excel会自动在"表/区域"文本框中显示当前数据区域的引用地址，单击选中"新工作表"单选按钮，单击"确定"按钮。

03 Step 创建的数据透视表模型

此时自动新建了 Sheet5 工作表，在其中创建了空白的数据透视表模型，并显示出"数据透视表字段列表"窗格。

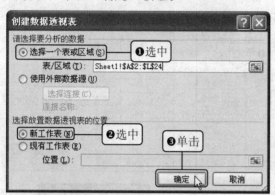

创建的数据透视表模型

04 Step 选择要添加的字段

在"选择要添加到报表的字段"列表框中勾选需要添加到透视表中的字段项，这里勾选"姓名"、"性别"和"学历"复选框。

05 Step 将字段移至列标签区域

在"行标签"区域中单击"学历"选项，在展开的下拉列表中单击"移动到列标签"选项。

06 Step 移动后的字段

此时所选的"学历"字段移动至"列标签"区域中。

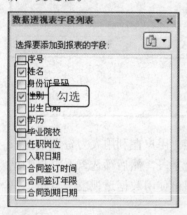

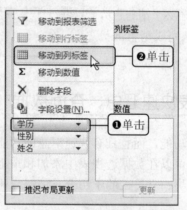

移动后的字段

使用右键菜单重复添加字段项

如果要在数据透视表中重复添加某个字段，可以在"选择要添加到报表的字段"列表框中右击要添加的字段选项，这里右击"姓名"选项，在弹出的快捷菜单中单击"添加到值"命令，将选定的字段直接添加到"数值"区域中，参与数据透视表的汇总计算。

高效实用技巧

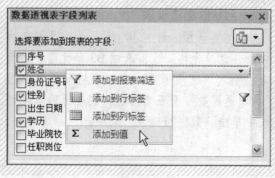

07 Step 将"姓名"字段移至"数值"区域

在"行标签"区域中单击"姓名"选项，在展开的下拉列表中单击"移动到数值"选项。

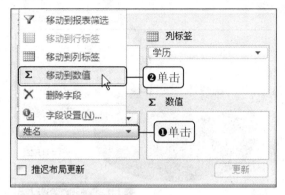

08 Step 调整字段布局效果

此时，"姓名"移至"数值"区域中，可以看到姓名前添加了"计数项"文本，表示对姓名的个数进行计数。

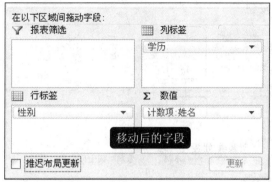

09 Step 添加字段并调整布局后的数据透视表

此时，在数据透视表模型中添加了字段，并根据调整的字段布局进行了分类汇总。

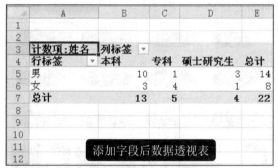

10 Step 单击"数据透视图"按钮

选择 A4:D6 单元格区域，切换至"数据透视表工具-选项"选项卡下，在"工具"组中单击"数据透视图"按钮。

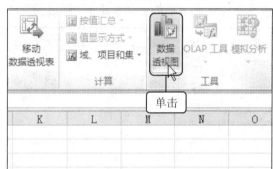

11 Step 选择图表类型

弹出"插入图表"对话框，单击"饼图"选项，在右侧单击"三维饼图"图标，然后单击"确定"按钮。

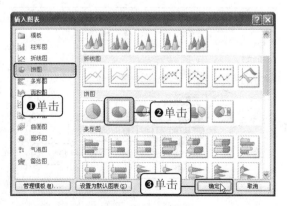

12 Step 查看创建的图表

此时根据所选数据创建了对应的数据透视图，该图表中显示了本科学历的男女比例信息，其中，专科与研究生的男女比例信息被本科学历的男女比例信息遮住了。

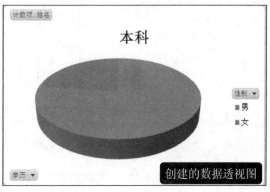

13 Step 单击"切换行/列"按钮

如果要比较不同学历的人数情况,可以选中图表,切换至"数据透视图工具-设计"选项卡下,在"数据"组中单击"切换行/列"按钮。

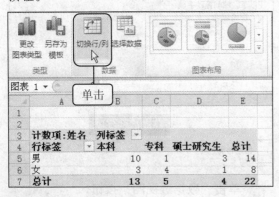

14 Step 查看交换数据行/列后的图表

此时数据透视图中展示了不同学历的男员工分布信息,而不同学历的女员工分布信息则被遮住。

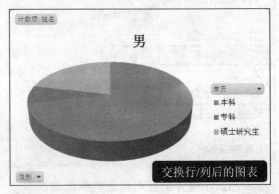

15 Step 应用图表布局

在"数据透视图工具-设计"选项卡下的"图表布局"组中的样式框中选择需要的图表布局样式,这里单击"布局1"样式。

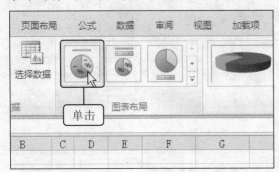

16 Step 应用图表样式

单击"图表样式"组中的快翻按钮,在展开的样式库中选择需要的图表样式,这里单击"样式42"样式。

17 Step 单击"三维旋转"按钮

如果要调薄饼图厚度,可选中图表,切换至"数据透视图工具-布局"选项卡下,在"背景"组中单击"三维旋转"按钮。

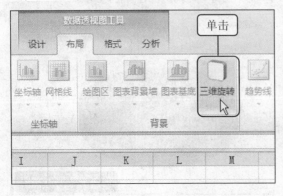

18 Step 更改图表高度

在"三维旋转"选项卡下,取消勾选"自动缩放"复选框,在"高度"文本框中输入"30"。

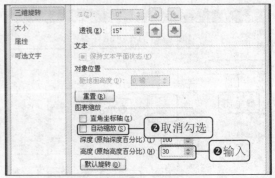

19 **Step** 查看调薄后的图表

此时饼图的厚度为原图表的30%，并且在图中显示了不同学历的男员工分布比例的百分比值。

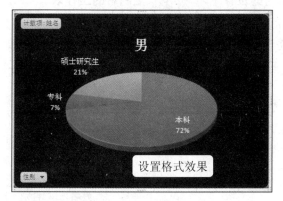

20 **Step** 插入切片器

为了实现可视化筛选数据，切换至"数据透视图工具-分析"选项卡下，在"数据"组中单击"插入切片器"下三角按钮，在展开的下拉列表中单击"插入切片器"选项。

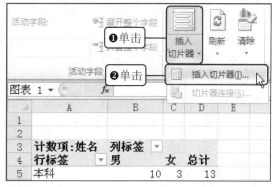

21 **Step** 选择创建切片器的字段

弹出"插入切片器"对话框，在列表中勾选"性别"复选框，单击"确定"按钮。

22 **Step** 调整切片器的大小

此时插入了"性别"切片器窗格，并在其中显示了不重复的数据项。若想切片器大小适合，可拖动窗格四周的控制点进行调整。

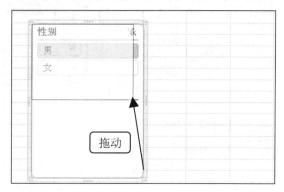

23 **Step** 查看女员工的学历分布情况

在"性别"切片器窗格中单击"女"选项，在数据透视图中将仅显示女员工学历的分布情况。

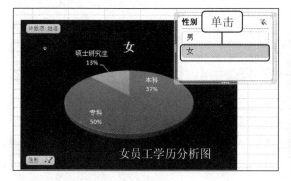

女员工学历分析图

24 **Step** 查看男员工的学历分布情况

如果要查看男员工的学历分布情况，只需在"性别"切片器窗格中单击"男"选项即可。

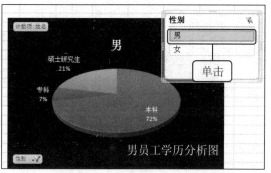

男员工学历分析图

16.2.4 使用函数自动生成个人简历单

使用函数自动生成个人简历是指利用 Excel 提供的 IF、VLOOKUP 等函数将人力资源信息表中的员工信息自动添加到对应的个人简历单中，具体的操作步骤如下：

01 Step 复制工作表
打开随书光盘\实例文件\第 16 章\原始文件\个人简历.xlsx，在"人力资源信息表.xlsx"工作簿窗口中，右击"Sheet1"工作表标签，在弹出的快捷菜单中单击"移动或复制"命令。

02 Step 选择复制到的位置
弹出"移动或复制工作"对话框，在"将选定工作表移至工作簿"下拉列表中选择"个人简历.xlsx"选项，在"下列选定工作表之前"列表框中单击"简历"选项，并勾选"建立副本"复选框，然后单击"确定"按钮。

03 Step 复制后的工作表
跳转至"个人简历.xlsx"工作簿窗口中，可以看到在工作簿中复制生成的 Sheet1 工作表数据及其格式。

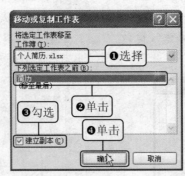
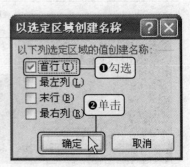

04 Step 选择单元格区域
选择需要定义名称的单元格，这里选择 B2:B24 单元格区域。

05 Step 定义名称
切换至"公式"选项卡下，在"定义的名称"组中单击"根据所选内容创建"按钮。

06 Step 选定区域的值创建名称
弹出"以选定区域创建名称"对话框，在"以下列选定区域的值创建名称"选项组中勾选"首行"复选框，单击"确定"按钮，完成单元格区域的名称定义。

07 **Step** 选择需要设置有效性的单元格

切换至"简历"工作表中，选中需要调置数据有效性的单元格,这里选中 B2 单元格。

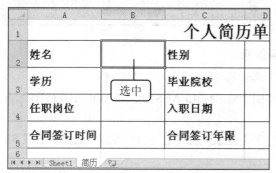

08 **Step** 单击"数据有效性"按钮

切换至"数据"选项卡下，在"数据工具"组中单击"数据有效性"按钮。

09 **Step** 设置有效性条件

弹出"数据有效性"对话框，在"设置"选项卡下的"允许"下拉列表中选择"序列"选项，在"来源"文本框中输入"=姓名"，单击"确定"按钮。

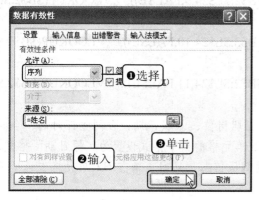

10 **Step** 选择员工姓名

此时根据人力资源信息表中记录的员工信息，建立了员工姓名下拉列表，若要填写"陈凯"的个人简历单，只需单击 B2 单元格右侧的下三角按钮，在展开的下拉列表中单击"陈凯"选项即可。

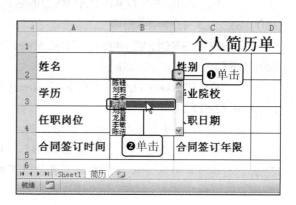

11 **Step** 获取陈凯的性别

在 D2 单元格中输入获取性别的公式" =IF(ISERROR(VLOOKUP($B$2,Sheet1!$B$2:$L$24,3,FALSE)),"",VLOOKUP($B$2,Sheet1!$B$2:$L$24,3,FALSE))"。

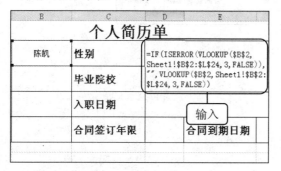

12 **Step** 显示获取的性别

输入公式后，按【Enter】键，Excel 会根据姓名在"Sheet1"工作表中找出该员工对应的性别信息。

> **TIP**
>
> **ISERROR 函数的解析**
>
> ISERROR 函数是 IS 函数之一，经常与 IF 函数结合在一起检测公式的运行结果是否出错。常用在容易出现错误的公式中，如 VLOOKUP 函数的搜索的区域中若找不到搜索值时就会出现"#N/A"的错误值。其语法结构为：ISERROR（Value），其中，Value 为要检验的值。

Step 13 获取陈凯的出生日期、学历、毕业院校等信息

在 F2、B3、D3、B4、D4、B5、D5 和 F5 单元格中分别输入以下公式：

"=IF(ISERROR(VLOOKUP($B$2,Sheet1!$B$2:$L$24,4,FALSE)),"",VLOOKUP($B$2,Sheet1!$B$2:$L$24,4,FALSE))"；

"=IF(ISERROR(VLOOKUP($B$2,Sheet1!$B$2:$L$24,5,FALSE)),"",VLOOKUP($B$2,Sheet1!$B$2:$L$24,5,FALSE))"；

"=IF(ISERROR(VLOOKUP($B$2,Sheet1!$B$2:$L$24,6,FALSE)),"",VLOOKUP($B$2,Sheet1!$B$2:$L$24,6,FALSE))"；

"=IF(ISERROR(VLOOKUP($B$2,Sheet1!$B$2:$L$24,7,FALSE)),"",VLOOKUP($B$2,Sheet1!$B$2:$L$24,7,FALSE))"；

"=IF(ISERROR(VLOOKUP($B$2,Sheet1!$B$2:$L$24,8,FALSE)),"",VLOOKUP($B$2,Sheet1!$B$2:$L$24,8,FALSE))"；

"=IF(ISERROR(VLOOKUP($B$2,Sheet1!$B$2:$L$24,9,FALSE)),"",VLOOKUP($B$2,Sheet1!$B$2:$L$24,9,FALSE))"；

"=IF(ISERROR(VLOOKUP($B$2,Sheet1!$B$2:$L$24,10,FALSE)),"",VLOOKUP($B$2,Sheet1!$B$2:$L$24,10,FALSE))"；

"=IF(ISERROR(VLOOKUP($B$2,Sheet1!$B$2:$L$24,11,FALSE)),"",VLOOKUP($B$2,Sheet1!$B$2:$L$24,11,FALSE))"。

获取陈凯的出生日期、学历、毕业院校、任职岗位、入职日期、合同签订时间、合同签订年限和合同到期日期。然后将 D4、B5 和 F5 单元格的数字格式设置为"短日期"格式，完成个人简历单的填写。如果要填写其他员工的简历信息，只需重新在 B2 单元格中选择员工姓名即可快速获取相应的个人简历单。

个人简历单					
姓名	陈凯	性别	男	出生日期	1986-02-07
学历	本科	毕业院校		C大学	
任职岗位	片区销售经理	入职日期		获取的其他信息	
合同签订时间	2007-8-31	合同签订年限	2	合同到期日期	2009-8-31

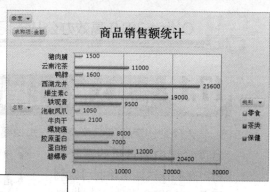

商品销售额统计

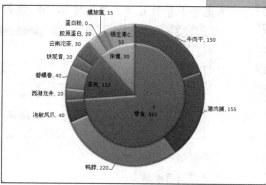

Chapter

17

商品进销存的记录

　　商品进销存包括商品进货、销售和库存三个方面，因此商品进销存的记录包括记录入库、出库的商品信息以及商品库存信息。首先可以利用 Excel 的记录单和数据有效性分别记录入库、出库商品的详细信息，并利用函数自动计算库存量，然后利用数据透视表和数据透视图来分析商品的销售额，即出库的商品信息，最后利用双层饼图来直观显示商品的库存量并进行分析。

17.1 商品入库、出库记录明细表

入库、出库明细记录表是仓库管理中最常见的两种表格。在制作这些表格时可以利用 Excel 2010 中的记录单、数据有效性和 VLOOKUP 函数来实现，在制作完毕后还可通过引用入库、出库明细表中的数据计算仓库中商品的库存量。

知识要点：
★ 使用记录单记录入库商品信息　★ 使用函数引用商品信息
★ 通过下拉列表录入商品编号　★ 使用函数自动计算库存量

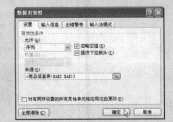

原始文件：实例文件\第 17 章\原始文件\商品进销存表格.xlsx
最终文件：实例文件\第 17 章\最终文件\商品进销存表格.xlsx

17.1.1 利用记录单录入入库商品信息

记录单是 Excel 中用于记录资料信息的工具，用户可以通过记录单将数据逐行地录入到工作表中。该工具不仅能保证数据的快速录入，还能降低录入数据过程中出错的几率，下面介绍利用记录单录入入库商品信息的操作步骤。

01 Step 创建入库明细表
打开随书光盘\实例文件\第 17 章\原始文件\商品进销存表格.xlsx，重命名 Sheet2 为"入库明细表"，并在表格中输入对应的文本。

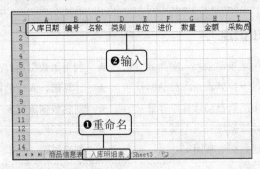

02 Step 单击"选项"按钮
单击"文件"按钮，在弹出的菜单中单击"选项"按钮。

03 Step 添加"记录单"命令
弹出"Excel 选项"对话框，单击"快速访问工具栏"选项，在"从下列位置选择命令"下拉列表中选择"不在功能区中的命令"选项，然后双击列表框中的"记录单…"选项。

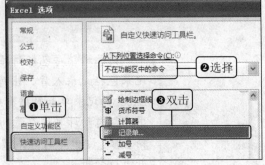

04 单击"记录单"按钮
Step

单击"确定"按钮返回工作表列表，选择A:I列，单击快速访问工具栏中的"记录单"按钮。

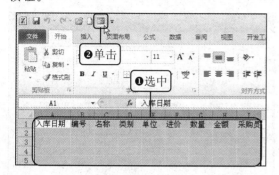

06 单击"关闭"按钮
Step

在对话框中继续输入商品的入库信息，待记录完毕后单击"关闭"按钮。

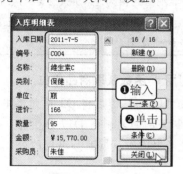

05 输入商品的入库信息
Step

在弹出的对话框中单击"确定"按钮进入"入库明细表"对话框，输入第一类商品的入库信息，然后单击"新建"按钮。

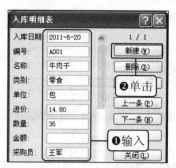

07 查看记录的商品入库信息
Step

返回工作表，此时可看见利用记录单记录的商品入库信息。

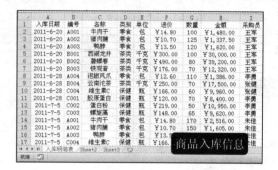

17.1.2 使用函数引用商品信息

出库商品一定是已经入库的商品，所以在登记出库商品时，若能根据商品编号直接生成对应的商品信息，如商品名、类别、批价等，能够大大减少录入员的工作量。在 Excel 中，利用 IF 函数和 VLOOKUP 函数可以实现这一便捷操作。

01 创建出库明细表
Step

将 Sheet3 工作表重命名为"出库明细表"，在 A1:I1 单元格区域中输入文本。

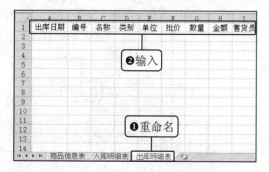

02 在 C2 单元格中插入函数
Step

选中 C2 单元格，切换至"公式"选项卡下，单击"插入函数"按钮。

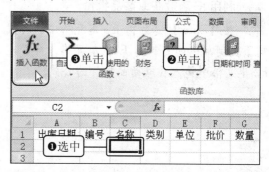

03 Step 选择 IF 函数

弹出"插入函数"对话框，在"或选择类别"下拉列表中选择"逻辑"选项，在"选择函数"列表框中选中 IF 函数。

插入函数

搜索函数(S):

请输入一条简短说明来描述您想做什么，然后单击"转到" | 转到(G)

或选择类别(C): 逻辑

选择函数(N):

```
AND
FALSE
IF
IFERROR
NOT
OR
TRUE
```
❶选择
❷选择

IF(logical_test,value_if_true,value_if_false)
判断是否满足某个条件，如果满足返回一个值，如果不满足则返回另一个值。

04 Step 设置 IF 函数的参数值

单击"确定"按钮进入"函数参数"对话框，设置 IF 函数的 Logical_test、Value_if_true 和 Value_if_false 参数值。

函数参数

IF

Logical_test | B2="" | = TRUE
Value_if_true | | = ""
Value_if_false | VLOOKUP(B2,商品信息表!A2:F22 | =

= ""

判断是否满足某个条件，如果满足返回一个值，如果不满足则返回另一个值。

Logical_test 输入 计算为 TRUE 或 FALSE

计算结果 =

有关该函数的帮助(H)

TIP 设置 IF 函数参数值的含义

Step4 中设置的 IF 函数参数值的含义为：如果 B2 单元格的值为空，则 C2 单元格的值也为空，如果 B2B2 单元格的值为非空，则计算 VLOOKUP(B2,商品信息表!$A:$F,2,FALSE) 函数，即利用 B2 单元格中的商品编号值自动填充与该编号对应的商品名称。

---

05 Step 利用 IF 函数获取商品类别

单击"确定"按钮返回工作表，在 C 列中向下复制 C2 单元格中的公式，例如复制到 C17 单元格，接着在 D2 单元格中输入获取商品类别的公式。

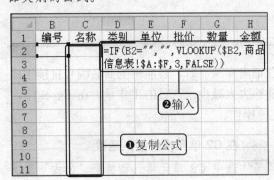

06 Step 利用 IF 函数获取商品单位

按【Enter】键后将 D2 单元格中的公式向下复制，例如复制到 D17 单元格，接着在 E2 单元格中输入获取商品单位的公式。

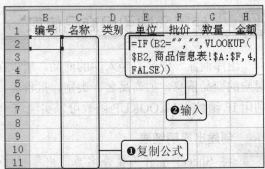

07 Step 利用 IF 函数获取商品批价

按【Enter】键后将 E2 单元格中的公式向下复制，例如复制到 E17 单元格，接着在 F2 单元格中输入获取商品批价的公式。

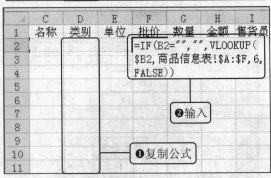

08 设置 F 和 H 列的数字格式为货币

Step 利用【Ctrl】键同时选中 F 和 H 列，切换至"开始"选项卡下，单击"数字格式"下三角按钮，从展开的下拉列表中单击"货币"选项。

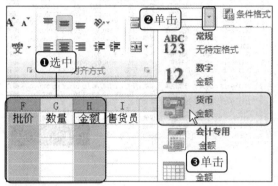

09 输入商品编号以查看设置效果

Step 在 B2 单元格中输入商品编号，例如输入 A001，按【Enter】键后可看见 C2:F2 单元格区域中自动填充了编号为 A001 的商品所对应的商品名、类型、单位和批价信息。

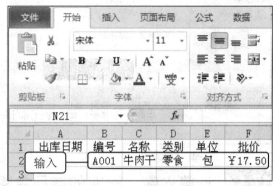

17.1.3 通过下拉列表录入商品编号

在商品信息表中，由于产品的编号具有唯一性，因此用户可以在出库明细表中利用数据有效性来设置包含产品编号的下拉列表，直接通过下拉列表来添加商品编号，这样能提高录入商品编号的效率。

01 为 B 列设置数据有效性

Step 在出库明细表中选中 B 列，切换至"数据"选项卡下，单击"数据工具"组中的"数据有效性"按钮。

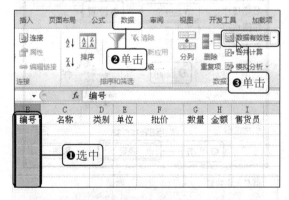

03 从下拉列表中选择产品编号

Step 返回"出库明细表"工作表，选中 B2 单元格，单击下三角按钮，接着在展开的下拉列表中选择产品编号，例如选择"A001"。

02 设置有效性条件

Step 弹出"数据有效性"对话框，在"允许"下拉列表中单击"序列"选项，接着设置序列信息的来源，单击"确定"按钮。

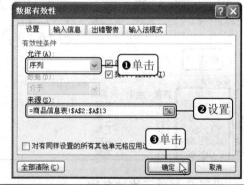

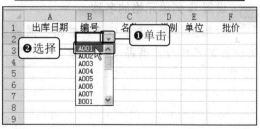

04 查看自动填充的信息
Step 选中后可在 C2:F2 单元格区域中看见自动填充的 A001 编号所对应的商品名称、类别、单位和批价信息。

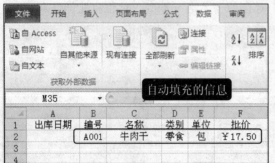

05 添加出库商品的信息
Step 输入编号为 A001 的商品所对应的出库日期、数量和售货员，接着在出库明细表中填充其他出库商品的信息。

17.1.4 计算入库、出库的商品金额

在计算入库、出库商品的金额时，用户可先将进价、批价、入库和出库数量所在的列定义为对应的名称，然后在计算公式中使用这些定义的名称，当计算出任一入库或出库商品的金额后，直接复制公式就能计算出其他入库或出库商品的金额了。

01 为 F 列定义名称
Step 在入库明细表中选中 F 列，切换至"公式"选项卡下，单击"定义的名称"组中的"定义名称"按钮。

02 设置名称属性
Step 弹出"新建名称"对话框，设置名称为"商品进价"、范围为"工作簿"，然后单击"确定"按钮。

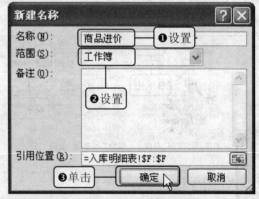

03 设置 G 列单元格的名称
Step 返回工作表，选中 G 列，使用相同的方法设置其名称为"商品入库数量"、范围为"工作簿"。

04 将"商品进价"用于公式
Step

在 H2 单元格中输入"=",单击"用于公式"按钮,从展开的下拉列表中单击"商品进价"选项。

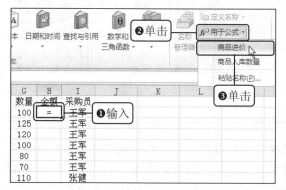

05 设置完整的计算公式
Step

在 H2 单元格中输入"*",并使用相同的方法将"商品入库数量"名称用于公式,使得计算公式为"=商品进价*商品入库数量"。

	A	B	C	D	E	F	G	H	I
SUMIF					=商品进价*商品入库数量				
1		名称	类别	单位	进价	数量	金额	采购员
2		牛肉干	零食	包			=商品进价*商品入库数量	
3		猪肉脯	零食	包	¥10.70	125		王军
4		鸭脖	零食	包	¥13.50	120	输入	王军
5		西湖龙井	茶类	千克	¥300.00	100		王军
6		碧螺春	茶类	千克	¥490.00	80		王军
7		铁观音	茶类	千克	¥176.00	70		王军
8		泡椒凤爪	零食	包	¥12.60	110		李勇
9		云南沱茶	茶类	千克	¥250.00	70		李勇
10		维生素C	保健	瓶	¥166.00	60		李勇
11		胶原蛋白	保健	瓶	¥120.00	70		李勇
12		蛋白粉	保健	瓶	¥219.00	50		张健
13		螺旋藻	保健	瓶	¥148.00	65		张健
14		牛肉干	零食	包	¥14.80	170		张健

06 计算其他入库商品的金额
Step

按【Enter】键后可得出计算的结果,使用填充柄向下复制该计算公式,计算其他入库商品的金额。

	C	D	E	F	G	H	I
1	名称	类别	单位	进价	数量	金额	采购员
2	牛肉干	零食	包	¥14.80	100	¥1,480.00	王军
3	猪肉脯	零食	包	¥10.70	125	¥1,337.50	王军
4	鸭脖	零食	包	¥13.50	120	¥1,620.00	王军
5	西湖龙井	茶类	千克	¥300.00	100	¥30,000.00	王军
6	碧螺春	茶类	千克	¥490.00	80	¥39,200.00	王军
7	铁观音	茶类	千克	¥176.00	70	¥12,320.00	王军
8	泡椒凤爪	零食	包	¥12.60	110	¥1,386.00	李勇
9	云南沱茶	茶类			70	¥17,500.00	张健
10	维生素C	保健	瓶	复制公式	60	¥9,960.00	张健
11	胶原蛋白	保健	瓶	¥120.00	70	¥8,400.00	李勇
12	蛋白粉	保健	瓶	¥219.00	50	¥10,950.00	李勇
13	螺旋藻	保健	瓶	¥148.00	65	¥9,620.00	李勇
14	牛肉干	零食	包	¥14.80	170	¥2,516.00	朱佳
15	猪肉脯	零食	包	¥10.70	150	¥1,605.00	朱佳
16	鸭脖	零食	包	¥13.50	200	¥2,700.00	朱佳
17	维生素C	保健	瓶	¥166.00	95	¥15,770.00	朱佳

07 为 F 列定义"商品批价"名称
Step

在出库明细表中选中 F 列,在名称栏中输入"商品批价",然后按【Enter】键,将 F 列的名称定义为"商品批价"。

商品批价				fx	批价	
	A	B	C	D	E	F
1	出库日期	编号	名称	类别	单位	批价
2	输入 5	A001	牛肉干	零食	包	¥17.50
3	2	A002	猪肉脯	零食	包	¥12.50
4	2011-8-15	B002	碧螺春	茶类	千克	¥510.00
5	2011-8-28	C001	胶原蛋白	保健	瓶	¥140.00
6	2011-9-3	C003	螺旋藻	保健	瓶	¥160.00
7	2011-9-3	A001	牛肉干	零食	包	¥17.50
8	2011-9-5	A002	猪肉脯	零食	包	¥12.50
9	2011-9-10	A003	鸭脖	零食	包	¥16.00
10	2011-9-12	B001	西湖龙井	茶类	千克	¥320.00
11	2011-9-12	B003	铁观音	茶类	千克	¥190.00
12	2011-9-15	B004	云南沱茶	茶类	千克	¥275.00
13	2011-9-15	C002	蛋白粉	保健	瓶	¥240.00

08 将 G 列定义为"商品出库数量"
Step

选中 G 列,使用相同的方法将该列的名称定义为"商品出库数量"。

商品出库数量				fx	数量	
	A	B	C	D	E	F	G
1	出库日期	编号	名称	类别	单位	批价	数量
2	2011-8-5	A001	牛肉干	零食	包	¥17.50	70
3	2011-8-12	A002	猪肉脯	零食	包	¥12.50	60
4	2011-8-15	B002	碧螺春	茶类	千克	¥510.00	40
5	2011-8-28	C001	胶原蛋白	保健	瓶	¥140.00	50
6	2011-9-3	C003	螺旋藻	保健	瓶	¥160.00	50
7	2011-9-3	A001	牛肉干			7.50	50
8	2011-9-5	A002	猪肉脯	定义名称		2.50	60
9	2011-9-10	A003	鸭脖			¥16.00	100
10	2011-9-12	B001	西湖龙井	茶类	千克	¥320.00	40
11	2011-9-12	B003	铁观音	茶类	千克	¥190.00	50
12	2011-9-15	B004	云南沱茶	茶类	千克	¥275.00	40
13	2011-9-15	C002	蛋白粉	保健	瓶	¥240.00	20
14	2011-9-20	A004	泡椒凤爪	零食	包	¥15.00	70

09 在 H2 单元格中输入计算公式
Step

选中 H2 单元格,利用 Step04 介绍的方法设置其计算公式为"=商品批价*商品出库数量"。

	B	C	D	E	F	G	H	I
1	编号	名称	类别	单位	批价	数量	金额	售货员
2	A001	牛肉干	零食	包	¥17.50	=商品批价*商品出库数量	
3	A002	猪肉脯	零食	包	¥12.50	60		周涛
4	B002	碧螺春	茶类	千克	¥510.00	40		周涛
5	C001	胶原蛋白	保健	瓶	¥140.00	50		周涛
6	C003	螺旋藻	保健	瓶	¥160.00	50		周涛
7	A001	牛肉干	零食	包	¥17.50	50	设置	郭羽
8	A002	猪肉脯	零食	包	¥12.50	60		郭羽
9	A003	鸭脖	零食	包	¥16.00	100		郭羽
10	B001	西湖龙井	茶类	千克	¥320.00	40		郭羽
11	B003	铁观音	茶类	千克	¥190.00	50		郭羽
12	B004	云南沱茶	茶类	千克	¥275.00	40		郭羽
13	C002	蛋白粉	保健	瓶	¥240.00	30		郭羽
14	A004	泡椒凤爪	零食	包	¥15.00	70		刘川
15	B001	西湖龙井	茶类	千克	¥320.00	40		蒋善
16	C002	蛋白粉	保健	瓶	¥240.00	30		蒋善
17	C004	维生素C	保健	瓶	¥190.00	50		蒋善

10 **计算其他出库商品的金额**
Step 按【Enter】键后使用填充柄向下复制 H2 单元格的计算公式，则复制的公式将自动计算出库商品的金额。

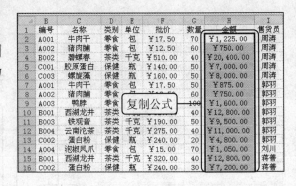

17.1.5 使用函数自动计算库存量

库存，可以理解为商品的当前存货。对库存量进行监控，可以使企业随时了解何时应该补充存货，以免影响销售利润。由于商品出入库的明细记录已经登记在案，因此只需用 SUMIF 函数统计每件商品的出入库数量总和，再简单做一下减法就能得出商品的当前库存了。

01 **创建商品库存表**
Step 新建工作表后将其重命名为"商品库存表"，输入对应的信息，然后按照 17.1.3 节介绍的方法在 A 列中设置下拉列表。

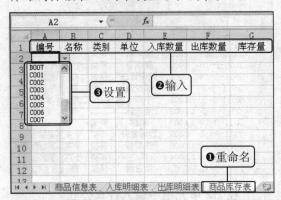

02 **利用 IF 函数自动获取商品名称**
Step 选中 B2 单元格，输入自动获取商品名称的公式，若商品编号为空，则该单元格也为空。

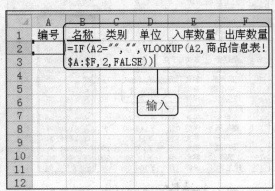

03 **利用 IF 函数获取商品类别**
Step 利用填充柄向下复制 B2 单元格中的公式，接着在 C2 单元格中输入自动获取商品类别的公式。

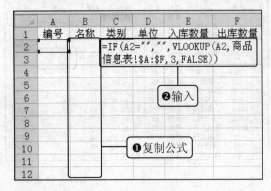

04 **利用 IF 函数获取商品类别**
Step 利用填充柄向下复制 C2 单元格中的公式，接着在 D2 单元格中输入自动获取商品单位的公式。

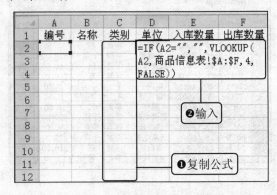

05 Step 在 F2 单元格中插入 SUMIF 函数

利用填充柄向下复制 D2 单元格中的公式，选中 E2 单元格，切换至"公式"选项卡下，单击"数学和三角函数"下三角按钮，从展开的下拉列表中选择 SUMIF 函数。

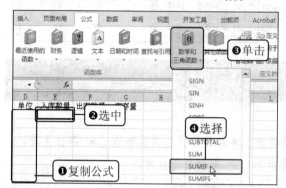

06 Step 设置 SUMIF 函数的参数

弹出"函数参数"对话框，分别输入 Range、Criteria 和 Sum_range 参数的值，这里的 SUMIF 函数含义为入库明细表中编号为 A2 单元格值所对应的入库数量总和。

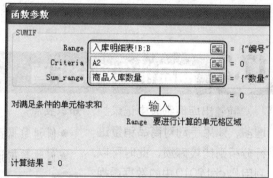

07 Step 输入计算出库商品数量的公式

利用填充柄向下复制 E2 单元格中的公式，选中 F2 单元格，输入计算出库商品数量的计算公式。

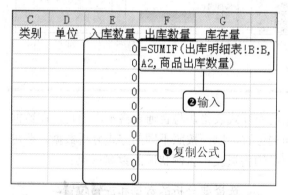

08 Step 输入计算库存量的公式

利用填充柄向下复制 F2 单元格中的公式，接着选中 G2 单元格，输入计算库存量的公式。

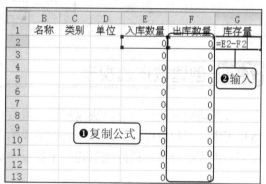

09 Step 在 G 列的其他单元格中填充公式

利用填充柄向下复制 G2 单元格中的公式，此时可以看见 E、F、G 列复制公式的单元格均显示为零。

10 Step 在具有零值的单元格中部显示零

打开"Excel 选项"对话框，单击"高级"选项，接着在右侧取消勾选"在具有零值的单元格中显示零"复选框。

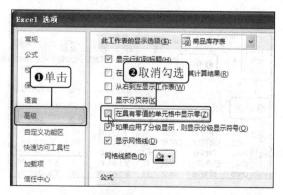

11 Step 查看部分商品的库存量

单击"确定"按钮返回工作表，在 A 列中选择部分商品对应的编号，则在右侧可看见这些编号对应的商品名称、类别、单位、入库数量、出库数量和库存量信息。

	A	B	C	D	E	F	G
1	编号	名称	类别	单位	入库数量	出库数量	库存量
2	A001	牛肉干	零食	包	270	120	150
3	A002	猪肉脯	零食	包	275	120	155
4	A003	鸭脖	零食	包	320	100	220
5	A004	泡椒凤爪	零食	包	110	70	40
6	B001	西湖龙井	茶类	千克	100	80	20
7	B002	碧螺春	茶类	千克	80	40	40
8	B003	铁观音	茶类	千克	70	50	20
9	B004	云南沱茶	茶类	千克	70	40	30
10	C001	胶原蛋白	保健	瓶	70	50	20
11	C002	蛋白粉	保健	瓶	50	50	
12	C003	螺旋藻	保健	瓶	65	50	15
13	C004	维生素C	保健	瓶	155	100	55

17.2 商品销售额分析图

随着出库明细表中记录的增多，如果手动对商品销量进行分析则比较麻烦，此时可以利用 Excel 2010 中的数据透视表和数据透视图来计算和汇总出库记录信息，然后通过更改字段来分析商品的销量。

知识要点：
★创建数据透视表　★设计数据透视表布局　★组合字段
★创建数据透视图　★编辑数据透视图

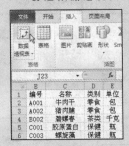 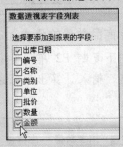 

17.2.1 创建数据透视表

数据透视表是一种可以快速汇总大量数据的交互式表格，与普通表格不同的是，在数据透视表中，用户可以动态地改变表中字段的布局位置，以便按照不同的方式分析数据。要进行商品销售的分析，最好能创建一个能反映商品销售量及销售额状况的数据透视表。

01 Step 单击"数据透视表"选项

进入"出库明细表"工作表中，切换至"插入"选项卡下，在"表格"组中单击"数据透视表"按钮。

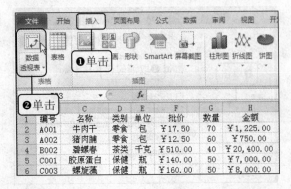

02 Step 选择要分析的数据和放置位置

弹出"创建数据透视表"对话框，设置要分析数据所在的表/区域为"出库明细表!$A$1:$H$17"，然后设置放置数据透视表的位置为新工作表，单击"确定"按钮。

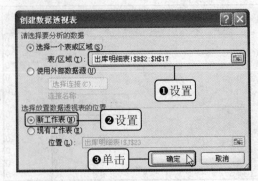

03 Step 查看创建的数据透视表

返回工作表，可看见创建的数据透视表，由于此时未在表格中添加字段，因此在数据透视表中没有显示任何数据。将数据透视表所在的工作表重命名为"出库商品数据透视表"。

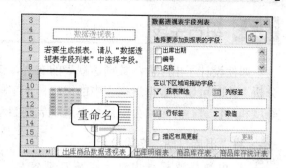

17.2.2 设计数据透视表布局

设计数据透视表布局主要是指在数据透视表中添加报表字段以及移动所添加的字段。在创建的空白出库商品数据透视表中，首先需要添加出库日期、名称、类别等字段。添加的字段会自动分配到各区域中，为便于数据的分析，需要对字段进行重组，这里将"类别"字段移动到"报表筛选"区域中，以便于筛选查看某一类别的商品。

01 Step 为数据透视表添加字段

选中数据透视表，在"选择要添加到报表的字段"列表框中勾选要添加到数据透视表中的字段，如勾选"出库日期"、"名称"、"类别"、"数量"和"金额"复选框。

02 Step 查看添加字段后的显示效果

此时可在出库商品数据透视表中看见添加字段后的数据透视表，即数据透视表按照不同的出库日期对出库数量和出库商品金额进行了汇总。

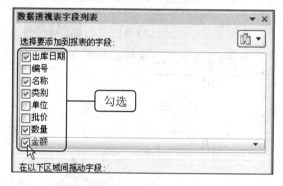

	A	B	C	D
3	行标签	求和项:数量	求和项:金额	
4	2011-8-5	70	1225	
5	牛肉干	70	1225	
6	零食	70	1225	
7	2011-8-12	60	750	
8	猪肉脯	60	750	
9	零食	60	750	
10	2011-8-15	40	20400	
11	碧螺春	40	20400	
12	茶类	40	20400	
13	2011-8-28		7000	
14	胶原蛋白		7000	
15	保健	50	7000	

03 Step 移动"类别"字段

在"行标签"区域中单击"类别"字段，在展开的下拉列表中单击"移动到报表筛选"选项。

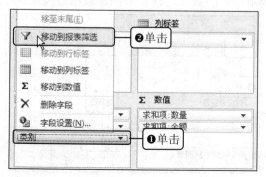

04 Step 查看设计布局后的效果

此时在数据透视表中的第 2 行显示了"类别"筛选字段，即"类别"字段成功移动"报表筛选"区域中。

	A	B	C
1	类别	(全部)	
2			
3	行标签	求和项:数量	求和项:金额
4	2011-8-5		
5	牛肉干	70	1225
6	2011-8-12		
7	猪肉脯	60	750
8	2011-8-15		
9	碧螺春	40	20400
10	2011-8-28		
11	胶原蛋白	50	7000
12	2011-9-3		

17.2.3 组合字段

即使设计了出库商品数据透视表的布局，该透视表中的数据仍然是散乱的，不利于数据分析。此时可以将数据透视表中的出库日期字段进行分组，将透视表中显示的出库日期按照季度和月份进行分组，分组后数据透视表将自动按照出库日期进行重组。

01 Step 将"出库日期"字段分组

选中数据透视表中包含出库日期信息的任一单元格，例如选中 A5 单元格。切换至"数据透视表工具-选项"选项卡下，在"分组"中单击"将字段分组"按钮。

02 Step 设置分组的步长值

弹出"分组"对话框，保持出库日期的起始值和终止值，在"步长"列表框中选择分组的步长值，例如选择"月"和"季度"选项。

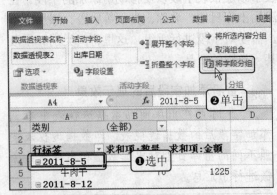

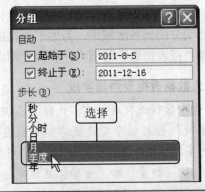

03 Step 查看组合字段后的数据透视表

单击"确定"按钮返回数据透视表，此时可看见数据透视表按照不同的季度对出库商品名称进行了分组，对于同一季度的出库商品，又按照不同的月份进行了分组。

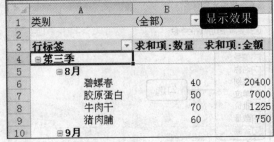

17.2.4 创建数据透视图

无论是对出库商品数据进行分析，还是对其他数据进行分析，图表永远都比数据更具有说服力，因此利用数据透视图分析数据优于利用数据透视表分析数据。利用数据透视图分析数据的第一步就是创建数据透视表，这里可以利用已有的数据透视表来创建数据透视图。

01 Step 利用数据透视表创建数据透视图

选中数据透视表，切换至"数据透视表工具-选项"选项卡下，单击"工具"组中的"数据透视图"按钮。

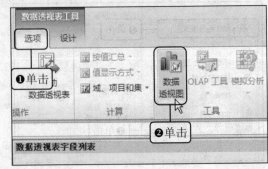

利用工作表数据创建数据透视图

　　利用工作表数据创建数据透视图是指选中需要用数据透视图分析的单元格区域，切换至"插入"选项卡下，单击"数据透视表"下三角按钮，在展开的下拉列表中单击"数据透视图"选项进行创建。

02 Step 选择透视图的图表类型

　　弹出"插入图表"对话框，单击"柱形图"选项，在右侧的"柱形图"子集中双击"簇状柱形图"图标。

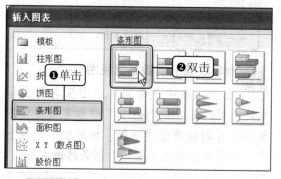

03 Step 查看创建的数据透视图

　　返回工作表，此时可看见创建的数据透视图，其图表类型为簇状柱形图。

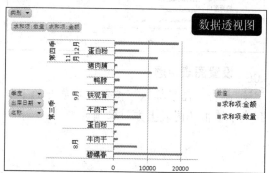

17.2.5 编辑数据透视图

　　在利用数据透视表创建的数据透视图中，数据透视图所显示的字段与数据透视表中的字段一样，但是这样的字段组合无法让人利用数据透视图进行数据分析，因此需要对数据透视表进行编辑，例如重新排列字段。同时还需要在图表中添加数据标签和图表标题，以使人们对图表的主题和所有商品的销售额一目了然。

01 Step 取消部分报表字段

　　选中创建的数据透视图，在"数据透视表字段列表"任务窗格中取消部分报表字段，例如取消勾选"出库日期"、"编号"、"数量"复选框。

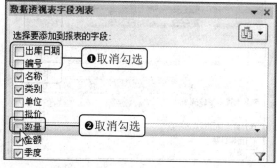

02 Step 移动报表字段

　　在下方移动报表字段，例如将"类别"移至"图例字段"区域，将"季度"移至报表筛选区域。

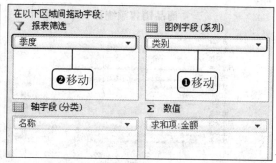

03 **查看设置后的数据透视图**
Step 此时可在工作表中看见数据透视图包括了"季度"、"求和项：金额"、"名称"、"类别" 4 个字段，并且在图中看到了所有产品的销售额概况。

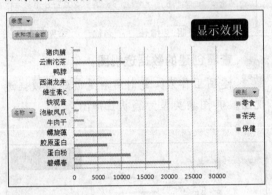

05 **设置图表标题**
Step 单击"图表标题"按钮，在展开的下拉列表中单击"图表上方"选项。

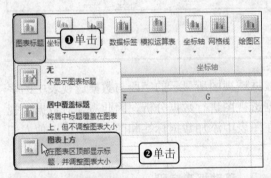

07 **美化数据透视图**
Step 为数据透视图应用"样式 26"形状样式，然后分别为绘图区和图表区应用"细微效果-蓝色，强调颜色 1"形状样式。

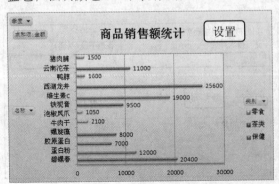

04 **添加数据标签**
Step 切换至"数据透视图工具-格式"选项卡下，单击"数据标签"按钮，在展开的下拉列表中单击"数据标签外"选项。

06 **查看设置后的数据透视图**
Step 在工作表中拖动调整绘图区与图表标题之间的位置，此时可看见添加了数据标签和图表标题的数据透视表，标题位于图表上方，而数据标签位于每个数据条的最右端。

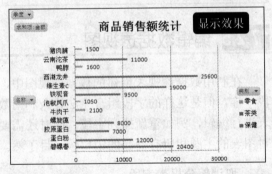

08 **移动图表**
Step 切换至"数据透视图工具-设计"选项卡下，在"位置"组中单击"移动图表"按钮。

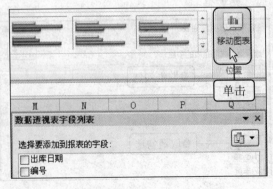

09 设置数据透视图的放置位置
Step

弹出"移动图表"对话框，单击选中"新工作表"单选按钮，在右侧的文本框中输入"出库商品数据透视图"，然后单击"确定"按钮。

10 查看移动后的数据透视图
Step

返回工作表中，此时可看见移动后的数据透视图位于新建的"出库商品数据透视图"工作表中。

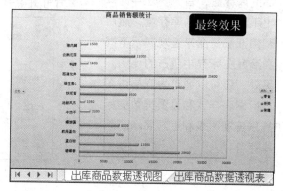

17.2.6 查看销售额数据信息

在数据透视图编辑完毕后，即可利用图表中的字段来筛选查看销售额数据信息了。若要查看第四季度零食、保健类产品的销售额情况，只需在数据透视图中设置"季度"和"类别"字段即可。

01 设置"季度"字段
Step

在数据透视图左上角单击"季度"字段按钮，在展开的列表中单击"第四季度"选项，然后单击"确定"按钮。

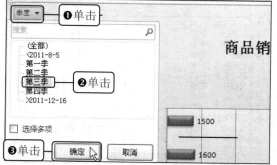

02 设置"类别"字段
Step

在数据透视图右侧单击"类别"字段按钮，在展开的列表中勾选"保健"和"零食"复选框，单击"确定"按钮。

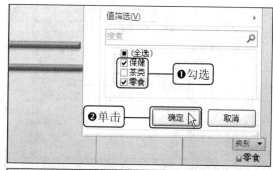

03 查看设置筛选条件后的数据透视图
Step

此时可在数据透视图中看见第四季度零食类商品和保健类商品的所有销售额信息，并且在图表中显示了每种商品在第四季度的销售额信息。

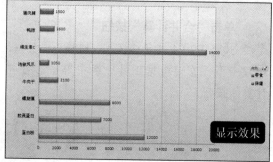

17.3 商品库存分布比较图

为了比较仓库中不同类商品的库存量，首先要合并计算出不同类商品的库存量，然后利用双层饼图来直观展示不同类商品在库存中所占的比例，另外，还可以通过为双层饼图应用图表样式和设置其数据标签来美观图表和直观展示商品库存量。

知识要点：

★合并计算库存量 ★创建双层饼图 ★设置饼图布局和格式

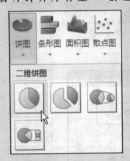

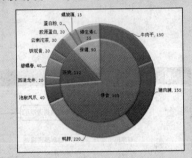

17.3.1 按商品分类合并计算库存量

合并计算是指将多个区域中的值合并到一个区域中，它同时也具有分类汇总的功能。在商品库存表中，计算各种类别的商品库存量可通过按商品分类进行合并计算，即将商品库存表中各种商品的库存量按照商品的类别进行分类汇总。

01 Step 复制商品库存数据

在工作簿的最右侧新建"商品库存统计表"工作表，利用【Ctrl】键选择 B1:B13、C1:C13 和 G1:G13 单元格区域，然后按【Ctrl+C】组合键，复制选中的数据。

	B	C	D	E	F	G	H
1	名称	类别	单位	入库数量	出库数量	库存量	
2	牛肉干	零食	包	270	120	150	
3	猪肉脯	零食	包	275	120	155	
4	鸭脖	零食	包	320	100	220	
5	泡椒凤爪	零食	包	110	70	40	
6	西湖龙井	茶类	千克	100	80	20	
7	碧螺春	茶类	千克			40	选中后复制
8	铁观音	茶类	千克			20	
9	云南沱茶	茶类	千克	70	40	30	
10	胶原蛋白	保健	瓶	70	50	20	
11	蛋白粉	保健	瓶	50	50		
12	螺旋藻	保健	瓶	65	50	15	
13	维生素C	保健	瓶	155	100	55	

出库明细表 商品库存表 商品库存统计表

02 Step 选择 SUMIF 函数

切换至"商品库存统计表"，选中 A1 单元格，按【Ctrl+V】组合键粘贴复制的商品库存数据，在 E1:F4 单元格区域中输入下图所示的数据。

	A	B	C	D	E	F
1	名称	类别	库存量		类别	库存量
2	牛肉干	零食	150		零食	
3	猪肉脯	零食	155		茶类	
4	鸭脖	零食	220		保健	
5	泡椒凤爪	零食	40			
6	西湖龙井	茶类	20		❷输入	
7	碧螺春	茶类	40			
8	铁观音	茶类	20			
9	云南沱茶	茶类	30			
10	胶原蛋白	保健	20		❶粘贴	
11	蛋白粉	保健	0			
12	螺旋藻	保健	15			
13	维生素C	保健	55			

出库明细表 商品库存表 商品库存统计表

03 Step 单击"合并计算"按钮

选择 E2:F4 单元格区域，切换至"数据"选项卡下，在"数据工具"组中单击"合并计算"按钮。

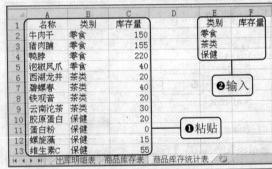

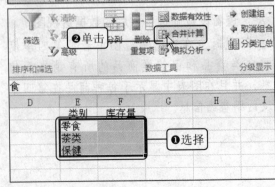

04 Step 设置合并计算的引用位置

弹出"合并计算"对话框,利用单元格引用按钮设置合并计算的求和区域为"商品库存统计表!$B$2:$C$13",单击"添加"按钮,将求和区域添加到"所有引用位置"区域中,然后勾选"最左列"复选框,单击"确定"按钮。

05 Step 查看合并计算的结果

返回工作表,可在 E2:F4 单元格区域中看见利用合并计算所得到的零食、茶类和保健类商品的库存量。

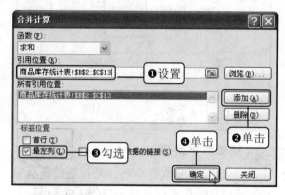

B	C	D	E	F
类别	库存量		类别	库存量
零食	150		零食	565
零食	155		茶类	110
零食	220		保健	90
零食	40			
茶类	20			
茶类	40			
茶类	20			
茶类	30			
保健	20			
保健	0			
保健	15			

计算结果

17.3.2 创建双层饼图

为了能够更好地利用图表显示商品库存的分配信息,需要选择合适的图表类型。由于饼图能够直观展示部分与整体的关系,因此可以通过创建饼图来直观展示仓库中各类商品的库存分布信息。另外,还可以通过添加每种商品的库存数量信息来直观展示每类商品下的所有商品库存信息,即创建包含各类商品库存信息和各种商品库存信息的双层饼图。

01 Step 插入二维饼图

选择合并计算的商品库存数据所在的单元格,这里选择 E2:F4 单元格区域。切换至"插入"选项卡下,在"图表"组中单击"饼图"按钮,在展开的下拉列表中选择饼图类型,例如选择"饼图"。

02 Step 更改饼图布局

选中工作表中创建的图表,切换至"图表工具-设计"选项卡下,单击"图表布局"框右侧的快翻按钮,在展开的库中选择合适的饼图布局,这里选择"布局1"样式。

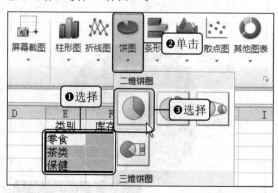

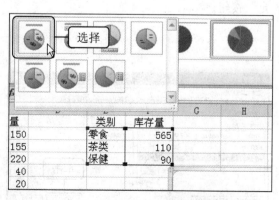

03 Step　查看更换布局后的饼图

此时可在工作表中看见更换布局后的饼图，选中图表中的标题，按【Backspace】键将其删除。

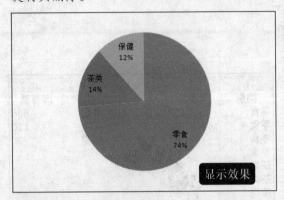

显示效果

04 Step　单击"选择数据"按钮

在饼图中添加系列 2 数据，在"图表工具-设计"选项卡下的"数据"组中单击"选择数据"按钮。

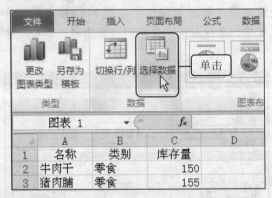

05 Step　单击"添加"按钮

弹出"选择数据源"对话框，在"图例项"组中单击"添加"按钮。

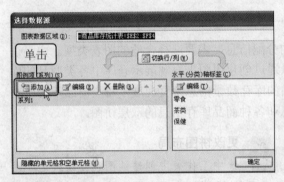

06 Step　编辑数据系列

弹出"编辑数据系列"对话框，设置系列值为"=商品库存统计表!$C$2:$C$13"，单击"确定"按钮。

07 Step　单击"确定"按钮

返回"选择数据源"对话框，可在"图例项"下方看见添加的"系列 2"，单击"确定"按钮。

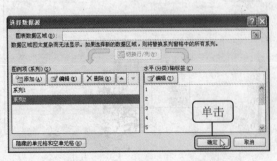

08 Step　查看添加数据源的饼图

返回工作表，此时可看见添加数据源之后的饼图，"系列 2"所对应的饼图被"系列 1"对应的饼图完全遮住了。

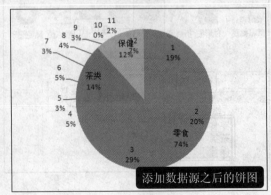

添加数据源之后的饼图

09 **Step** 向外拖动系列 1 的数据系列

选中系列 1 中任意一个数据系列，例如"零食"数据系列，然后按住鼠标左键不放向外拖动。

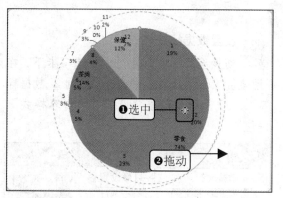

10 **Step** 向圆心处拖动系列 1 的数据系列

释放鼠标后可看见被遮住的数据系列，依次选中"系列 1"的每个数据系列，拖动至其圆心处，可看见对应的双层饼图。

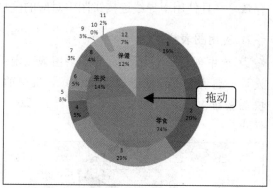

11 **Step** 编辑分类轴标签

打开"选择数据源"对话框，单击"水平(分类)轴标签"组中的"编辑"按钮。

12 **Step** 设置分类轴标签区域

弹出"轴标签"对话框，设置轴标签区域为"=商品库存统计表!$A$2:$A$13"，单击"确定"按钮。

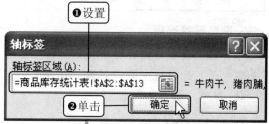

13 **Step** 单击"确定"按钮

返回"选择数据源"对话框，单击"确定"按钮。

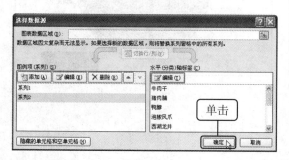

14 **Step** 查看双层饼图的最终效果

返回工作表，此时可看见创建的双层饼图，最里层显示了商品的类别以及各类商品的总库存量，最外层显示了各种商品的库存信息。

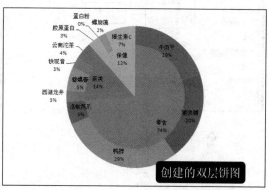

创建的双层饼图

17.3.3 设置饼图的布局和格式

　　为了让创建的双层饼图更美观、包含更多的库存数据信息，首先为其应用 Excel 预定的图表样式，然后设置图表中显示的数据标签。可设置数据标签只显示商品（类别）名称和库存量，并且使用引导线连接饼图中对应的区域。

01 Step 应用图表样式

　　选中创建的饼图，切换至"图表工具-设计"选项卡下，单击"图表样式"组中的快翻按钮，在展开的库中选择"样式 26"样式。

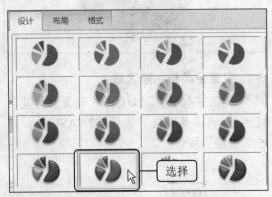

03 Step 设置标签选项

　　弹出"设置数据标签格式"对话框，在"标签包括"选项组中取消勾选"百分比"复选框，勾选"值"复选框。

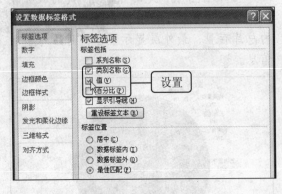

02 Step 设置数据标签格式

　　切换至"图表工具-布局"选项卡下，在"图表元素"下拉列表中选择"系列 2 数据标签"选项，然后单击"设置所选内容格式"按钮。

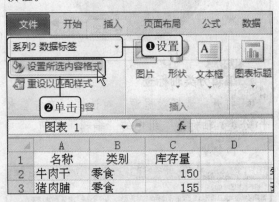

04 Step 查看设置后的双层饼图

　　单击"关闭"按钮后返回工作表，此时可看见设置后的双层饼图。其中，数据标签包括"类别名称"和"值"两种信息，首先可以通过图形所占的比例明确库存分配情况，然后可根据数据标签显示的信息了解具体的库存数量。

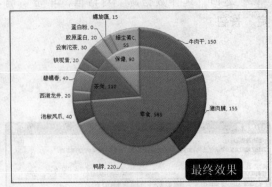

希文饰品经典推荐

--------希文公司

希文饰品有限公司

925纯银紫水晶吊坠

- 外观：水滴状
- 素材：天然紫水晶
- 镶嵌：纯银裸钻
- 品牌：Wuzen
- 价格：399元
- 饰语：纯洁、高贵

Chapter

18

产品宣传演示文稿的制作

本章知识点

- ★ 新建演示文稿
- ★ 添加页眉和页脚
- ★ 输入文本
- ★ 插入文本
- ★ 添加转场效果

- ★ 设计母版格式
- ★ 插入幻灯片
- ★ 插入并处理图片
- ★ 插入并编辑音频
- ★ 发送电子邮件

产品的宣传是产品销售中非常重要的环节，在企业各种各样的产品宣传中，依靠制作的产品宣传演示文稿来进行商业的活动越来越频繁，这种新的宣传手段不仅节省了实物资源，而且还充分利用了网络媒体进行产品的推广，本章将介绍如何制作公司产品宣传的演示文稿。

18.1 统一风格的产品宣传页

在制作产品宣传演示文稿时，首先需要统一该演示文稿的幻灯片格式，让人觉得该演示文稿是一个整体，拥有统一的风格。统一幻灯片格式可通过设计幻灯片母版格式来实现，并且可以在母版中添加含有公司名称的页脚，以避免重复操作。

知识要点：

★ 新建演示文稿　★ 设计幻灯片母版　★ 添加页眉和页脚

原始文件：无

最终文件： 实例文件\第18章\最终文件\产品宣传.pptx

18.1.1 新建演示文稿

虽然一个成功的商务演示，其包含的内容远远超过工具本身，但实际上，选择一款好的演示工具，对于演讲者更好地表达自己的观点同样重要，PPT 就是这样一款工具。用户若想用 PPT 为商品做宣传展示，首先要新建一个名为"产品宣传.pptx"的演示文稿。

01 Step 启动 PowerPoint 2010 程序
单击"开始"按钮，从弹出的菜单中依次单击"所有程序 >Microsoft Office>"Microsoft PowerPoint 2010"命令。

02 Step 单击"保存"按钮
单击"文件"按钮，在弹出的菜单中单击"保存"按钮。

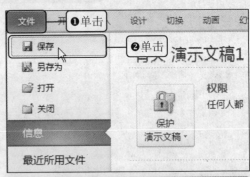

03 Step 设置保存路径及名称
弹出"另存为"对话框，在"保存位置"下拉列表中选择保存演示文稿的文件夹，在"文件名"文本框中输入"产品宣传.pptx"，然后单击"保存"按钮。

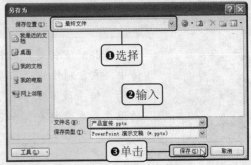

18.1.2 设计母版格式

　　幻灯片模板用于存储有关演示文稿的主题和幻灯片版式的信息，包括背景、颜色、字体、效果、占位符大小和位置。设置幻灯片母版格式主要包括设置主题颜色和背景样式，以及通过插入图片来美化幻灯片模板。设置完毕后，用户新建的幻灯片即可从已设置的幻灯片模板中选择版式，从而保证整个演示文稿的格式统一。

01 Step 单击"幻灯片母版"按钮
　　切换至"视图"选项卡下，在"母版视图"组中单击"幻灯片母版"按钮。

02 Step 设置幻灯片母版的主题和背景样式
　　切换至"幻灯片母版"选项卡下，在"编辑主题"组中设置主题颜色为"华丽"，在"背景样式"库中选择"样式5"。

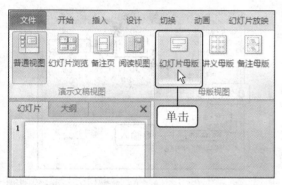

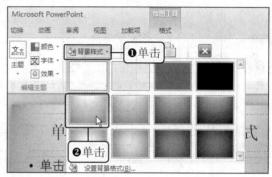

03 Step 单击"图片"按钮
　　切换至"插入"选项卡下，单击"图像"组中的"图片"按钮。

04 Step 选择插入的图片
　　弹出"插入图片"对话框，在"查找范围"下拉列表中选择图片所在的文件夹，然后选中图片，单击"插入"按钮。

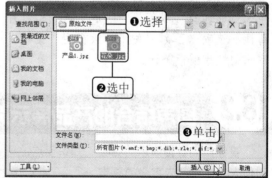

05 Step 设置图片
　　此时可看见选中的图片已插入到母版中，切换至"图片工具-格式"选项卡下，单击"调整"组中的"删除背景"按钮，删除图片的背景。保存更改后调整其大小，将其拖动至幻灯片模板的右下角。

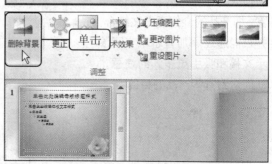

18.1.3 添加页脚

在使用演示文稿宣传产品时，演示文稿中必须包含公司的名称等信息。但是为了能让他人将目光全部集中在宣传的产品上，可以将公司的名称放入幻灯片底部的页脚中，以使他人知道产品信息的同时也了解该产品的生产公司。

01 Step 单击"页眉和页脚"按钮

切换至"插入"选项卡了，在"文本"组中单击"页眉和页脚"按钮。

02 Step 添加页脚

弹出"页眉和页脚"对话框，勾选"页脚"复选框，并在"页脚"下面的文本框中输入公司的名称，这里输入"希文饰品有限公司"，然后单击"全部应用"按钮。

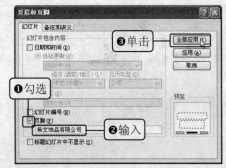

03 Step 设置页脚文本颜色

返回演示文稿窗口，选中"希文饰品有限公司"文本，在其右上角将出现浮动工具栏，单击"字体颜色"右侧的下三角按钮，在展开的下拉列表中选择页脚文本的字体颜色，例如选择"黑色"，然后单击"幻灯片母版"选项卡下的"关闭母版视图"按钮，退出幻灯片模板设计。

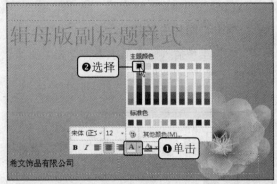

18.2 图声结合的产品展示页

要让产品宣传演示文稿吸引他人的注意，内容必须要丰富，即产品的介绍要图文结合，并且能通过添加音乐来丰富演示文稿和吸引更多人的注意，从而达到宣传产品的目的。

知识要点：

★ 插入幻灯片 ★ 插入音频 ★ 插入并处理图片 ★ 插入并编辑音频

18.2.1 插入幻灯片

在将幻灯片的版式设计完毕后，需要根据宣传的产品来设计幻灯片的版式。在演示文稿中插入幻灯片版式时，可以利用"两栏内容"版式来宣传产品，即左栏放置产品图片，右栏添加产品说明，在介绍完所有的产品后可添加一张"节标题"版式的幻灯片，用于鸣谢。

01 Step 新建两栏内容样式的幻灯片

切换至"开始"选项卡，单击"新建幻灯片"下三角按钮，在展开的库中选择新建的幻灯片版式，这里选择"两栏内容"样式。

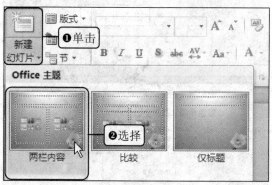

02 Step 新建节标题样式的幻灯片

使用相同的方法继续插入 5 张"两栏内容"幻灯片，再次单击"新建幻灯片"下三角按钮，在展开的库中选择"节标题"样式。

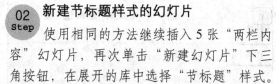
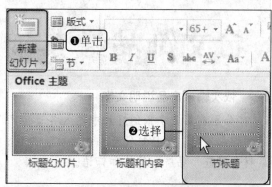

03 Step 显示插入的幻灯片

幻灯片新建完成后，用户可以看到在左侧的"幻灯片"选项卡下共有 8 张幻灯片。

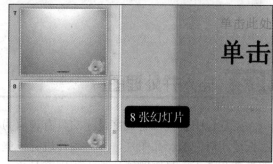

18.2.2 输入文本

在产品宣传演示文稿中插入所需的幻灯片后，用户就可以在幻灯片上输入产品宣传的内容文本了，具体操作如下：

01 Step 输入标题文本

切换至第 1 张幻灯片，在"标题样式"文本框中输入标题文本，这里输入"希文饰品经典推荐"。

02 加粗标题文本
Step 选中输入的标题文本，切换至"开始"选项卡下，在"字体"组中单击"加粗"按钮。

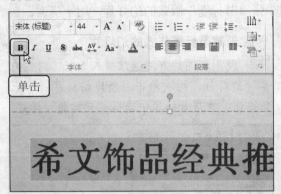

04 依次输入产品说明文字
Step 分别在第 2~7 张幻灯片中输入各宣传产品的详细信息，包括每件产品的名称、外观、素材、镶嵌、品牌、价格和饰语。

03 输入副标题文本
Step 在第 1 张幻灯片中输入副标题文本，这里输入"希文公司"，并且设置副标题文本的字体为"宋体"、字号为"32"。

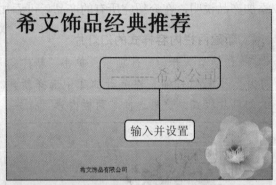

18.2.3 插入并处理图片

幻灯片中仅仅含有文字是无法具有说服力的，此时可以在幻灯片的左侧分栏中插入与文字描述相对应的产品图片，并对图片进行一些简单处理、设置，这样既可以让他人了解产品的性质和特点，又同时能让他人识别产品。

01 单击"插入来自文件的图片"图标
Step 切换至第 2 张幻灯片，在左侧的分栏中单击"插入来自文件的图片"图标。

02 选择产品图片
Step 弹出"插入图片"对话框，在"下拉列表"中选择包含图片的文件夹，然后选中要插入的图片，单击"插入"按钮。

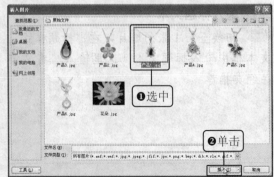

03 Step 显示插入的图片

经过上一步操作后，可在幻灯片中看见插入的产品图片。

04 Step 单击"删除背景"按钮

选中插入的图片，切换至"图片工具-格式"选项卡下，在"调整"组中单击"删除背景"按钮，删除图片的白色背景。

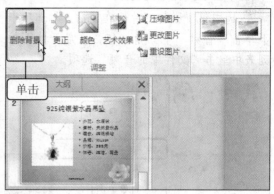

05 Step 设置图片的亮度和对比度

在"调整"组中单击"更正"下三角按钮，在展开的库中选择"亮度：0%（正常）对比度：0%（正常）"样式。

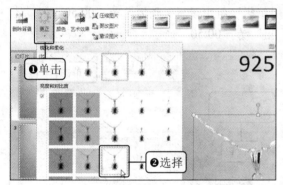

06 Step 设置图片样式

单击"图片样式"快翻按钮，在展开的库中选择图片样式，这里选择"透视阴影 白色"样式。

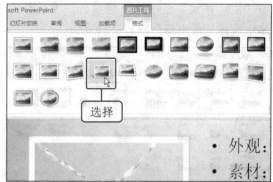

07 Step 显示图片设置效果

此时，在幻灯片中产品图片已经显示为设置后的效果。

18.2.4 插入并编辑音频

创建产品宣传演示文稿的目的在于宣传产品，因此需要更多的人看到播放的演示文稿。在大量的产品宣传演示文稿中，如何才能让更多的人知道并观看自己制作的演示文稿呢？如果仅仅制作精美的幻灯片当然是不行的，还需要在幻灯片中添加"音乐"。没有音乐的幻灯片只能利用播放的演示文稿画面吸引他人，而添加了音乐的幻灯片可以利用音乐和演示文稿画面来吸引更多的人。

01 Step 单击"文件中的音频"选项

选中第1张幻灯片，在"插入"选项卡下单击"音频"下三角按钮，在展开的下拉列表中单击"文件中的音频"选项。

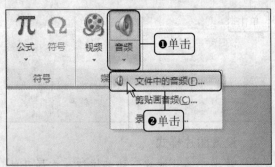

02 Step 选择音频

弹出"插入音频"对话框，在"查找范围"下拉列表中选择音乐所在的位置，选中要插入的音频文件，单击"插入"按钮。

03 Step 设置音频样式

切换至"音频工具-格式"选项卡下，单击"图片样式"组中的快翻按钮，在展开的库中选择"居中矩形阴影"样式。

04 Step 设置淡化持续时间

切换至"音频工具-播放"选项卡下，在"编辑"组中设置"淡入"为"00.50"、"淡出"为"00.50"。

05 Step 设置音量

单击"音频选项"组中的"音量"下三角按钮，在展开的下拉列表中设置音量选项，例如单击"中"选项。

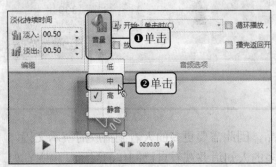

06 Step 设置开始时间

在"音频选项"组中单击"开始"右侧的下三角按钮，在展开的下拉列表中单击"自动"选项。

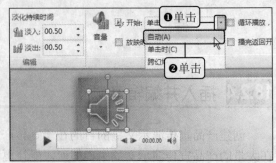

07 设置循环
Step 　勾选"音频选项"组中的"循环播放，直到停止"复选框，当用户单击音频条的"播放/暂停"按钮时，可利用耳机或音箱听播放的音乐。

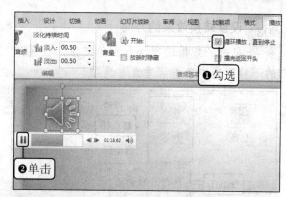

18.3 灵活多动的产品动画

　　在产品宣传演示文稿中，用户输入了产品内容、图片和音频，建立起一个完整的演示文稿。为了让演示文稿更具有灵活多动性，用户可以为幻灯片添加转换效果，为内容对象添加动画，让宣传更生动。

知识要点：

★ 为幻灯片添加转换效果
★ 为内容对象添加进入、强调或退出动画

18.3.1 为幻灯片添加转换效果

　　转换效果是指幻灯片切换时的显示效果，为了让产品宣传演示文稿播放得更加流畅，可在制作演示文稿时为其添加 PowerPoint 2010 内置的转换效果。下面介绍为产品宣传演示文稿添加"百叶窗"转换效果的操作。

01 单击"切换到此幻灯片"组快翻按钮
Step 　选中第 1 张幻灯片，切换至"切换"选项卡下，单击"切换到此幻灯片"组中的快翻按钮。

02 选择切换效果
Step 　在展开的库中单击"百叶窗"图标，为幻灯片添加"百叶窗"转换效果。

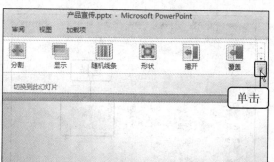
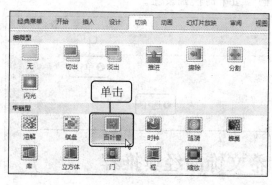

03 Step 设置转换效果的方向

单击"效果选项"下三角按钮，在展开的下拉列表中单击"垂直"选项。

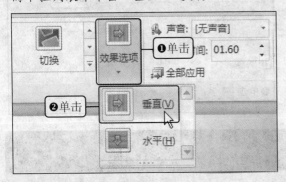

04 Step 为转换效果添加声音

单击"声音"选项右侧的下三角按钮，在展开的下拉列表中单击"风铃"选项。

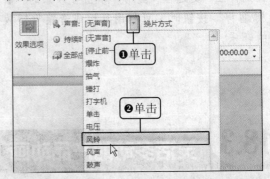

05 Step 设置转换时间及换片方式

在"计时"组中。设置"持续时间"为"02.00"，在"换片方式"选项下勾选"单击鼠标时"复选框。

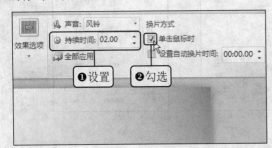

06 Step 将转场效果应用至整个演示文稿

设置完毕后，为了统一演示文稿的风格，可以单击"全部应用"按钮，将该转换效果应用于所有幻灯片。

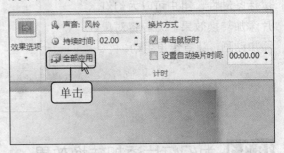

18.3.2 为内容对象添加进入、强调或退出动画

除了可以在幻灯片之间添加转换效果以外，用户还可以为幻灯片里的内容添加进入、强调或者退出的动画效果。例如为本产品宣传海报添加浮入、跷跷板和收缩并旋转的动画效果。

01 Step 单击"动画"组中的快翻按钮

在第 1 张幻灯片中选中"希文饰品经典推荐"，切换至"动画"选项卡下，单击"动画"组中的快翻按钮。

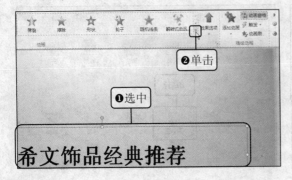

02 Step 添加进入动画效果

在展开的"动画"库中选择进入的动画效果，这里选择"浮入"样式。

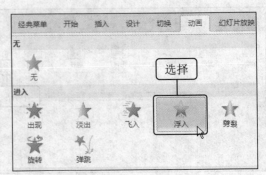

03 Step 单击"预览"选项

切换至"动画"选项卡下，单击"预览"下三角按钮，在展开的下拉列表中单击"预览"选项可预览添加的"浮入"动画效果。

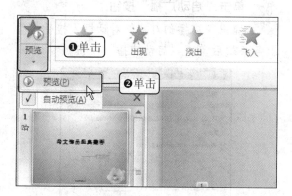

04 Step 添加强调动画效果

选中第2张幻灯片中的产品图片，单击"添加动画"下三角按钮，在展开的库中选择"跷跷板"样式。使用相同的方法，为其他产品图片添加"跷跷板"动画效果。

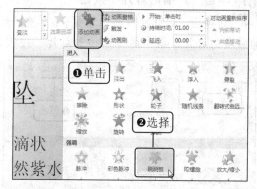

05 Step 添加退出动画效果

选中第8张幻灯片中的"THANK YOU!"文本，单击"添加动画"下三角按钮，在展开的库中选择"收缩并旋转"样式。

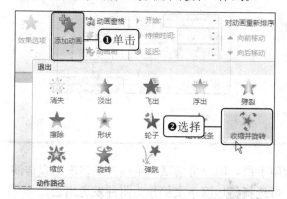

06 Step 查看添加的动画

动画效果添加完毕后，可在"幻灯片"窗格中单击幻灯片缩略图左上角的"播放动画"图标预览添加的动画效果。

18.4 产品宣传的分享

利用产品宣传演示文稿宣传产品并不仅仅只有通过在公共场合播放演示文稿才能实现，使用 PowerPoint 2010 提供的广播幻灯片和发送电子邮件功能同样可以让他人浏览制作的演示文稿，从而实现产品的宣传。

知识要点：

★ 广播幻灯片　　★ 发送电子邮件

18.4.1 广播幻灯片

合理地应用广播幻灯片功能,可将产品宣传演示文稿与他人进行同步分享,从而达到宣传产品的目的。下面介绍利用广播幻灯片功能播放产品宣传演示文稿的方法,具体操作步骤如下:

01 Step 单击"广播幻灯片"按钮
切换至"幻灯片放映"选项卡,单击"开始放映幻灯片"组中的"广播幻灯片"按钮。

02 Step 单击"启动广播"按钮
弹出"广播幻灯片"对话框,接受广播服务条款后单击"启动广播"按钮。

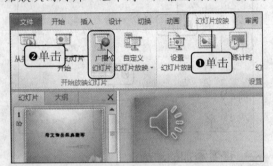

03 Step 单击"开始放映幻灯片"按钮
弹出"广播幻灯片"对话框,可以看到PowerPoint会自动为演示文稿创建一个URL,然后单击"开始放映幻灯片"按钮。这样,访问群体在收到幻灯片放映的URL后就可以单击"开始放映幻灯片"按钮开始广播。

18.4.2 发送电子邮件

发送电子邮件是在因特网中交换信息的常用手段,用户可尝试使用该方法将产品宣传演示文稿发送给客户,以宣传商品。在发送时,可选择将该演示文稿作为附件发送出去。

01 Step 使用电子邮件发送演示文稿
单击"文件"按钮,从弹出的菜单中单击"保存并发送"命令,接着在"保存并发送"下方单击"使用电子邮件发送"选项。

02 Step 将演示文稿作为附件发出
在"使用电子邮件发送"下方单击"作为附件发送"按钮,此时演示文稿将以附件的方式添加到邮件中并发送给对方。

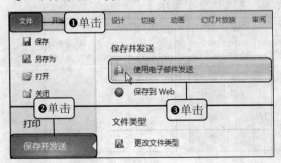

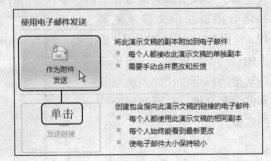

Chapter

19

公司报告的演示

本章知识点

★ 自定义放映方式 ★ 设置放映方式

★ 将演示文稿打印成讲义 ★ 将演示文稿打包

★ 控制演示文稿的跳转 ★ 添加墨迹注释

★ 快速展示附加材料 ★ 启动演示文稿的放映

　　按照上级部署或工作计划，每完成一项任务，一般都要向上级写报告，反映工作中的基本情况、工作中取得的经验教训、存在的问题和今后的工作设想等，以得到上级领导部门的指导。使用 PowerPoint 演示报告可以根据报告展示的场合、对象进行适当的放映设置，以便清晰、重点突出地展示报告者的想法。

19.1 工作报告演示材料的准备

工作报告是对最近一段时间的工作进行总结，主要用于向上级汇报例行工作或临时工作情况。使用 PowerPoint 编辑工作报告的目的在于，清楚、形象地展示汇报内容。为了使领导更好地理解报告的思想，应做好放映前的准备，例如整理放映内容及设置放映方式等。

知识要点：

★ 自定义放映方式 ★ 设置放映方式 ★ 将演示文稿打包
★ 将演示文稿打印成讲义

 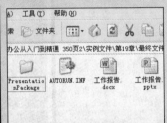

原始文件：实例文件\第 19 章\原始文件\工作报告.pptx
最终文件：实例文件\第 19 章\最终文件\工作报告.pptx

19.1.1 自定义放映方式

工作报告的演示文稿常用于会议放映，根据会议主题和会议时长的不同，报告的重点及长短也会有差异。在这种情况下，可以为制作好的工作报告设置自定义放映方式，在不改变原有内容的基础上，对报告的放映内容做一些调整，以节省重新编辑报告所需要的时间。

01 Step 单击"自定义放映"选项

打开随书光盘\实例文件\第 19 章\原始文件\工作报告.pptx，切换至"幻灯片放映"选项卡下，单击"开始放映幻灯片"组中的"自定义幻灯片放映"按钮，在展开的下拉列表中单击"自定义放映"选项。

02 Step 单击"新建"按钮

在弹出的"自定义放映"对话框中，单击"新建"按钮。

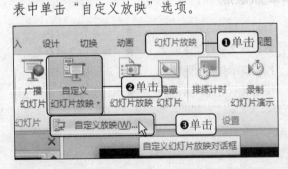 

03 Step 添加幻灯片

弹出"定义自定义放映"对话框，在"幻灯片放映名称"文本框中输入"工作报告"，选中"在演示文稿中的幻灯片"列表框中的所有幻灯片，然后单击"添加"按钮。

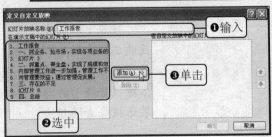

04 显示添加的幻灯片
Step

此时可以看见"在自定义放映中的幻灯片"列表框中显示出了添加的幻灯片。

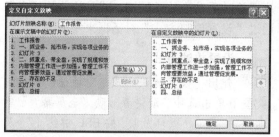

05 删除幻灯片
Step

在"在自定义放映中的幻灯片"列表框中选中"幻灯片3",再单击"删除"按钮。

06 显示删除后的效果
Step

此时可以看见"在自定义放映中的幻灯片"列表框中已移除了"幻灯片3"。

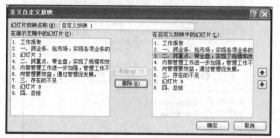

07 调整幻灯片顺序
Step

选中第4张幻灯片,然后单击右侧的"向下"按钮。

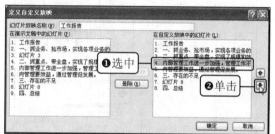

08 显示调整自定义放映顺序的效果
Step

此时可以看见"在自定义放映中的幻灯片"列表框中已显示出调整顺序后的效果。

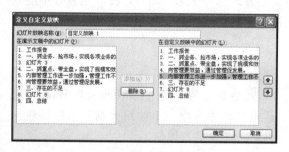

09 退出自定义放映设置
Step

完成设置后,单击"确定"按钮返回"自定义放映"对话框,单击"关闭"按钮。

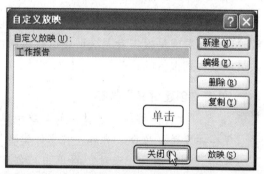

10 显示新建的自定义放映选项
Step

返回演示文稿主界面,单击"开始放映幻灯片"组中的"自定义幻灯片放映"按钮,在展开的下拉列表中即显示出新建的自定义放映选项。

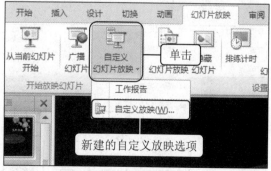

19.1.2 设置放映方式

在工作报告进行放映展示前，制作者应根据即将放映的场合及面对的人员设置放映方式。例如，报告放映的场合需要演讲者在幻灯片播放时手动换片并讲解，或是放映的场合需要用到之前设置的自定义放映方式等，都可以通过"设置放映方式"对话框来实现设置。

01 Step 单击"设置幻灯片放映"按钮
切换至"幻灯片放映"选项卡下，单击"设置"组中的"设置幻灯片放映"按钮。

02 Step 设置放映方式
弹出"设置放映方式"对话框，在放映类型下单击选中"演讲者放映（全屏幕）"单选按钮，勾选"循环放映，按 ESC 键终止"及"放映时不加旁白"复选框，并设置放映自定义放映幻灯片，换片方式为"手动"，再单击"确定"按钮。

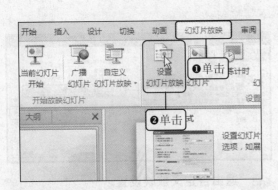
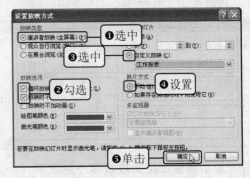

19.1.3 将演示文稿打印成讲义

将工作报告打印为讲义，可以将其内容以文档方式保存下来。这样，在一些领导不能到放映现场观看或是报告者无法现场进行讲解的情况下，仍然能将工作报告清楚地呈现给上级人员，以达到报告的目的。

01 Step 单击"创建讲义"按钮
单击"文件"按钮，从弹出的菜单中单击"保存并发送"命令，然后在"文件类型"下方单击"创建讲义"选项，再单击"创建讲义"按钮。

02 Step 选择讲义版式
在弹出的"发送到 Microsoft Word"对话框中单击选中"只使用大纲"单选按钮，再单击"确定"按钮。

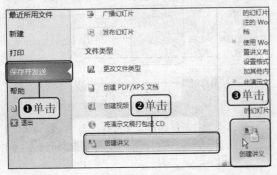

03 Step 单击"打印预览和打印"按钮

执行上一步操作后，将自动新建一个 Word 文档。单击"文件"按钮，在弹出的菜单中单击"打印"命令。

04 Step 预览打印效果

此时可以看到，窗口右侧显示出了文档预览的打印效果。

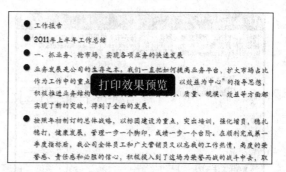

05 Step 设置打印纸张大小

在打印设置下方设置纸张大小为 A4。

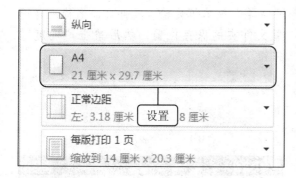

06 Step 打印讲义

设置打印份数为 20 份，然后单击"打印"按钮，即可将其打印在纸张上。

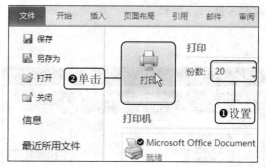

19.1.4 将演示文稿打包

工作报告的放映场合通常是在会议上，为了保证演示文稿的顺利放映可以将其打包，然后将打包文件夹复制到需要做报告的计算机上。无论这台计算机是否安装了 PowerPoint 程序，都将正常播放演示文稿中的内容。

01 Step 单击"打包成 CD"按钮

单击"文件"按钮，从弹出的菜单中单击"保存并发送"命令，然后在"文件类型"列表中单击"将演示文稿打包成 CD"选项，再单击"打包成 CD"按钮。

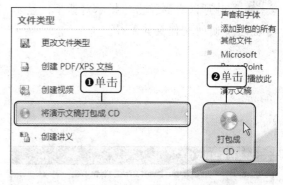

02 **单击"添加"按钮**
Step
弹出"打包成 CD"对话框，单击"添加"按钮。

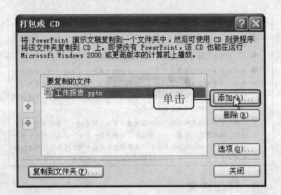

03 **选择添加的文件**
Step
弹出"添加文件"对话框，在"查找范围"下拉列表中选择存有目标文件的文件夹，然后选择需要的文件，单击"插入"按钮。

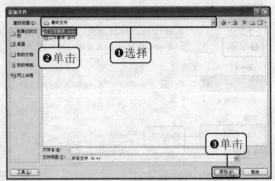

04 **复制到文件夹**
Step
返回"打包成 CD"对话框，单击"复制到文件夹"按钮。

05 **选择保存路径**
Step
弹出"复制到文件夹"对话框，在"文件夹名"文本框内输入文件夹的名称，再设置文件夹的保存位置，然后单击"确定"按钮。

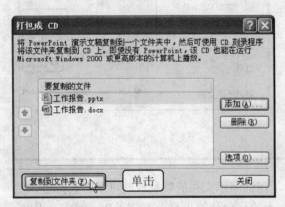

06 **开始复制**
Step
此时可以看到弹出的提示对话框，显示了正在复制的文件及其路径。

07 **查看打包文件内容**
Step
复制完成后将自动打开文件夹，显示出打包的文件内容。

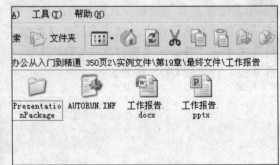

08 关闭对话框
Step

打包完成后，单击"打包成 CD"对话框中的"关闭"按钮即可退出。

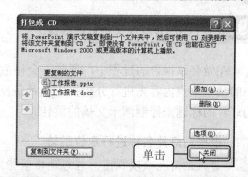

19.2 会议报告演示过程的控制

会议报告，是在重要会议和群众集会上，主要领导人或相关代表人物发表的指导性讲话。报告者常将需要报告的内容通过演示文稿编辑出来，这样在放映中可以对演示过程进行控制。例如控制幻灯片的跳转、在演示中添加墨迹注释，以及在放映过程中快速展示附加材料等。

知识要点：

★ 启动演示文稿放映 ★控制演示文稿的跳转 ★添加墨迹注释 ★快速展示附加材料

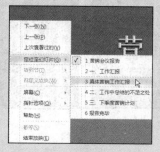
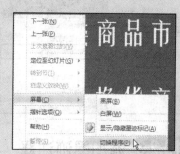

原始文件：实例文件\第 19 章\原始文件\营销会议报告.pptx
最终文件：实例文件\第 19 章\最终文件\营销会议报告.pptx

19.2.1 启动演示文稿的放映

在做会议报告时通常需要一个完整的展示过程，因此要从头开始放映。如果当前幻灯片就是第一张幻灯片，也可以选择从当前幻灯片开始播放。

01 单击"从当前幻灯片开始"按钮
Step

打开随书光盘\实例文件\第 19 章\原始文件\营销会议报告.pptx，切换至"幻灯片放映"选项卡下，单击"开始放映幻灯片"组中的"从当前幻灯片开始"按钮。

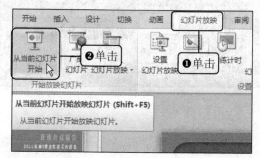

02 显示放映效果
Step

执行上一步操作后，可以看见幻灯片自动跳转至全屏放映模式。

19.2.2 控制演示文稿的跳转

在做会议报告的过程中，通常不会按演示文稿的编辑顺序进行报告，而需要对演示文稿中的某些重点内容先进行分析报告或者是反复展示。为了方便报告者的操作，可以通过定位幻灯片的标题来控制演示文稿的跳转。

01 Step 根据幻灯片名称进行定位跳转

进入幻灯片放映视图，若想跳转至指定的幻灯片，则首先右击放映页面中的任意位置，在弹出的快捷菜单中单击"定位至幻灯片>3 具体营销工作汇报"命令。

02 Step 显示跳转后的效果

执行上一步操作后，可以看见幻灯片自动跳转至"具体营销工作汇报"幻灯片。

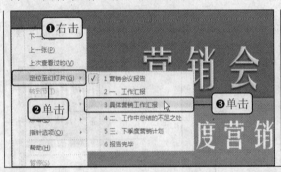

19.2.3 添加墨迹注释

在做会议报告时，如果有比较重要的内容或是不容易理解的内容，讲解者可以用墨迹注释标注重点讲解，还可以根据幻灯片的背景颜色设置比较明显的墨迹颜色。

01 Step 选择墨迹颜色

进入幻灯片放映视图，跳转至需要添加墨迹注释的幻灯片。右击放映页面中的任意位置，在弹出的快捷菜单中依次单击"指针选项>墨迹颜色>背景 2"命令。

02 Step 添加墨迹标注

此时可以看到，指针变成了蓝色圆点形状。单击鼠标左键不放并在页面拖动，即可在幻灯片中添加墨迹注释。

03 单击"橡皮擦"命令
Step　右击放映页面的任意位置，在弹出的快捷菜单中依次单击"指针选项>橡皮擦"命令。

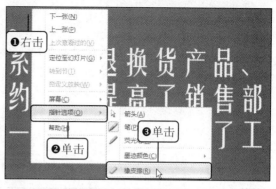

04 擦除墨迹
Step　此时可以看见指针变成了橡皮擦形状，将指针移至需要擦除的墨迹处，单击墨迹标志。

05 显示擦除墨迹后的效果
Step　此时可以看见，幻灯片中已显示出擦除目标墨迹后的效果。

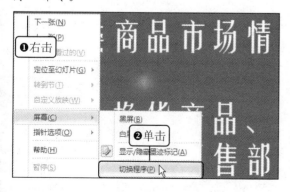

19.2.4 快速展示附加材料

　　在做会议报告时，除了要用到编辑的会议报告演示文稿外，可能还会用到其他附加材料。而演示文稿在进入放映模式时，如果没有特殊设置都是全屏展示的，无法显示桌面和任务栏，如果退出放映展示附加材料会非常麻烦，这时可以使用"切换程序"命令。

01 单击"切换程序"命令
Step　在幻灯片放映视图中右击放映页面，在弹出的快捷菜单中依次单击"屏幕>切换程序"命令。

02 切换至 Word 文档
Step　执行上一步操作后，在放映视图下方显示出任务栏，选择需要切换到的程序，例如切换至"以优质服务营销.docx"。

03 step 显示切换后的效果

此时可以看见，在放映视图上方打开了要切换到的 Word 文档窗口。

切换程序后的效果

TIP 更改放映视图中的指针样式

在幻灯片放映视图中，如果需要更改指针的样式，可以在放映视图中的任意位置右击，然后在弹出的快捷菜单中的"指针选项"命令的级联菜单中选择需要的指针样式。

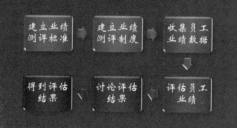

Chapter 20

Office 组件间的协同工作

　　Office 2010 是一款拥有高达 10 个组件的软件，在这些组件中，它们之间协同工作不仅提高了工作效率，还解决了日常工作中更多的困难。本章将介绍 Word、Excel、PowerPoint 三者之间的协作，以及 Word 与 Outlook、Excel 与 Access 的协作。

20.1 Word 与 Excel 的协同

Word 与 Excel 的协同是指通过协调 Word 和 Excel 组件来完成某一目标，Word 与 Excel 协同的方式有多种，既可以在 Word 中调用 Excel 工作簿、工作表，也可以在 Excel 中调用 Word 文档，本节将详细介绍 Word 与 Excel 协同的常见方式。

知识要点：

★ 在 Word 中调用 Excel 工作簿 ★ 在 Word 中调用 Excel 工作表
★ 在 Excel 中调用 Word 文档 ★ 将 Word 表格复制到 Excel 中

原始文件：实例文件\第 20 章\原始文件\日常费用支出动态分析.xlsx、客户来电登记簿.xlsx、员工档案.xlsx、
张书洁.docx、应聘者登记表.docx
最终文件：实例文件\第 20 章\最终文件\员工档案.xlsx、应聘者登记表.xlsx

20.1.1 在 Word 中调用 Excel 工作簿

当用户需要引用计算机中保存的某个工作簿来补充说明文档内容时，可以直接在 Word 中调用 Excel 工作簿，具体操作如下：

01 Step 插入对象
新建 Word 文档，切换至"插入"选项卡下，在"文本"组中单击"对象"按钮。

02 Step 选择由文件创建
弹出"对象"对话框，切换至"由文件创建"选项卡下，单击"浏览"按钮。

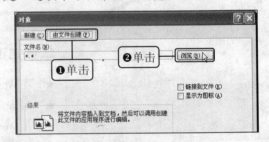

03 Step 选择调用的工作簿
弹出"浏览"对话框，选中要调用的工作簿，如双击"日常费用动态分析"工作簿。

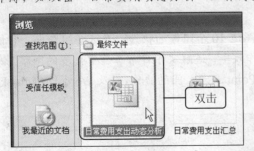

04 Step 确认选中的工作簿
返回"对象"对话框，查看选中的工作簿路径，确认无误后单击"确定"按钮。

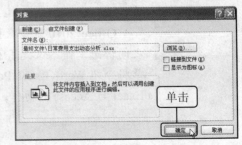

05 查看调用后的显示效果
Step

返回文档，可在界面中看见调用的工作簿信息。为了保证显示的美观，双击插入的工作簿进入编辑状态，将指针移至任意一角拖动调整工作簿的高度和宽度，调整完毕后单击 Excel 表格外部区域，即可退出 Excel 编辑状态，返回 Word 文档编辑文本内容。

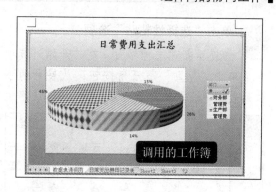

20.1.2 在 Word 中创建 Excel 工作表

当用户需要在 Word 中创建具有公式和函数计算功能的表格时，Excel 工作表是一个最佳选择。在 Word 中创建 Excel 工作表的具体操作如下：

01 选择 Excel 工作表
Step

新建 Word 文档，在"文本"组中单击"对象"按钮，弹出"对象"对话框，在"对象类型"列表框中选择"Microsoft Excel 工作表"选项，然后单击"确定"按钮。

02 输入工作表数据
Step

返回 Word 文档界面，在创建的 Excel 工作表中输入相应的数据，然后单击 Excel 表格外部区域退出 Excel 编辑状态。

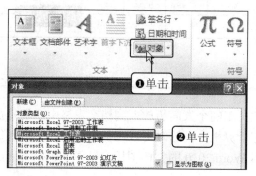

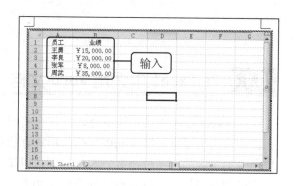

20.1.3 在 Word 中调用 Excel 部分资源

如果用户只想使用 Excel 工作表中的一部分表格，而且在 Word 中仍然能够使用 Excel 的各种功能来编辑它，则可以通过将复制的部分表格有选择性地粘贴在 Word 文档中实现，其具体操作步骤如下：

01 复制工作表中的部分表格
Step

打开随书光盘\实例文件\第 20 章\原始文件\客户来电登记簿.xlsx，拖动选中需要复制的表格，例如选择 A1:F7 单元格区域，然后按【Ctrl+C】组合键，复制选中的单元格区域。

02 Step **单击"选择性粘贴"选项**

切换至新建文档界面，在"开始"选项卡下单击"粘贴"下三角按钮，从展开的下拉列表中单击"选择性粘贴"选项。

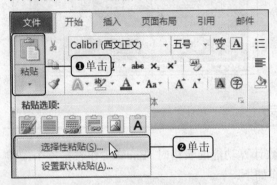

03 Step **粘贴 Excel 工作表对象**

弹出"选择性粘贴"对话框，在"形式"列表框中选中"Microsoft Excel 工作簿 对象"选项，单击"确定"按钮。

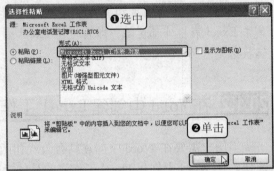

04 Step **查看调用表格后的显示效果**

执行以上操作后返回 Word 文档界面，此时可在编辑区中看见粘贴的"客户来电登记簿"表格数据。

客户来电登记簿

来电人	来电时间	给何部门	给何人	回电号码	备注
王敏	6月13日	行政部	杨淼	010-84476***	
张映	6月15日	销售部	林柯	028-82350***	
李德利	6月16日	销售部	杜仲	021-65099***	
赵晓光	6月16日	技术部	吴威	010-85156***	
郭玲	6月17日	人事部	王强		

调用的表格

20.1.4 在 Excel 中调用 Word 文档

在 Excel 中制作员工档案时，经常会将每位员工的个人简历放入到档案表格中，但是员工的个人简历通常是以 Word 文档的形式存放在计算机中，这时可以在员工档案表中插入每位员工的个人简历图标链接，而图标则可以采用 Word 2010 的文档图标，以便于识别。通过单击该图标链接即可打开对应的简历文档。

01 Step **在 G2 单元格中插入对象**

打开随书光盘\实例文件\第 20 章\原始文件\员工档案.xlsx，选中 G2 单元格，切换至"插入"选项卡下，单击"对象"按钮。

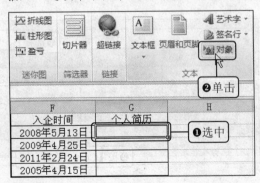

02 Step **选择由文件创建**

弹出"对象"对话框，切换至"由文件创建"选项卡下，单击"浏览"按钮。

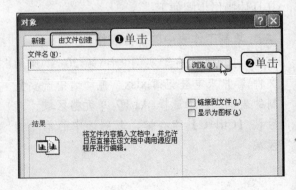

03 Step　选择插入的 Word 文档

弹出"浏览"对话框，在"查找范围"下拉列表中选择员工简历所在的文件夹，然后在列表框中双击对应的简历文档图标。

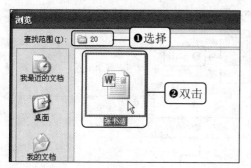

04 Step　重命名文档

返回"对象"对话框，在"文件名"文本框中重命名 Word 文档，勾选"显示为图标"复选框，单击"更改图标"按钮。

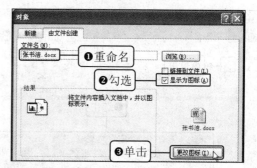

05 Step　更改文档图标

弹出"更改图标"对话框，在"图标"列表框中重新选择图标，然后单击"确定"按钮。

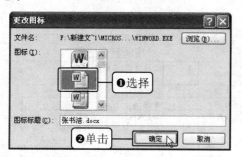

06 Step　查看插入的文档图标

返回 Excel 工作表，将插入的图标移至 G2 单元格中并调整 G2 单元格的行高和列宽，然后双击该文档图标。

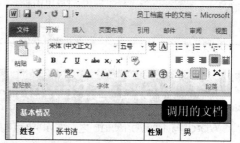

07 Step　查看调用的简历文档

执行上一步操作后会自动启动 Word 2010 并打开对应的简历文档，此时可在文档中看到该位员工的个人简历信息。

20.1.5　将 Word 表格复制到 Excel 中

复制 Word 中的表格后，若想将其粘贴到 Excel 工作表中有 5 种粘贴方式，包括文档对象、图片、HTML、Unicode 文本、文本及超链接。其中，粘贴为文档对象后可以在 Excel 中利用 Word 的工具编辑表格；粘贴为图片则是以图片的形式粘贴在 Excel 中；粘贴为 HTML 是指将复制的表格文本和格式粘贴在 Excel 中；粘贴为 Unicode 文本和文本则是指只在 Excel 中粘贴表格中包含的文本；粘贴为超链接是指将复制的表格文本以超链接形式粘贴在 Excel 中。下面通过讲解以 HTML 形式粘贴应聘者登记表格的方法来介绍将 Word 表格复制到 Excel 中的方法。

01 Step 复制文档中的表格

打开随书光盘\实例文件\第 20 章\原始文件\应聘者登记表.xlsx，选中文档中的表格，在"剪贴板"组中单击"复制"按钮。

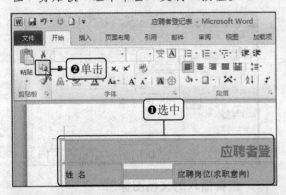

02 Step 选择性粘贴表格

切换至 Excel 工作表界面，在"开始"选项卡下单击"粘贴"下三角按钮，从展开的下拉列表中单击"选择性粘贴"选项。

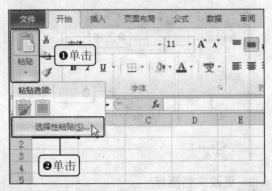

03 Step 粘贴 Word 文档对象

弹出"选择性粘贴"对话框，在"方式"列表框中选中"HTML"选项，单击"确定"按钮。

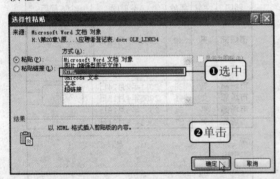

04 Step 查看粘贴的表格

返回工作表界面，此时可看见粘贴的文档表格，该表格保持了粘贴前的字体和边框属性。

	A	B	C	D	E	F	G
1	应聘者登记表						
2	姓 名		应聘岗位(求职意向)				
3	性 别		出生日期		民 族		
4	籍 贯		生源地		婚 否		
5	最高学历		毕业时间		手机号码		
6	政治面貌		英语等级		计算机等级		
7	毕业学校						
8					粘贴的表格		
9	爱好与特长						

20.2 Word 与 PowerPoint 的协作

Word 与 PowerPoint 之间的协同主要包括在 Word 文档中调用 PowerPoint 演示文稿或单张幻灯片，以及直接将演示文稿转换成 Word 文档，用于制作讲义。

知识要点：

★ 在 Word 中调用演示文稿　★ 在 Word 中调用单张幻灯片

原始文件： 实例文件\第 20 章\原始文件\项目实施计划.pptx、项目实施计划.docx
最终文件： 实例文件\第 20 章\最终文件\项目实施计划.docx

20.2.1 在 Word 中调用演示文稿

Word 不仅能调用 Excel 工作簿来对文档进行补充说明，还可以调用演示文稿进行补充说明。导入到 Word 中的演示文稿是无法再进行编辑的，但是可以全屏播放。

01 Step 选择要插入演示文稿的位置

打开随书光盘\实例文件\第 20 章\原始文件\项目实施计划.docx，将光标固定在要插入演示文稿的位置。

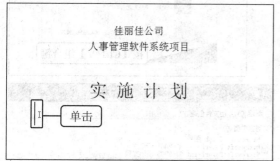

02 Step 单击"对象"按钮

切换至"插入"选项卡下，在"文本"组中单击"对象"按钮。

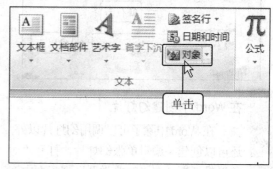

03 Step 选择被调用的演示文稿

弹出"对象"对话框，利用浏览按钮设置"文件名"文本框中显示的路径为"随书光盘\实例文件\第 20 章\原始文件\项目实施计划.pptx"，然后单击"确定"按钮。

04 Step 查看导入的 PowerPoint 演示文稿

返回 Word 文档界面，此时可看见导入的 PowerPoint 演示文稿只显示了第一张幻灯片。要播放演示文稿，双击该幻灯片即可全屏播放演示文稿内容。

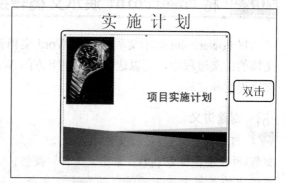

20.2.2 在 Word 中调用单张幻灯片

如果用户只想将演示文稿中包含特定内容的某张幻灯片置入到 Word 文档中，直接导入整个演示文稿显然不合适，此时需要在演示文稿中复制相应的幻灯片缩略图，然后将其粘贴到 Word 文档中。在项目实施计划中，为了公布负责该项目的相关人员，可以在 Word 文档中快速调用包含项目组织结构图的幻灯片。

01 Step 复制幻灯片

打开随书光盘\实例文件\第 20 章\原始文件\项目实施计划.pptx，右击要复制的幻灯片，在弹出的快捷菜单中单击"复制"命令。

02 Step 粘贴幻灯片

切换至 Word 文档界面，将光标固定在编辑区中，按【Ctrl+V】组合键，将其粘贴到文档中并设置为居中对齐。

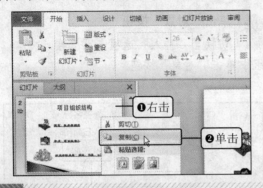

高效实用技巧

在 Word 中创建幻灯片

在 Word 中除了可以调用幻灯片以外，还可以创建并编辑单张幻灯片。打开"对象"对话框，在"对象类型"列表框中双击"Microsoft PowerPoint 幻灯片"选项，在 Word 文档界面中可以看见创建的空白幻灯片，双击该幻灯片便可对其进行编辑。

20.2.3 将 PowerPoint 演示文稿转换为 Word 文档

将 PowerPoint 演示文稿转换为 Word 文档其实就是创建讲义，在创建项目实施计划演示文稿的讲义过程中，可以选择空行在下方的 Word 文档版式，以便于对演示文稿添加必要的文字说明和注释。

01 Step 创建讲义

打开随书光盘\实例文件\第 20 章\原始文件\项目实施计划.pptx，单击"文件"按钮，在弹出的菜单中单击"保存并发送"命令，接着在右侧单击"创建讲义"按钮。

02 Step 创建可在 Word 中编辑的讲义

在"使用 Microsoft Word 创建讲义"下方单击"创建讲义"按钮。

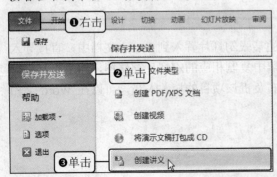

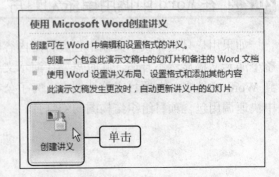

选择 Word 使用的版式

弹出"发送到 Microsoft Word"对话框，选择 Word 使用的版式，例如单击选中"空行在幻灯片下"单选按钮。

查看转换后的显示效果

单击"确定"按钮后可看见演示文稿转换为 Word 讲义后的显示效果。

20.3 Excel 与 PowerPoint 的协作

Excel 与 PowerPoint 之间的协同是指将 Excel 工作簿中的部分内容调入到演示文稿中，或者在 Excel 中粘贴能够直接打开演示文稿的图片链接。

知识要点：

★ 将组合图形复制到 PowerPoint 中
★ 将 PowerPoint 幻灯片粘贴链接到 Excel 中

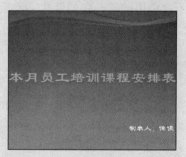

原始文件： 实例文件\第 20 章\原始文件\员工业绩测评流程图.xlsx、课程安排表.pptx
最终文件： 实例文件\第 20 章\最终文件\员工业绩测评流程图.pptx

20.3.1 将组合图形复制到 PowerPoint 中

在日常办公中，用户可以将 Excel 中已经绘制好的组合图形直接粘贴到 PowerPoint 中，以节省制作演示文稿所花费的时间。其操作十分简单，只需利用【Ctrl+C】和【Ctrl+V】组合键就能实现。

复制 Excel 工作表中的组合图形

打开随书光盘\实例文件\第 20 章\原始文件\员工业绩测评流程图.xlsx，选中组合图形，按【Ctrl+C】组合键，复制该图形。

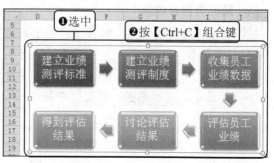

Office 2010 高效办公从入门到精通

02 **粘贴组合图形**
Step

切换至 PowerPoint 界面，将幻灯片的主题设置为"凤舞九天"，将光标固定在幻灯片窗格中，按【Ctrl+V】组合键粘贴组合图形。

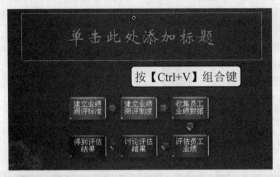

03 **设置字符格式**
Step

在幻灯片窗格中输入"员工业绩测评流程图"文本，然后在下方设置字体为"华文新魏"，设置字号为"24"。

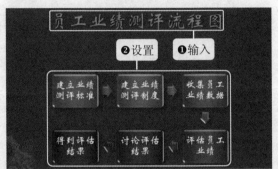

20.3.2 将 PowerPoint 幻灯片粘贴链接到 Excel 中

在制作与员工培训课程有关的工作表时，为了节约制作表格所花费的时间，用户可以在 Excel 中调用已经制作好的员工培训课程表演示文稿。调用的方法是复制员工培训课程表演示文稿中的第一张幻灯片，然后将其以超链接的形式粘贴在工作表中。之后只需双击粘贴的幻灯片链接，即可播放整个演示文稿。

01 **复制幻灯片**
Step

打开随书光盘\实例文件\第 20 章\原始文件\课程安排表.pptx，在"幻灯片"窗格下右击要复制幻灯片的缩略图，在弹出的快捷菜单中单击"复制"命令。

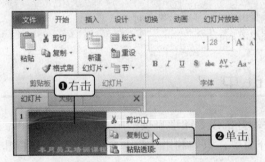

02 **选择性粘贴幻灯片**
Step

切换至 Excel 工作表界面，在"开始"选项卡下单击"粘贴"下三角按钮，从展开的下拉列表中单击"选择性粘贴"选项。

03 **粘贴为图片链接**
Step

弹出"选择性粘贴"对话框，由于是粘贴幻灯片链接，因此单击选中"粘贴链接"单选按钮，在"方式"列表框中单击"图片(PNG)"选项，然后单击"确定"按钮。

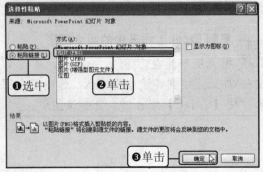

TIP | 粘贴与粘贴链接的区别
Excel 提供了"粘贴"和"粘贴链接"两种粘贴方法，其中，粘贴是直接粘贴复制的内容。而粘贴链接则是以超链接的形式粘贴复制的内容，单击粘贴的超链接即可打开对应的文件，例如 Word 文档或演示文稿。

04 Step 查看粘贴的演示文稿链接
返回 Excel 工作表中，可看见粘贴的演示文稿链接，双击该图片链接即可打开"课程安排表"演示文稿。

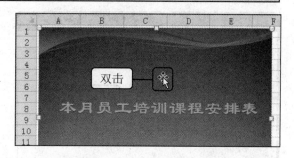

20.4 Office 其他组件的协作

除了 Word、Excel 与 PowerPoint 三个常用组件之间的相互协作以外，Office 软件中的其他组件也能相互协作，例如本节将要介绍的 Excel 与 Access 间的协作、Word 与 Outlook 间的协作。

知识要点：
★ 获取 Access 文件数据　　★ 获取 Outlook 中的联系人信息

 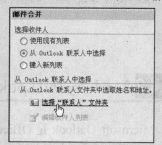

原始文件： 实例文件\第 20 章\原始文件\员工信息.accdb、商务邀请函.docx
最终文件： 实例文件\第 20 章\最终文件\员工资料.xlsx

20.4.1 Excel 与 Access 间的协作

Access 是 Office 自带的数据库制作组件，可用来制作简单的数据库。在日常工作中，Access 常用来存储和公司管理的相关数据，例如员工的档案数据。Excel 与 Access 之间的协作是指相互之间的数据调用，由于在日常工作中，Excel 的使用频率要比 Access 高得多，因此这里主要介绍在 Excel 工作表中调用 Access 数据库中数据的操作。

01 Step 选择获取 Access 中的数据
新建一个 Excel 工作簿，切换至"数据"选项卡下，在"获取外部数据"组中单击"自 Access"按钮。

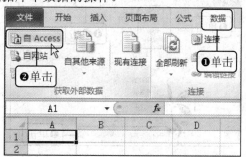

02
Step
选择 Access 数据源

弹出"选择数据源"对话框,在"查找范围"下拉列表中选择数据源所在的文件夹,在列表框中双击 Access 数据库文件图标。

03
Step
选择外部数据的显示方式

进入"导入数据"对话框,选择数据在工作簿中的显示方式为"表",然后保持数据放置位置的默认设置,单击"确定"按钮。

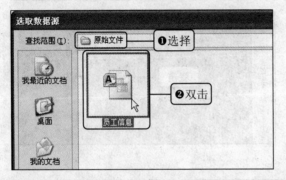

04
Step
查看获取的外部数据

返回工作表,此时可看见获取的 Access 数据库中的记录,即表格自动启用了筛选状态,用户便可对这些数据进行编辑或筛选了。

ID	姓名	部门	性别	学历
1	李佳瑞	市场部	男	高中
2	刘明军	市场部	男	大专
3	张玲	财务部	女	本科
4	赵小芳	财务部	女	硕士
5	罗万玲	技术部	女	本科
6	王川	技术部	男	

获取的数据

20.4.2 Word 与 OutLook 间的协作

Microsoft Outlook 是 Office 中的一种用于管理个人电子邮件的工具,同时它也具有收发邮件的功能,Word 与 Outlook 之间的协作主要表现在 Word 可以调用 Outlook 中已保存的联系人信息,然后将制作的信函以邮件的形式发送给客户。下面以向客户发送商务邀请函为例来介绍在 Word 2010 中调用 Outlook 联系人信息的方法,具体操作步骤如下:

01
Step
单击"邮件合并分布向导"选项

打开随书光盘\实例文件\第 20 章\原始文件\商业邀请函.docx,切换至"邮件"选项卡下,单击"开始邮件合并"按钮,从展开的下拉列表中单击"邮件合并分布向导"选项。

02
Step
选择文档类型

打开"邮件合并"窗格,选择文档类型,例如单击选中"信函"单选按钮,然后单击"下一步:正在启动文档"链接。

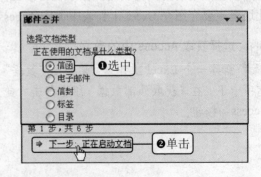

03 **选择开始文档**
Step

切换至"选择开始文档"界面，单击选中"使用当前文档"单选按钮，然后单击"下一步：选取收件人"链接。

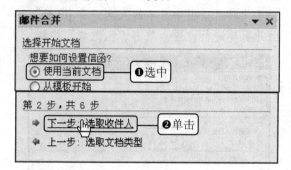

04 **选择收件人**
Step

切换至"选择收件人"界面，单击选中"从 Outlook 联系人中选择"单选按钮，然后单击"选取'联系人'文件夹"链接。

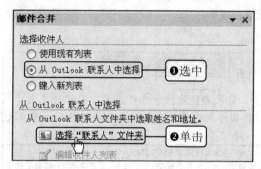

05 **选择配置文件**
Step

弹出"选择配置文件"对话框，输入配置文件名称为 Outlook，单击"确定"按钮。

06 **选择联系人**
Step

进入"选择联系人"对话框，在列表框中单击"联系人"选项，然后单击"确定"按钮。

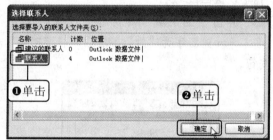

07 **合并收件人**
Step

进入"邮件合并收件人"对话框，此时可看见对话框中显示了 Outlook 中保存的联系人姓名，勾选需要合并的收件人复选框。

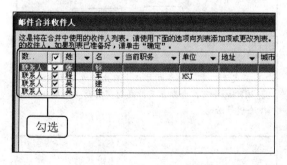

08 **进入下一步操作**
Step

单击"确定"按钮返回文档界面，可在"邮件合并"窗格中看见"您当前的收件人选自：'Outlook 数据文件|'中的[联系人]"信息，单击"下一步：撰写信函"链接。

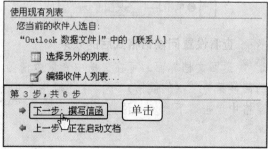

09 单击"问候语…"链接

Step 　　在文档中删除邀请函中的问候语，在"邮件合并"窗格中单击对应的链接可设置信函不同的部分，例如单击"问候语…"链接，设置问候语。

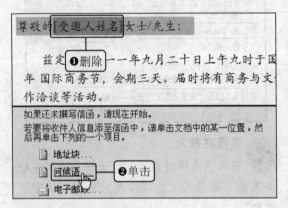

10 设置问候语格式

Step 　　进入"插入问候语"对话框，设置最右侧的标点符号为"冒号"，设置"应用于无效收件人名称的问候语"为"亲爱的朋友："。由于此时对话框中显示的人名为"名+姓"，因此需要进行设置，单击"匹配域"按钮。

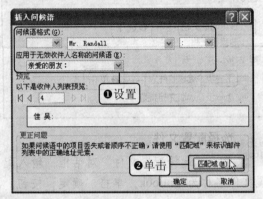

11 设置匹配域名

Step 　　弹出"匹配域"对话框，设置姓氏为"名"，设置名字为"姓"，然后单击"确定"按钮。

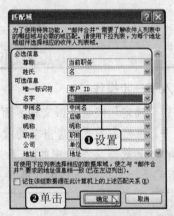

12 保存设置的问候语格式

Step 　　返回"插入问候语"对话框，此时可看见显示的人名为"姓+名"，单击"确定"按钮保存设置。

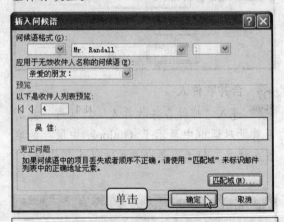

13 查看设置问候语格式后的效果

Step 　　返回文档界面，可在文档中看见邀请函的问候语为"《问候语》"，在"邮件合并"窗格中单击"下一步：预览信函"链接。

《问候语》

　　兹定于二零一一年九月二十日上午九时于国际商贸年 国际商务节，会期三天。届时将有商务与文化交流、作洽谈等活动。

第 4 步，共 6 步

➡ 下一步：预览信函 ── 单击
➡ 上一步：选取收件人

14 Step 设置收件人数量

切换至"预览信函"界面，设置收件人的数量，例如设置为4，然后单击"下一步：完成合并"链接。

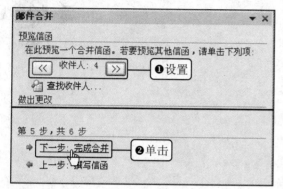

15 Step 发送电子邮件

在"邮件"选项卡下的"完成"组中单击"完成并合并"下三角按钮，在展开的下拉列表中单击"发送电子邮件"选项。

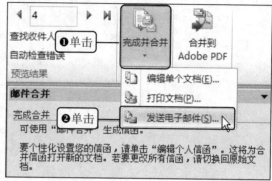

16 Step 设置主题行

弹出"合并到电子邮件"对话框，在"邮件选项"下方的"主题行"文本框中输入邮件主题，例如输入"国际商务邀请函"，然后在"发送记录"下方单击选中"全部"单选按钮，再单击"确定"按钮即可向客户发送制作的邀请函。

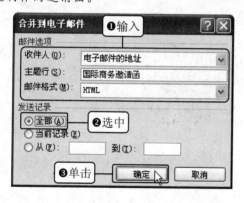

17 Step 查看发出的邮件

要查看是否成功发送了含有邀请函的邮件，则首先启动 Microsoft Outlook 程序，单击"邮件"选项，接着在上方单击"发件箱"选项，此时可在右侧看见发出的 4 封商务邀请函邮件，表示发送成功。